物理定数表

CODATA（2018 年）より，［（　）内数字は標準不確かさ（標準偏差で表した不確かさ）を示す］

名称　*は定義値	記号	値	単位
標準重力加速度*	g_{n}	9.806 65	$\mathrm{m/s^2}$
万有引力定数	G	$6.674\ 30(15)\times10^{-11}$	$\mathrm{N\ m^2/kg^2}$
真空中の光の速さ*	c	299 792 458	m/s
磁気定数 $2\alpha h/(ce^2)$　$(\cong 4\ \pi\times10^{-7})$	μ_0	$12.566\ 370\ 6212(19)\times10^{-7}$	H/m
電気定数 $1/(\mu_0 c^2)$	ε_0	$8.854\ 187\ 8128(13)\times10^{-12}$	F/m
電気素量*	e	$1.602\ 176\ 634\times10^{-19}$	C
プランク定数*	h	$6.626\ 070\ 15\times10^{-34}$	J s
プランク定数* $h/(2\ \pi)$	$\hbar$	$1.054\ 571\ 817\cdots\times10^{-34}$	$\mathrm{kg\ m^2/s}$
電子の質量	m_{e}	$9.109\ 383\ 7015(28)\times10^{-31}$	kg
陽子の質量	m_{p}	$1.672\ 621\ 923\ 69(51)\times10^{-27}$	kg
中性子の質量	m_{n}	$1.674\ 927\ 498\ 04(95)\times10^{-27}$	kg
微細構造定数 $e^2/(4\pi\varepsilon_0 c\hbar)=\mu_0 ce^2/(2h)$	α	$7.297\ 352\ 5693(11)\times10^{-3}$	
リュードベリ定数 $c\alpha^2 m_{\mathrm{e}}/(2h)$	R_∞	10 973 731.568 160(21)	$\mathrm{m^{-1}}$
ボーア半径 $\varepsilon_0 h^2/(\pi m_{\mathrm{e}} e^2)$	a_0	$5.291\ 772\ 109\ 03(80)\times10^{-11}$	m
ボーア磁子 $eh/(4\pi m_{\mathrm{e}})$	μ_{B}	$927.401\ 007\ 83(28)\times10^{-26}$	J/T
電子の磁気モーメント	μ_{e}	$-928.476\ 470\ 43(28)\times10^{-26}$	J/T
電子の比電荷	$-e/m_{\mathrm{e}}$	$-1.758\ 820\ 010\ 76(53)\times10^{11}$	C/kg
原子質量単位	m_u	$1.660\ 539\ 066\ 60(50)\times10^{-27}$	kg
アボガドロ定数*	N_{A}	$6.022\ 140\ 76\times10^{23}$	$\mathrm{mol^{-1}}$
ボルツマン定数*	k	$1.380\ 649\times10^{-23}$	J/K
気体定数* $N_{\mathrm{A}}k$	R	$8.314\ 462\ 618\cdots$	J/(mol K)
ファラデー定数* $N_{\mathrm{A}}e$	F	$96\ 485.332\ 12\cdots$	C/mol
シュテファン・ボルツマン定数* $2\pi^5 k^4/(15h^3c^2)$	σ	$5.670\ 374\ 419\cdots\times10^{-8}$	$\mathrm{W/(m^2\ K^4)}$
ジョセフソン定数* $2e/h$	K_{J}	$483\ 597.8484\cdots\times10^{9}$	Hz/V
フォン・クリッツィング定数* h/e^2	R_{K}	$25\ 812.807\ 45\cdots$	Ω
0°C の絶対温度*	T_0	273.15	K
標準大気圧*	P_0	101 325	Pa
理想気体の 1 モルの体積* RT_0/P_0	V_{m}	$22.413\ 969\ 54\cdots\times10^{-3}$	$\mathrm{m^3/mol}$

https://physics.nist.gov/cuu/Constants/

ギリシャ文字

A	α	アルファ	N	ν	ニュー
B	β	ベータ	Ξ	ξ	グザイ（クシー）
Γ	γ	ガンマ	O	o	オミクロン
Δ	δ	デルタ	Π	π	パイ
E	ε	イプシロン	P	ρ	ロー
Z	ζ	ゼータ	$\sum$	$\sigma\ \varsigma$	シグマ
H	η	イータ	T	τ	タウ
Θ	θ	シータ	Υ	υ	ウプシロン
I	ι	イオタ	Φ	$\phi\ \varphi$	ファイ
K	κ	カッパ	X	χ	カイ
Λ	λ	ラムダ	Ψ	ϕ	プサイ
M	μ	ミュー	Ω	ω	オメガ

基礎物理

＜第4版＞

山田　泰一
伊藤　悦朗
北村美一郎 著
中嶋　　大
杉本　　徹

東京教学社

まえがき

「基礎物理」の初版を2010年に上梓して以来，物理学の分野で輝かしい出来事がありました．2014年に「高輝度で省電力の白色光源を実現可能にした青色発光ダイオードの発明」に対して，さらに2015年に「素粒子”ニュートリノ”が質量を持つことを示すニュートリノ振動の発見」に対して，さらに2021年に「地球の気候の物理的モデリング，気候変動の定量化，地球温暖化の確実な予測」に対して，日本人がノーベル物理学賞を受賞したことです．このうち，青色発光ダイオードは照明や家電製品などに使われており，私たちの生活を大きく変えた画期的な発明です．この例は，私たちの身の回りが物理学に基づいたさまざまな科学技術に支えられていることを実感させるものです．その他にも，携帯電話やパソコンなどの電子回路に組み込まれているトランジスターやLSI，レーザーイルミネーションなどで利用されるレーザー光線，車やスマートフォンなどのGPS，医療分野で使用されるX線撮影やNMR，CTスキャン，がんの放射線治療や重粒子線治療は物理学の成果を基にしています．また，家やビル，橋などの構造設計，車やロボットなどの設計・製作なども同様です．この意味で，物理学の基礎的な知識と物理的なものの考え方は大学の理工系はもちろん，建築系や医・歯・薬学系，教育系などの学生の皆さんにとっても，一般的な知識として必要不可欠になっており，その重要性が年々増していることが分かります．

本書は大学において幅広い分野で学ぶ際の基礎となる物理学の教科書として執筆しています．内容としては，「力と運動」，「熱とエネルギー」，「波と光」，「電気と磁気」，「原子の世界」であり，本書の特徴は次の7点にまとめることができます．

(1) 高校で物理を学んでいない学生や，高校の物理基礎や物理の科目を履修していても十分に理解できていない学生の皆さんを念頭に執筆しています．このため，本書では微分・積分を使用しないで説明しています．

(2) 2色刷りを採用して，物理の重要事項などを強調しています．

(3) 各章の扉のページに学習目標を設けて，授業や自習などで内容を理解できたらチェックを入れることができるようにしています．

(4) 文中に説明や図を多く設け，図も2色刷りを採用して分かり易くしています．

(5) 物理的なものの考え方や計算法の理解を深めるために，基本的な例題を多く配置して解の導出方法を詳しく説明し，章末問題(基本問題と応用問題)を充実させています．

(6) コラムを設けて，発展的な学習を取り入れています．

(7) 付章に物理学を学ぶ上で必要となる数学的な基礎知識(ベクトル，ラジアン，三角関数，指数関数，対数関数など)をまとめているので，学習の際に必要となる数学の基礎を付章で学ぶことができます．

以上の特徴を踏まえて，本書により，これまで以上に物理学の理解が深まることを願っています．

最後に，本書の出版に対してご快諾を頂きました東京教学社の鳥飼正樹社長と，多大なご尽力を頂いた同編集部の神谷純平氏に心から感謝申し上げます．

2023年3月

著　者

目　次

1. 力と運動

2. 熱とエネルギー

3. 波と光

4. 電気と磁気

5. 原子の世界

付章　物理を学ぶための基礎

表紙 Design：山﨑 真実

第１章　力と運動

<学習目標>

□　速度や加速度について理解し，いろいろな物体の運動の表し方を学ぶ．

□　力の表し方や力のつりあいについて理解する．

□　運動の法則について理解し，運動方程式をつくることができる．

□　運動量保存の法則や反発係数について理解する．

□　仕事と力学的エネルギーの関係について理解する．

□　水平や斜方に投射された物体の運動，摩擦力を受ける物体の運動，等速円運動など，いろいろな運動について理解する．

□　剛体や静止流体にはたらく力について理解する．

□　運動している流体を考え，連続の式やベルヌーイの定理について理解する．

真上にボールを投げると，ある高さまで到達した後，地面に向かって落下します．また，机の上の本を水平方向に軽く押しても動かないことがあるでしょう．このような身近な現象を記述するためには，重力や摩擦力などの力の性質を理解した上で，物体の運動を明らかにする必要があります．第１章では，いろいろな物体の運動や力学現象について理解しましょう．

1. 1　運　動

1. 1. 1　速　さ

(1)　速さ

5 秒間に 60 m 走る自動車と 1 分間に 1.2 km 走る電車では，どちらが速いだろうか（図 1.1）．速さを比べるには，同じ時間内にそれぞれがどれだけの距離を走るかを比べればよい．より長い距離を走る方が速いことになる．例えば図 1.1 のように，1 秒間に走る距離で比べると，自動車は 12 m であり，電車は 20 m であるので，電車の方が速いことがわかる．

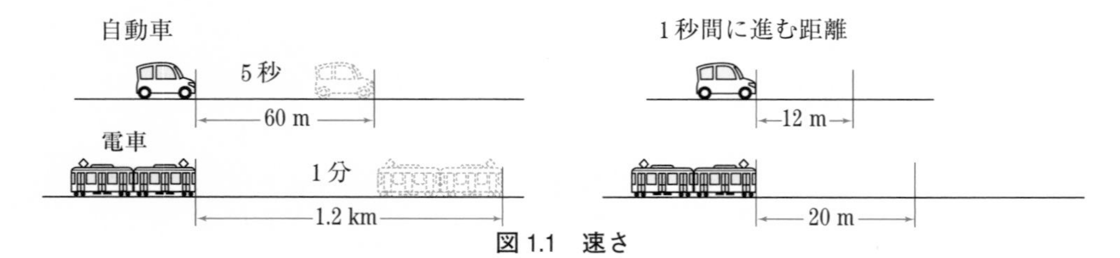

図 1.1　速さ

このように，運動する物体の速さは，単位時間に物体が移動した距離で表される．上の例では単位時間は 1 秒である．場合によっては，単位時間として分，時間，月や年などが用いられる．

すなわち，物体が時間 t［s］の間に距離 x［m］だけ移動したときの速さ v［m/s］は次の式で表される．

$$v=\frac{x}{t} \tag{1.1}$$

移動した距離 x を変位という．速さの単位には，メートル毎秒［m/s］やキロメートル毎秒［km/s］などが用いられる．上の例では，自動車と電車の速さは，それぞれ 12 m/s および 20 m/s である．

例題 1　時速 54 km は何 m/s か．

解　$\dfrac{54\ \mathrm{km}}{1\ \mathrm{h}}=\dfrac{54000\ \mathrm{m}}{3600\ \mathrm{s}}=15\ \mathrm{m/s}$　　答　15 m/s

例題 2　自動車が直線道路上を一定の速さで 30 s 間に 210 m 移動した．車の速さを［m/s］と［km/h］で求めよ．

解　$\dfrac{210\ \mathrm{m}}{30\ \mathrm{s}}=7.0\ \mathrm{m/s}=\dfrac{7.0\ \mathrm{m}\times 3600}{1\ \mathrm{s}\times 3600}=\dfrac{25200\ \mathrm{m}}{3600\ \mathrm{s}}=\dfrac{25.2\ \mathrm{km}}{1\ \mathrm{h}}=25.2\ \mathrm{km/h}\fallingdotseq 25\ \mathrm{km/h}$

答　7.0 m/s，25 km/h

---

(2) 等速直線運動

一直線上を時間によって変化しない一定の速さで進む物体の運動を，等速直線運動という．速さ v [m/s] が一定であるので，移動時間 t [s] と変位 x [m] の間には

$$x=vt \tag{1.2}$$

の関係がある．もちろん，この場合も関係式(1.1)は成り立っている．変位 x と時間 t の関係を示すグラフを $x-t$ グラフと呼ぶ．等速直線運動の場合は，図 1.2 のようになり，速さは直線の傾きになっている．また速さ v と時間 t の関係を示すグラフを $v-t$ グラフという．等速直線運動では図 1.3 のようになる．なお，直線運動では，直線の正の向きの速さに正の符号を，逆に負の向きの速さに負の符号を付ける．

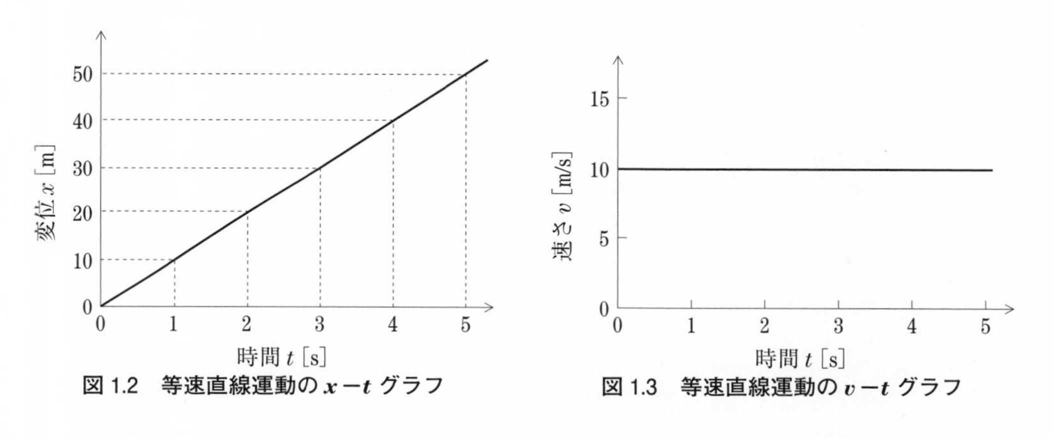

図 1.2　等速直線運動の $x-t$ グラフ　　図 1.3　等速直線運動の $v-t$ グラフ

例題 3　等速直線運動の $v-t$ グラフ上で，変位 x はどのように表されるか．

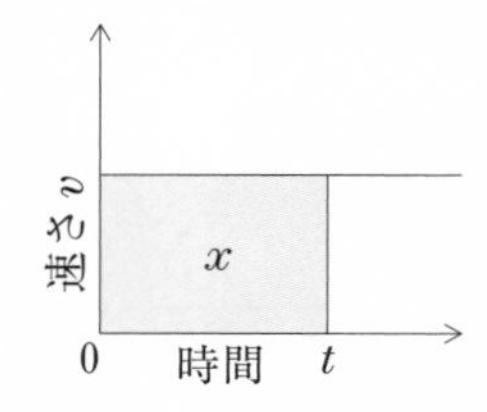

解　式(1.2) の $x=vt$ より，右図の面積が求める変位 x である．

---

(3) 平均の速さと瞬間の速さ

時間とともに速さが変化する場合を考える．例えば，自動車は走り始めると，はじめのうちは速さを増していく．道路上では状況によって速度を加減速する．図 1.4 には，この自動車の $x-t$ グラフが示してある．いま，この自動車がある時刻 t_1 [s]から t_2 [s]までの間に，x_1 [m]から x_2 [m]まで移動したとする．このときの速さ v [m/s]は式(1.1)を用いて

$$v=\frac{x_2-x_1}{t_2-t_1} \tag{1.3}$$

と表される．時間間隔 t_2-t_1 が長い場合には，v を平均の速さという．時間間隔 t_2-t_1 が非常に短い場合には，v を瞬間の速さという．瞬間の速さは $x-t$ グラフの接線の傾きになっている(図 1.4)．等速直線運動では，平均の速さと瞬間の速さは一致する．一般に，瞬間の速さのことを速さという．

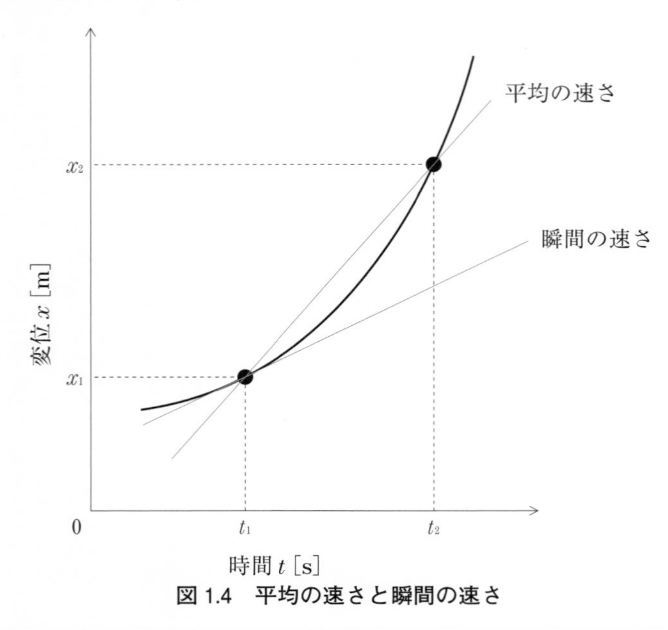

図 1.4　平均の速さと瞬間の速さ

例題 4　位置 O に停車していた自動車が動きだし，10 秒後に位置 O から北に 50 m の位置 A を通過し，15 秒後には 100 m の位置 B を通過した．この自動車の AB 間の平均の速さ [m/s] はいくらか．

解　式(1.3) より，平均の速さ $=\dfrac{100-50}{15-10}=\dfrac{50}{5}=10$　　答　10 m/s

---

1. 1. 2　速　度

(1)　速度

自動車が速さ 50 km/h で 1 時間走っても，走る向きが異なれば 1 時間後に到着する場所は違ってくる．運動の様子を表すときには，速さとともに運動の向きを明らかにする必要がある．そこで，速さと向きをあわせて考えて，これを速度という．すなわち，速度は単位時間あたりの物体の位置の変化(移動距離と移動方向)を表している．

速度のように，大きさと向きをもつ量をベクトルというので，速度を表すベクトルを速度ベクトルという(付章参照)．図 1.5 のように，速度ベクトルの長さは速さに比例しており，その向きは運動の向きを表している．速度を記号で表すには，一般に $\vec{v}$ や v などを用いる．

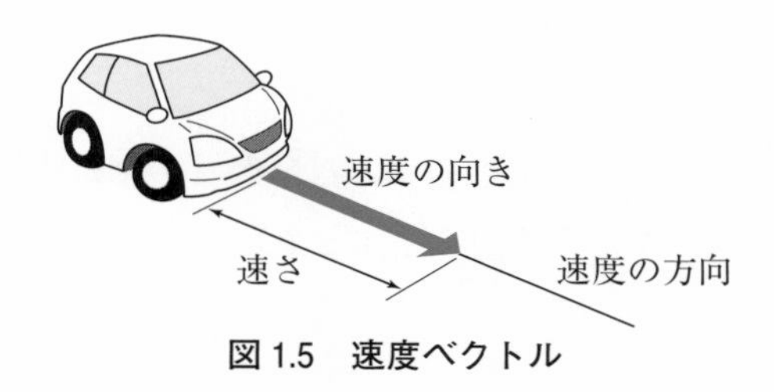

図 1.5　速度ベクトル

(2)　速度の合成

川の流れを斜めに横切る船の運動を考えてみる(図 1.6(a))．静止している水なら速度 $\vec{u}$ で進む船が速度 $\vec{v}$ で流れる川を進む場合，船は流されながら進むので，岸から見た船の速度 $\vec{w}$ は，図 1.6(b)のように，$\vec{u}$ と $\vec{v}$ からなる平行四辺形の対角線によって与えられることになる．このように，複数の速度を合わせて 1 つの速度を求めることを**速度の合成**といい，求められた速度 $\vec{w}$ を**合成速度**という．

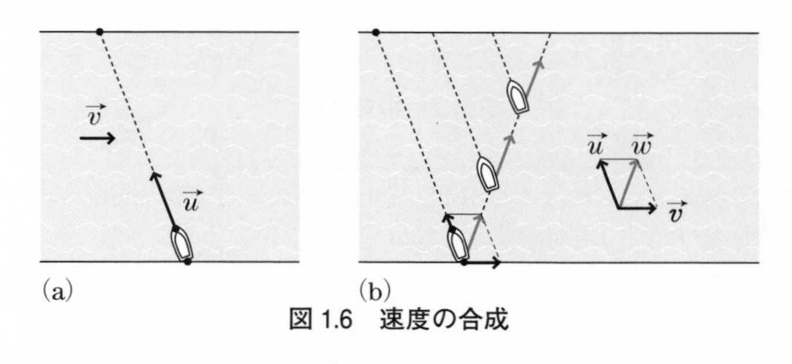

図 1.6　速度の合成

例題 5　静止した川を 4 m/s の速さで進むことができる船がある．川の流れの速さが 3 m/s のときに，この船で川の流れに垂直方向に出発する．川岸から見ると，船の速さ [m/s] はいくらになるか．

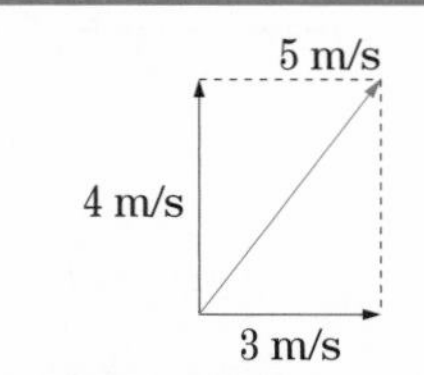

解　$v=\sqrt{4^2+3^2}=\sqrt{25}=5$　　答　5 m/s

---

(3)　相対速度

物体の速度は，物体の運動をどこから見るかによって変わってくる．例えば，走っている自動車から周囲の自動車をながめると，追い越して行く自動車はゆっくりと走っているように見えるが，対向車線で近づいて来る自動車は高速で走っているように見える．一般に，互いに動いている場合，相手の速度はどのように表されるのだろうか．

いま，一直線上を自動車 A が自動車 B の後を同じ向きに追いかけて走る場合を考える．

速度 $\vec{v}_\mathrm{A}$ [m/s]で走っている自動車 A から速度 $\vec{v}_\mathrm{B}$ [m/s]で走っている自動車 B を見ると，自動車 B の速度 $\vec{v}$ [m/s]は

$$\vec{v}=\vec{v}_\mathrm{B}-\vec{v}_\mathrm{A} \tag{1.4}$$

であるよう見える．この $\vec{v}$ を自動車 A に対する自動車 B の相対速度という．

次に，図 1.7(a)のように，ある角度で交差する道路を自動車 A，B が速度 $\vec{u}$，$\vec{v}$ で走っているとき，A に乗っている人から B を見たときの速度 $\vec{w}$ について考える．図 1.7(a)からわかるように，A は $\vec{u}$ で進み B は $\vec{v}$ で進むので，AB 間の距離は時間とともに A´B´方向に大きくなっていく．したがって，相対速度 $\vec{w}$ は図 1.7(b)のように求めることができる．この $\vec{w}$ は式(1.4)を用いて求めた速度と一致している．

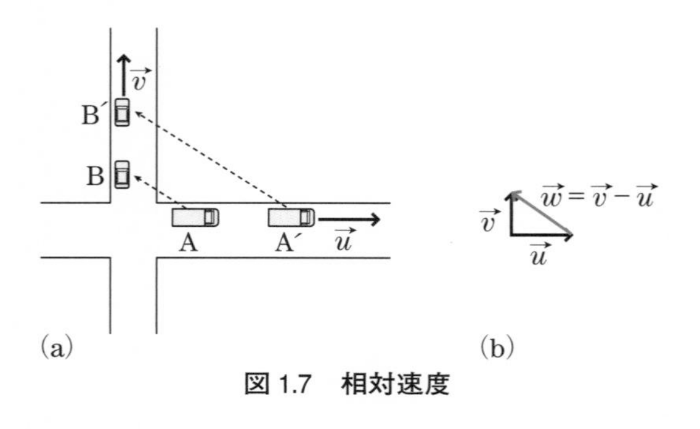

図 1.7　相対速度

例題 6　図 1.7 の場合で，$\vec{u}$ の大きさが 48 km/h，$\vec{v}$ の大きさが 36 km/h，$\vec{u}$ と $\vec{v}$ が直交するとき，相対速度 $\vec{w}$ の大きさ [km/h] はいくらか．

解　$w=\sqrt{u^2+v^2}=\sqrt{48^2+36^2}=\sqrt{3600}=60$　　**答**　60 km/h

36 km/h
60 km/h
48 km/h

1．1．3　加速度

自動車が発進して次第にスピードが増していく場合や，停止するためにスピードが減っていく場合，またはカーブで進む方向が変化する場合など，速度が変化するとき，その変化をどのように表せばよいのだろうか．速度は単位時間あたりの物体の位置の変化(移動距離と移動方向)を表している．同じように，単位時間あたりの速度の変化を考え，それを加速度と呼ぶことにする．

時刻 t_1 [s]における速さが v_1 [m/s]で，それから時間が経った時刻 t_2 [s]における速さが v_2 [m/s]であるとき，加速度の大きさ a は

$$a=\frac{v_2-v_1}{t_2-t_1} \tag{1.5}$$

と表される．加速度も大きさと方向をもつのでベクトルである．加速度の大きさの単位は $\mathrm{m/s^2}$（メートル毎秒毎秒）である．

直線運動では，直線の正の向きの速度に正の符号を，逆向きの速度に負の符号を付けたので，加速度も同様に正，負でその向きを示す（図 1.8）．例えば，$a>0$ の場合は，正の向きに速度が増加することになる．

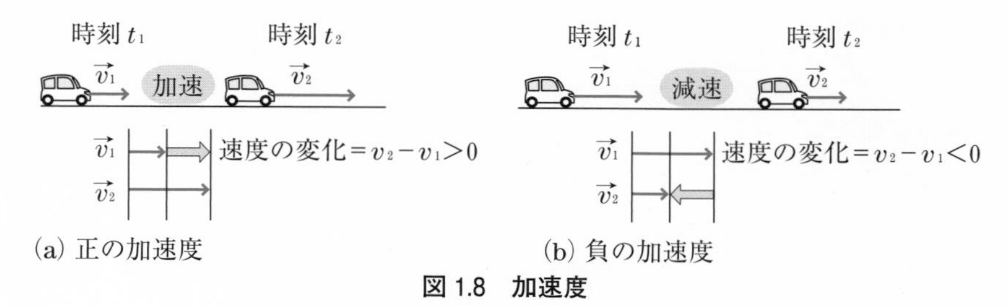

図 1.8　加速度

例題 7　自動車の速さが 3 s 間に 5 m/s から 14 m/s になった．加速度はいくらか．

解　式（1.5）より，$a=\dfrac{14-5}{3}=3$　　答　3 $\mathrm{m/s^2}$

例題 8　直線道路を走る自動車の速さが 5 s 間に 20 m/s から 10 m/s になった．加速度を求めよ．

解　式（1.5）より，$a=\dfrac{10-20}{5}=-2$　　答　-2 $\mathrm{m/s^2}$

1. 1. 4　等加速度直線運動

(1)　等加速度直線運動

加速度が一定の直線運動を等加速度直線運動という．

はじめの速度（初速度）が v_0 [m/s] の物体が加速度 a [$\mathrm{m/s^2}$] で t [s] 間運動して速度 v [m/s] になったとすると，式（1.5）から $a=\dfrac{v-v_0}{t}$ であるので，v は次式で与えられる．

$$v=v_0+at \tag{1.6}$$

この t [s] 間の物体の変位は $v-t$ グラフを利用して求めることができる．$a>0$ の場合の $v-t$ グラフは図 1.9 のようになる．短い時間 t_2-t_1 [s] の間の速度はほぼ変化せず，v' であるとみなす．そうすると，この間に物体が移動した距離は $v'(t_2-t_1)$ となるので，図 1.9 の色付けされた長方形の面積に相当することがわかる．このように考えると，時刻 0 から t までの物体の変位は図 1.9 の全ての長方形の面積の和に相当することになる．この和は，(t_2-t_1) を十分に短くとれば，台形 OPQR の面積 $\dfrac{(2v_0+at)t}{2}$ に等しくなる．よって，t [s] 間の物体の変位 x [m] は次式で与えられる．

$$x = v_0 t + \frac{1}{2} a t^2 \tag{1.7}$$

また，式(1.6)と(1.7)から時間 t を消去すると速度と変位の間の関係が次式で表される．

$$v^2 - v_0^2 = 2ax \tag{1.8}$$

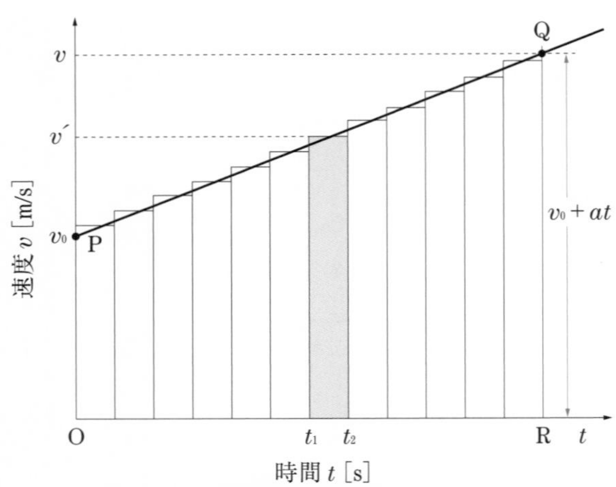

図 1.9　等加速度直線運動の $v-t$ グラフ

例題 9　停車していた自動車が $2\ \mathrm{m/s^2}$ の加速度で動き出して 10 s 経過した．自動車の速さ [m/s] はいくらか．また，10 s 間に移動した距離 [m] はいくらか．

解　速さは，式(1.6) より，$v = 0 + 2 \times 10 = 20$　　答　20 m/s
距離は，式(1.7) より，$x = 0 + \frac{1}{2} \times 2 \times 10^2 = 100$　　答　100 m

例題 10　速さ 10 m/s で走っていた自動車が一定の加速度で速さを増し，2.0 s 後に 14 m/s の速さになった．このときの加速度の大きさ [$\mathrm{m/s^2}$] はいくらか．また，加速している間にどれだけ [m] 進んだか．

解　加速度の大きさは，式(1.5) より，$a = \frac{14 - 10}{2.0} = 2$　　答　$2\ \mathrm{m/s^2}$
進んだ距離は，式(1.8) より，$14^2 - 10^2 = 96 = 2 \times 2 \times x$　$\therefore x = 24$　　答　24 m

例題 11　12 m/s の速さで走っていた自動車がブレーキをかけて，一定の加速度で減速し，30 m 進んで停止した．このときの加速度の大きさ [$\mathrm{m/s^2}$] はいくらか．

解　式(1.8) より，$0^2 - 12^2 = -144 = 2 \times a \times 30$　$\therefore a = -2.4$　　答　$2.4\ \mathrm{m/s^2}$

---

(2)　自由落下運動

物体が静止した状態から重力の作用(1.3.3 重力と質量の項参照)だけを受けて落下する

運動を**自由落下運動**という．例えば，真空中で鉄球と羽毛を落としてみると，これらは同時に落下する．これらが空気の影響を受けないので，落下に要する時間は，重さや形に関係しないのである．図 1.10 は鉄球の自由落下の様子を示したものである．この図をもとに $v-t$ グラフを作ると図 1.11 のようなグラフになり，v と t の関係は原点を通る直線で表されることがわかる．この直線の傾きから，加速度の値を求めると，落下運動中は一定で，約 9.8 m/s^2 である．これを**重力加速度**という．

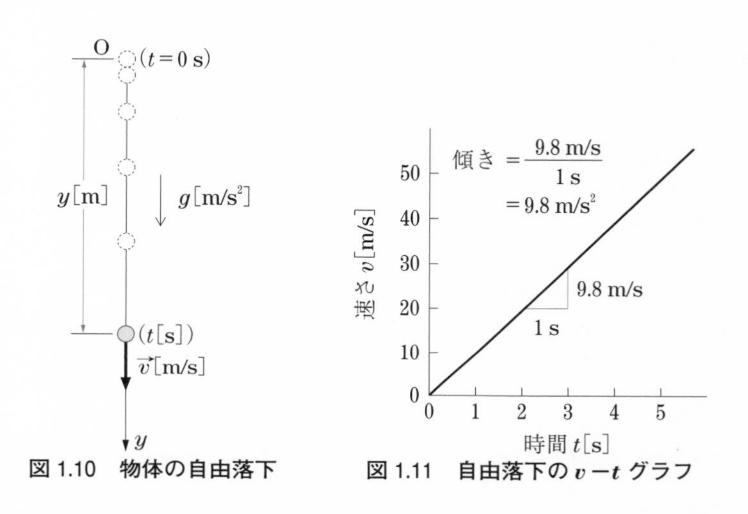

図 1.10　物体の自由落下　　**図 1.11　自由落下の $v-t$ グラフ**

表 1.1 に各地で測定された重力加速度の値を示す．ここでは重力加速度の値として 9.80 m/s^2 を用いることとし，記号 g で表す．

$$g = 9.80 \text{ m/s}^2 \tag{1.9}$$

表 1.1　各地の重力加速度の大きさ

地名	緯度	重力加速度［m/s^2］
札幌	43°04′N	9.80478
東京	35°39′N	9.79763
鹿児島	31°33′N	9.79471
宮古島	24°48′N	9.78997
オスロ	59°55′N	9.81913
パリ	48°50′N	9.80926
シンガポール	1°18′N	9.78066

次に，自由落下運動する物体の速度や位置が時間とともにどのように変化するかを考える．物体は落下するので，図 1.10 のように，物体の最初の位置を原点 O とし，鉛直下向きを y 軸の正の向きにとる．また，落下を始めてからの時間 t [s] 後の物体の速度と位置をそれぞれ v [m/s]，y [m] とする．式(1.6)，(1.7)，(1.8)において，$x=y$，$v_0=0$，$a=g$

とおくと，次の式が得られる．

$$v = gt, \qquad y = \frac{1}{2}gt^2, \qquad v^2 = 2gy \tag{1.10}$$

例題 12　ボールを自由落下させたところ，1.0 s 後に地面に落下した．ボールの最初の高さ [m] はいくらか．また，ボールが地面に達する直前の速さ [m/s] はいくらか．ただし，重力加速度の大きさを 9.8 m/s² とする．

解　式(1.10)より，$y = \frac{1}{2} \times 9.8 \times 1.0^2 = 4.9$　　**答**　4.9 m
式(1.10)より，$v = 9.8 \times 1.0 = 9.8$　　**答**　9.8 m/s

例題 13　地上 100.0 m の高さから小球を初速度 0 m/s で落下させた．2.0 s 後の小球の速さ [m/s] および小球の地上からの高さ [m] はいくらか．ただし，重力加速度の大きさを 9.8 m/s² とする．

解　式(1.10) より，速さは $v = 9.8 \times 2.0 = 19.6$．また　落下距離は $y = \frac{1}{2} \times 9.8 \times 2.0^2 = 19.6$ であるので，地上からの位置は　$100.0 - 19.6 = 80.4$　　**答**　速さ 19.6 m/s，地上からの高さ 80.4 m

---

(3)　真上に投げ上げられた物体の運動

図 1.12 のように，初速度 v_0 [m/s] で真上に投げ上げられた物体の速度について考えてみる．物体の速さは次第に減少し，最高点で 0 m/s になる．その後，物体は下向きに速さを増加させながら落下してくる．この場合，物体ははじめに上昇するので，物体の最初の位置を原点 O とし，鉛直上向きを y 軸の正の向きにとる．重力加速度は y 軸の負の向き(鉛直下方)になるので，$a = -g$ である．こうして，式(1.6)，(1.7)，(1.8)から

$$v = v_0 - gt, \qquad y = v_0 t - \frac{1}{2}gt^2, \qquad v^2 - v_0^2 = -2gy \tag{1.11}$$

が得られる．

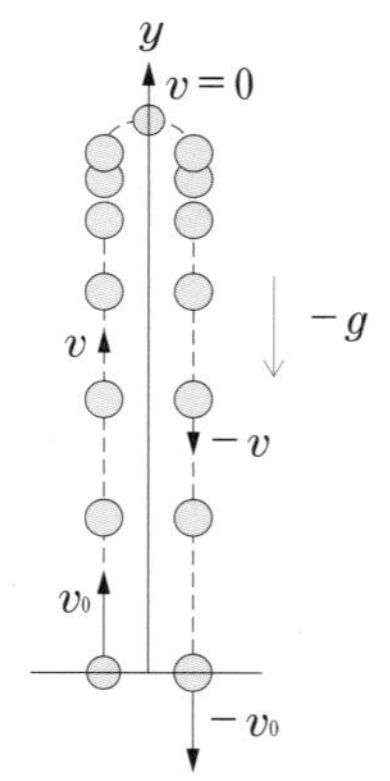

図 1.12　真上に投げ上げられた物体の運動

例題14　地面から初速度 v_0 [m/s] で真上に投げ上げられた小球が地面に落下するまでの時間 [s] と地面に落下する直前の速さ [m/s] はいくらか．

解　式(1.11)の第2式において，地面は $y=0$ である．よって求める時間は $0=v_0t-\frac{1}{2}gt^2$ より，$t=\frac{2v_0}{g}$ となる．この t を式 (1.11) の第1式に代入すると，$v=v_0-2v_0=-v_0$ となる．

答　時間：$\frac{2v_0}{g}$ [s]，速さ：v_0 [m/s]．すなわち，地上から最高点に達するまでの時間の2倍が求める時間になる．また，地上に落下する直前の速さは，初速度と同じ速さである．

例題15　地面からの高さ h [m] の位置から初速度 6.0 m/s で小球を真上に投げ上げたところ，小球は 10 s 後に地上に落下した．h [m] はいくらか．ただし，重力加速度の大きさを 9.8 m/s^2 とする．

解　小球は最初のうちは上昇していくので，小球の最初の位置（地面からの高さが h [m] の位置）を原点とし，鉛直上向きを y 軸の正の向きにとる．式(1.11) より，
$y=6.0\times10-\frac{1}{2}\times9.8\times10^2=60-490=-430$　すなわち，430 m 下が地面である．　答　430 m

1. 2 力

1. 2. 1 力の表し方

力という言葉は日常いろいろな意味に使われているが，物理では，物体を変形させたり，物体の速さや向きなどの運動状態を変化させたりするはたらきをするものを力と呼ぶ．物体の変形や運動状態の変化は，物体にはたらく力の大きさや向きによって違ってくる．すなわち，力はベクトルである．さらに力がどの点にはたらくかによってもその変化は異なってくる．

力を記号で表す場合は，例えば $\vec{F}$ のように表す．また，物体に作用する力を図で表す場合は，図 1.13 のように，矢印の長さと向きでそれぞれ力の大きさと向きを表し，矢印の始点の位置で力がはたらく点(作用点)を示す．作用点を通り，力の向きに引いた直線を作用線という．

物体にはたらく力は，そのはたらき方によって 2 種類に分けることができる．1 つは，人間の筋肉による力，ばねの力，摩擦力のように他の物体と直接接触することによってはたらく力である．他の 1 つは，重力，電気力，磁気力のように空間をへだててはたらく力である．

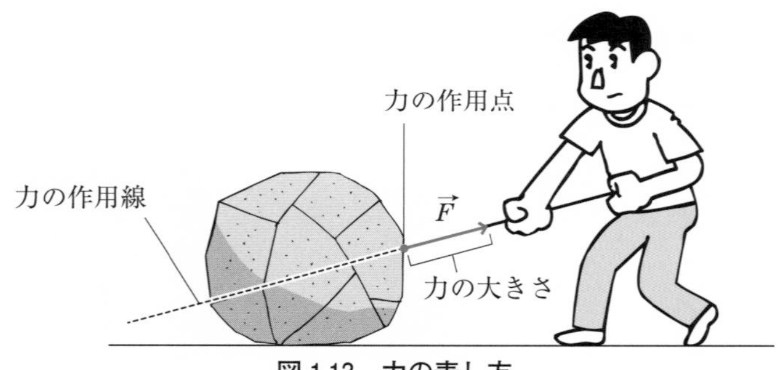

図 1.13 力の表し方

1. 2. 2 力の単位

地球上の全ての物体には地球から重力がはたらいている．物体が静止していても運動していても，重力は常に鉛直下向きにはたらいている．物体にはたらく重力の大きさをその物体の重さという．物体に含まれる物質の量を質量という．重さは質量に比例することがわかっている．

力の単位については後に詳しく述べるが(1.3.2 運動の法則参照)，質量 1 kg の物体にはたらいて 1 m/s^2 の加速度を生じさせる力の大きさを 1 ニュートン[N]と定める．

1. 2. 3 力のつり合い

ひとつの物体にいくつかの力がはたらいてもその物体が静止している場合，これらの力はつり合っているという．物体は静止しているので，物体に何も力がはたらいていないように見える．

(1) 2力のつり合い

天井にひもを固定し下端におもりをつるす(図1.14)．おもりが静止した状態では，おもりに鉛直下向きに重力 $\vec{W}$ がはたらき，鉛直上向きにひもの張力 $\vec{S}$ がはたらいており，これら2つの力がつり合っている．

このように，物体にはたらく2つの力がつり合っている場合は，これら2つの力は大きさが等しく，互いに逆向きである．

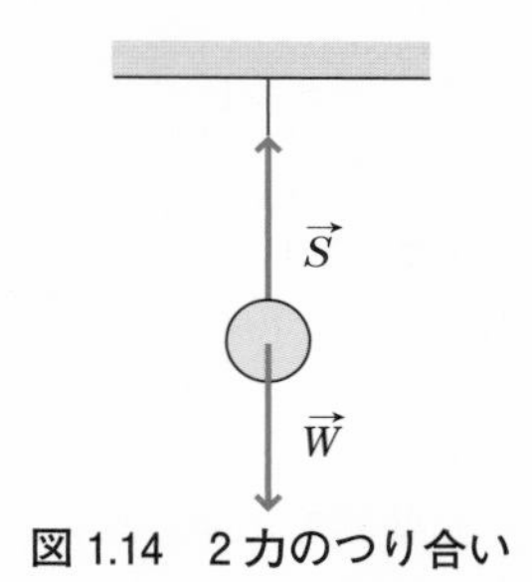

図1.14　2力のつり合い

(2) 3力のつり合い

図1.15のように，おもりが2本の糸でつるされて静止している場合を考える．おもりには重力 $\vec{W}$ と2本の糸AおよびBが引く力，それぞれ $\vec{F}_A$ および $\vec{F}_B$ がはたらいており，これら3つの力がつり合っている．$\vec{F}_A$ および $\vec{F}_B$ の向きは糸と同方向であり，それらの大きさはばねばかりを用いて測定することができる．

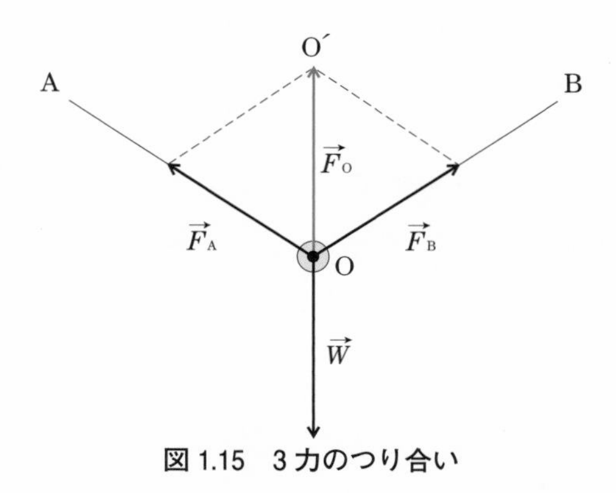

図1.15　3力のつり合い

3つの力 $\vec{W}$，$\vec{F}_A$，$\vec{F}_B$ が図1.15に示してある．図から，$\vec{F}_A$ と $\vec{F}_B$ を2辺とする平行四辺形の対角線OO´は，長さが $\vec{W}$ を示す矢印の長さ（$\vec{W}$ の大きさ）と等しく，OO´の向きは $\vec{W}$ と逆向きであることがわかる．すなわち，OO´で表される力 $\vec{F}_O$ を考えると，$\vec{F}_O$ と $\vec{W}$ がつり合っていることになる．実際には，$\vec{F}_A$ と $\vec{F}_B$ のはたらきを合わせたものが $\vec{W}$ とつり合っているので，$\vec{F}_O$ が $\vec{F}_A$ と $\vec{F}_B$ のはたらきを合わせたものであることになる．このように，いくつかの力のはたらきを合わせて1つの力を求めることを**力の合成**といい，求めた力を**合力**という．この場合は，$\vec{F}_A$ と $\vec{F}_B$ から $\vec{F}_O$ を合成したことになり，$\vec{F}_O$ は $\vec{F}_A$ と $\vec{F}_B$ の合力である．逆に，1つの力をいくつかの力に分けることを**力の分解**といい，得られるそれぞれの力を**分力**という．この場合は，$\vec{F}_O$ を $\vec{F}_A$ と $\vec{F}_B$ に分解すると考えると，$\vec{F}_A$ と $\vec{F}_B$ は $\vec{F}_O$ の**分力**である．

力 $\vec{W}$，$\vec{F}_A$，$\vec{F}_B$ および $\vec{F}_O$ の関係は次式のように表される．

$$\vec{W}+\vec{F}_A+\vec{F}_B=0,\qquad \vec{F}_A+\vec{F}_B=\vec{F}_O,\qquad \vec{W}+\vec{F}_O=0 \tag{1.12}$$

例題16　図1.15において，糸AおよびBが鉛直線とそれぞれ30°および60°の角度をなし，おもりにはたらく重力が2.0 Nのとき，$\vec{F}_A$ と $\vec{F}_B$ の大きさ F_A［N］と F_B［N］はいくらか．

解　$F_A=2.0\cos 30°=1.7$，$F_B=2.0\sin 30°=1.0$

答　$F_A=1.7$ N，$F_B=1.0$ N

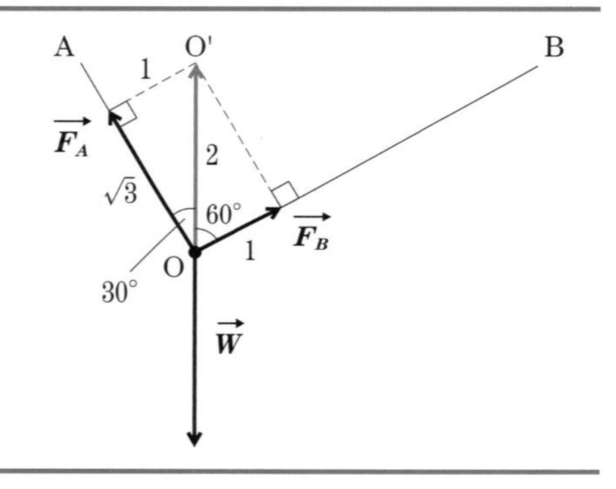

(3)　1点にはたらく力のつり合いの条件

いくつかの力 $\vec{F}_1$，$\vec{F}_2$，$\vec{F}_3$, …が1点にはたらいていて，これらの力がつり合う条件は，式(1.12)から類推できるように，力のベクトル和が0になること，すなわち，

$$\vec{F}_1+\vec{F}_2+\vec{F}_3+\cdots=0 \tag{1.13}$$

となることである．また，xyz 直交座標における力 $\vec{F}_1$ の x，y，z 成分をそれぞれ F_{1x}，F_{1y}，F_{1z} とし，他の力の成分も同様にして表すことにすると，つり合いの条件式(1.13)は各成分ごとに和が0になることを表している．

$$\begin{aligned} F_{1x}+F_{2x}+F_{3x}+\cdots&=0\\ F_{1y}+F_{2y}+F_{3y}+\cdots&=0\\ F_{1z}+F_{2z}+F_{3z}+\cdots&=0 \end{aligned} \tag{1.14}$$

1. 3 運動の法則

1. 3. 1 慣性の法則(運動の第1法則)

水平な面の上で物体をすべらせる．物体はすぐに止まってしまう．次に，水平な面と物体の底面をなめらかにすると，同じ力で物体をすべらせても，はじめの距離よりは遠くまですべる．また，水平なガラス板の上でドライアイスをすべらせると，ほんの少しの力を加えるだけでも，ドライアイスはガラス板の上をまっすぐに，同じ速さですべっていく．

このように，水平な面とその上におく物体の間の摩擦が非常に少なくなると，物体はまっすぐに同じ速さで，より長い距離をすべり続けるだろう．このことは，物体は本来その速度を保とうとする性質があることを示している．この性質を慣性という．すなわち，

物体に力がはたらかないか，または，力がはたらいてもそれらの合力が0ならば，静止している物体はいつまでも静止し続け，運動している物体は等速直線運動を続ける

ことになる．これを慣性の法則(運動の第1法則)という．

物体の運動(静止も含めて)の様子が変化するとき，すなわち，速さと向きが変化するときは，必ずその原因となる力がはたらいている．

例題17 走っている電車の中で立っている人が物を落とすと，物はその人よりも後方に落ちずに，その人の足もとに落ちるのはなぜか．

解 慣性の法則により，落とした物の水平方向の速度は人と同じであるため．

---

1. 3. 2 運動の法則(運動の第2法則)

物体に力がはたらくと運動の様子が変化する．それでは，物体にはたらく力の大きさが変化するとき，物体の速度はどのように変化するのだろうか．それを調べるために，図1.16のように，水平でなめらかな床の上に台車をおき，台車を一定の力 $\vec{F}$ で引いて，速度の変化を測定してみる．その結果，台車は一定の加速度 $\vec{a}$ で時間とともに速くなることがわかる．そこで，台車を引く力の大きさを $\vec{F}$ の2倍，3倍，…と大きくしてみる．すると，台車の加速度も $\vec{a}$ の2倍，3倍，…と大きくなる．すなわち，台車の加速度はそれを引く力の大きさに比例することがわかる．

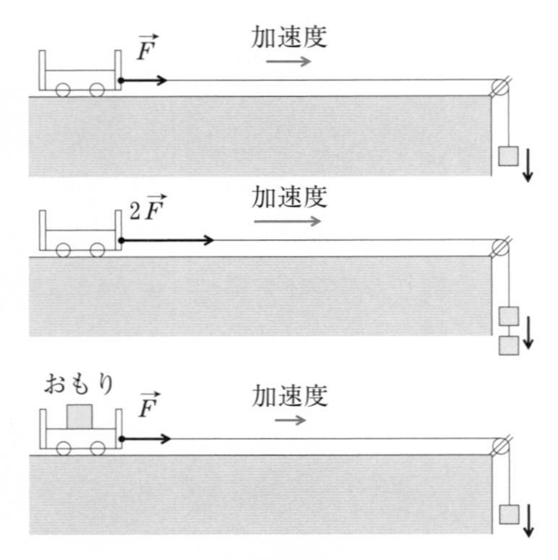

図 1.16　運動の第 2 法則

次に，台車におもりを乗せて質量を増やし，それらを一定の力で引き，質量と加速度の関係を調べてみる．その結果，台車の質量が 2 倍，3 倍，…と増すにつれて，加速度は $\frac{1}{2}$ 倍，$\frac{1}{3}$ 倍，…と減少する．こうして，質量と加速度は反比例することがわかる．質量が大きいと物体は加速しにくいので，物体の質量は慣性の大きさを表していることがわかる．

以上のことをまとめると，

物体に力がはたらくとき，物体には力と同じ向きに加速度が生じる．加速度の大きさは，力の大きさに比例し，物体の質量に反比例する

ということになる．これを運動の法則（運動の第 2 法則）という．力，加速度，質量をそれぞれ $\vec{F}$，$\vec{a}$，m とすると，運動の法則は

$$\vec{a} = k\frac{\vec{F}}{m} \tag{1.15}$$

と表される．ただし，k は比例定数である．

ここで，$k = 1$ となるように，力の単位を定める．すなわち，質量 1 kg の物体にはたらいて $1\ \mathrm{m/s^2}$ の加速度を生じさせる力の大きさを 1 ニュートン［N］と定める．これにより，式(1.15)は

$$m\vec{a} = \vec{F} \tag{1.16}$$

となる．この式を運動方程式という．力学におけるもっとも基本的な関係式である．

力の単位 N は式(1.16)から

$$1\ \mathrm{N} = 1\ \mathrm{kg \cdot m/s^2} \tag{1.17}$$

であることがわかる．

例題 18　質量 20 kg の物体に大きさ 100 N の力が作用するとき，生じる加速度の大きさ [m/s²] はいくらか．

解　式(1.16) より，$a=\frac{F}{m}=\frac{100}{20}=5.0$　　答　5.0 m/s²

例題 19　なめらかな水平面上に質量 10 kg の板をおき，その上に荷物をおいて大きさ 100 N の力で水平に引いたところ，大きさ 2.0 m/s² の加速度が生じた．荷物の質量 [kg] はいくらか．

解　式(1.16) より，$m=\frac{F}{a}=\frac{100}{2.0}=50$　$50-10=40$　　答　40 kg

1. 3. 3　重力と質量

自由落下する物体は，質量に関係なく，鉛直下方に式(1.9)の重力加速度 g [m/s²]で，等加速度運動をする．そこで，質量 m [kg]の物体にはたらく重力の大きさを W [N]とし，式(1.16)で $a=g$，$F=W$ とおくと，

$$W=mg \tag{1.18}$$

が得られる．これは重力の大きさが物体の質量に比例することを示している[1]．

例題 20　質量 0.50 kg の物体を軽い糸につるして，糸の上端をもつ．ただし，重力加速度の大きさを 9.8 m/s² とする．

1) 加速度が生じないように，ゆっくり持ち上げるのに必要な力は何 N か．
2) 上方に 1.0 m/s² の加速度を生じさせるのに必要な力は何 N か．
3) 糸に加える力を 2.5 N にすると，物体の加速度の大きさ [m/s²] と向きはどのようになるか．

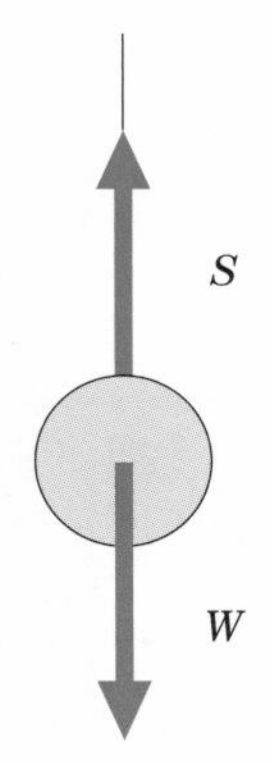

解　図のように，糸に加える力(引き上げる力)を S [N] とし，鉛直上向きを正の方向とする．この物体には，糸に加える力 S [N] (鉛直上向き) と重力 W [N] (鉛直下向き) の 2 つの力が作用している．

1) 加速度が生じないので，糸を持ち上げる力と重力はつりあっている．力のつりあいを表す式(1.13) と式(1.18) より，
$S+W=S+(-mg)=0$，∴　$S=mg=0.50\times9.8=4.9$ N　　答　4.9 N
2) 加速度を a [m/s²] とする．このとき，物体にはたらく力が 2 つ (S と W) あることに注意すると，式(1.16) から，物体の運動方程式は，
$ma=S+W=S+(-mg)$ となる．従って，
$0.50\times1.0=S-0.50\times9.8$，$S=0.50\times(1.0+9.8)=5.4$　　答　5.4 N

1) 地球上で質量 1 kg の物体にはたらく重力の大きさを力の単位とし，これを 1 重量キログラム (kgw) または 1 キログラム重 (kg 重) という．1 kgw = 9.80 N である．

3) 2) の運動方程式から，

$0.50 \times a = 2.5 + (-0.50 \times 9.8) = -2.4$，∴　$a = -4.8$，負号は鉛直下向きを表す．

答　鉛直下向きに，4.8 m/s^2

1. 3. 4　作用反作用の法則（運動の第 3 法則）

人が手で壁を押すと，壁は動かずに，逆に人が壁から押し返される（図 1.17(a)）．また，2 人で握手してそのまま引っ張り合うと，自分が相手に引っ張られるだけでなく，相手も自分に引っ張られる（図 1.17(b)）．このように，力は 1 つの物体に一方的にはたらくのではなく，2 つの物体の間で力をおよぼし合うように，2 つの力が対になってはたらく．このとき，一方の力を作用といい，他方の力を反作用という．作用と反作用の間には次のような関係がある．

物体 A から物体 B に力がはたらくと，同時に物体 B から物体 A に力がはたらく．これら 2 つの力は同一直線上にあり，大きさが等しく，互いに逆向きである．

これを作用反作用の法則（運動の第 3 法則）という．

ここで注意しなければならないことは，つり合う 2 力と作用・反作用の関係にある 2 力を混同してはならないことである．つり合う 2 力は 1 つの物体にはたらく力であるが，作用・反作用の 2 力は 2 つの物体にはたらく力である．

(a) 壁を手で押す　　(b) 握手したまま引き合う

図 1.17　作用・反作用

例題 21　水平な床に置かれた物体と床の間で作用・反作用の関係にある 2 つの力は何か．

解　物体が床におよぼす重力と，床から物体におよぼされる垂直抗力

1. 3. 5　運動方程式のつくり方

運動方程式(1.16)は，物体にはたらく力，物体の質量，物体に生じる加速度の 3 つの量の関係を示しているので，これら 3 つの量のうち，2 つがわかると，残り 1 つを求めるこ

とができる.

ここでは，2つの物体に力がはたらく場合を考えてみよう．図1.18に示すように，なめらかな水平面上で，それぞれ質量がM，mの物体A，Bを互いに接触させておく．物体Aを水平方向に力$\vec{F}$で右方向に押すとき，物体A，Bに生じる加速度$\vec{a}$を求めてみる.

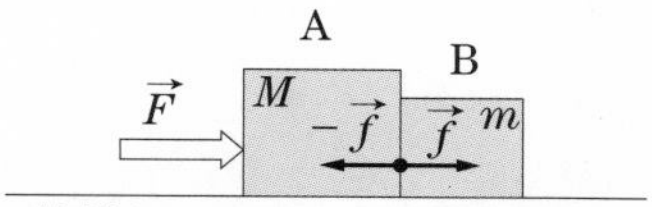

図1.18　接触している2つの物体にはたらく力

まず，物体Aと物体Bの間には接触面を通して力がはたらいており，作用・反作用の法則が成り立っている．物体Aが物体Bにおよぼす力を$\vec{f}$とすると，物体Bが物体Aにおよぼす力は$-\vec{f}$と表すことができる．こうして，物体Aには$\vec{F}$と$-\vec{f}$がはたらいており，物体Bには$\vec{f}$がはたらいていることがわかる．したがって，物体AとBについての運動方程式はそれぞれ

$$M\vec{a}=\vec{F}-\vec{f} \qquad \text{および} \qquad m\vec{a}=\vec{f} \tag{1.19}$$

となる．これら2式の左辺どうし，右辺どうしを加えると

$$(M+m)\vec{a}=\vec{F} \tag{1.20}$$

が得られる.

次に，物体A，Bが接触したままであるので，これらを1つの物体とみなす．そうすると，この物体の質量は物体A，Bの質量の和$(M+m)$となるので，この物体についての運動方程式は式(1.20)となる.

このように，上の例では，物体A，B間の力は全体の運動に関係しないので，2つの物体を個別に考えても，1つの物体とみなしても，同一の運動方程式がつくられるのである.

例題22　図1.18のようになめらかな水平面上に質量2.0 kgの物体Aと質量1.0 kgの物体Bを接触させて置き，それらを左側から$F=9.0$ Nの力で水平に押す.

1) 物体A，Bの加速度［m/s²］はいくらか.

2) 物体Aが物体Bを押す力［N］はいくらか.

解　1) 式(1.20)より，$a=\dfrac{F}{M+m}=\dfrac{9.0}{2.0+1.0}=3.0$　　答　3.0 m/s²

2) 式(1.19)の第2式より，$f=1.0\times3.0=3.0$　　答　3.0 N

1．4　運動量の保存

1．4．1　運動量と力積

ボーリングでボールがピンに衝突する場合，重くて速いボールは多くのピンを勢いよく跳ね飛ばすが，ボールが軽くて遅いと威力が弱く，ピンは 1，2 本しか倒れない．いずれの場合も，ボールとピンの衝突は瞬間的に起こるように見えるが，非常に短い時間ではあるが両者は接触している．その間，ボールはピンから力を受けて，衝突後の速度は衝突前とは異なる．このような運動はどのように調べるのか，その方法について考えてみよう．

質量 m [kg]の物体が速度 $\vec{v}$ [m/s]で運動しているとき，積 $m\vec{v}$ を**運動量**といい，その大きさを物体の運動の激しさの程度を示す目安とする．運動量は速度と同じ向きをもつベクトルであり，その大きさの単位は kg·m/s(キログラム・メートル毎秒)である．また，物体に一定の力 $\vec{F}$ [N]が時間 t [s]の間はたらくとき，$\vec{F}\cdot t$ を**力積**という．力積は力と同じ向きをもつベクトルであり，その大きさの単位は N·s(ニュートン・秒)である．

いま，図 1.19 のように，なめらかな水平面上を速度 $\vec{v}$ [m/s]で運動している質量 m [kg]の物体が，一定の力 $\vec{F}$ [N]を時間 t [s]の間だけ受けて，その速度が $\vec{v}'$ [m/s]になったとする．t [s]間のこの物体の加速度 $\vec{a}$ [m/s^2]は式(1.5)から $\vec{a}=\dfrac{\vec{v}'-\vec{v}}{t}$ であるので，物体の運動方程式は

$$m\frac{\vec{v}'-\vec{v}}{t}=\vec{F} \tag{1.21}$$

となる．したがって，

$$m(\vec{v}'-\vec{v})=\vec{F}\cdot t \quad あるいは \quad m\vec{v}'-m\vec{v}=\vec{F}\cdot t \tag{1.22}$$

が得られる．式(1.22)は

物体の運動量の変化は，その間に物体に与えられた力積に等しい

ことを示している．また，式(1.22)から，運動量の単位 kg·m/s と力積の単位 N·s は等しい．

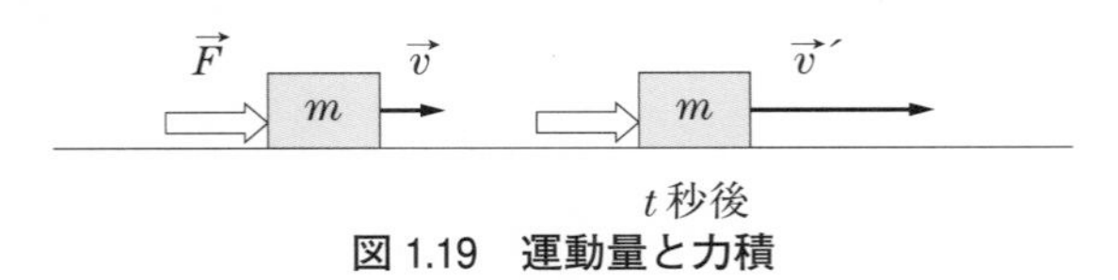

図 1.19　運動量と力積

例題 23　図のように，速さ 40 m/s で飛んできた質量 0.20 kg のボールを飛んできた方向にバットで打ち返したところ，ボールは速さ 60 m/s で飛んでいった．バットがボールに与えた力積の大きさ[N·s]はいくらか．また，バットとボールの接触時間が 0.010 s であったとすると，ボールに加えられた平均の力の大きさ[N]はいくらか．

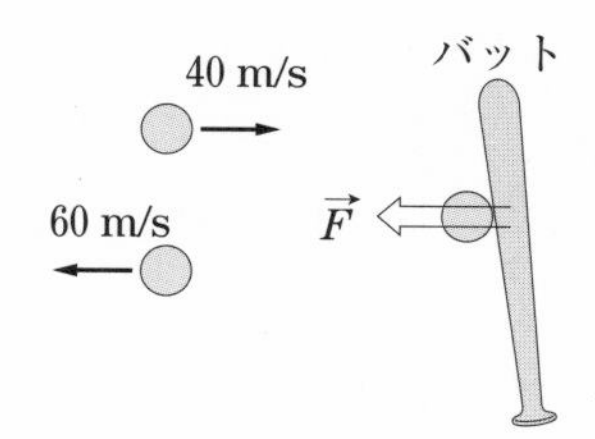

解　衝突後の速度の向きを正とすると，求める力積の大きさ[N･s]は

$0.20\times60-0.20\times(-40)=20$　　答　20 N･s

平均の力の大きさ[N]は，式(1.22)より $F=\dfrac{m(v'-v)}{t}$ となるので，$F=2.0\times10^3$

答　2.0×10^3 N

例題 24　なめらかな床の上に静止している質量 2.0 kg の物体に，大きさ 8.0 N の力を水平方向に 5.0 秒間はたらかせた．物体に与えられた力積[N･s]はいくらか．また，5.0 秒後の物体の運動量[kg･m/s]と速さ[m/s]はいくらか．

解　力積 $=8.0\times5.0=40$．式(1.22)より，物体の運動量 $=40$．物体の速さ $=\dfrac{40}{2.0}=20$.

答　力積：40 N･s，運動量：40 kg･m/s，速さ：20 m/s

1. 4. 2　運動量保存の法則

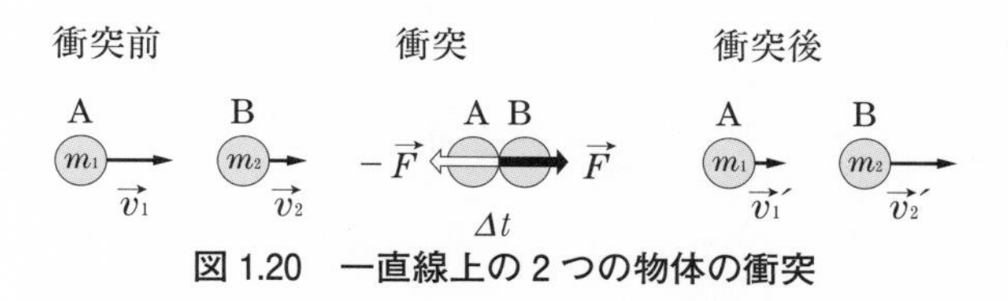

図 1.20　一直線上の 2 つの物体の衝突

図 1.20 のように，なめらかで水平な一直線上を速度 $\vec{v}_1$ [m/s]で運動する質量 m_1 [kg]の小球 A が，同じ直線上を速度 $\vec{v}_2$ [m/s]で運動する質量 m_2 [kg]の小球 B に衝突して，衝突後の速度がそれぞれ $\vec{v}_1'$ [m/s]，$\vec{v}_2'$ [m/s]になったとする．また，2 つの小球が衝突している時間を Δt [s]とする．この間に B が A から受けた平均の力を $\vec{F}$ [N]とすると，作用反作用の法則により，A は B から $-\vec{F}$ [N]の力を受けたことになる．物体 A，B の運動量変化は，式(1.22)を用いると，それぞれ

小球 A について，$m_1\vec{v}_1'-m_1\vec{v}_1=-\vec{F}\Delta t$　　(1.23)

小球 B について，$m_2\vec{v}_2'-m_2\vec{v}_2=\vec{F}\Delta t$　　(1.24)

となる．すなわち，物体 A，B の運動量変化は大きさが等しく，向きが逆向きであることがわかる．この 2 つの式から $\vec{F}\Delta t$ を消去すると，次の関係式が得られる．

$$m_1\vec{v}_1+m_2\vec{v}_2=m_1\vec{v}_1'+m_2\vec{v}_2' \tag{1.25}$$

式(1.25)の左辺は衝突前の2つの小球の運動量の和であり，右辺は衝突後の2つの小球の運動量の和である．すなわち，この式は，衝突の前後で2つの小球の運動量の和が変わらない(一定に保たれる)ことを示している．上の例は一直線上の運動による衝突であるが，平面内の衝突の場合にも成り立つ．

一般に，いくつかの物体が互いに力をおよぼし合うだけで，外部から力がはたらかない場合は，これらの物体の運動量の和は一定に保たれる．これを運動量保存の法則という．

例題 25　なめらかな床の上に静止している質量 2.0 kg の物体Aに，質量 3.0 kg の物体Bが速さ 10.0 m/s で衝突し，物体AとBは衝突後に一体となって動き出した．衝突後の速さ[m/s]を求めよ．

解　式(1.25)より，$3.0 \times 10.0 = (2.0 + 3.0)v'$　$\therefore v' = 6.0$　　答　6.0 m/s

例題 26　図(a)のように，速さ 4.0 m/s で進んできた質量 1.0 kg の球Aが，静止している質量 2.0 kg の球Bに衝突した．衝突後，衝突前の球Aの進行方向に対して，球Aは右に 60° の方向に，また球Bは左に 30° の方向にそれぞれ進んだ．衝突後の球A，Bの速さ[m/s]はいくらか．ただし，2つの球A，Bの運動はなめらかな水平面上で行われるものとする．

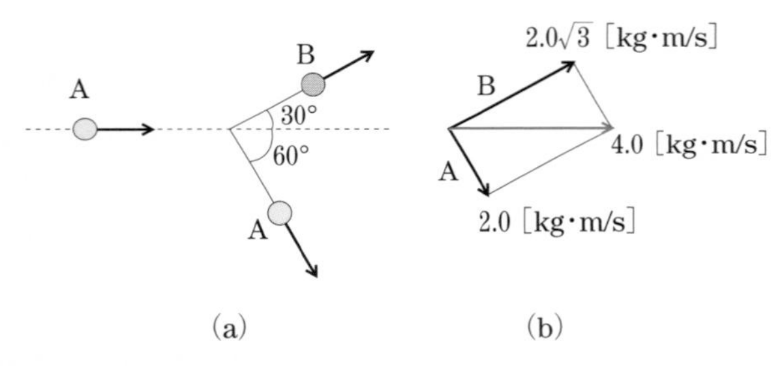

(a)　　(b)

解　図を用いて求める．衝突前の運動量の和の大きさは，$1.0 \times 4.0 = 4.0$ kg·m/s である．図(b)のように，この大きさ 4.0 kg·m/s の運動量ベクトルを2つの球A，Bが進む方向に分解する．それらの運動量ベクトルの長さから，運動量の大きさ[kg·m/s]を知ることができ，球A，Bの速さ[m/s]がそれぞれ 2.0 m/s，1.7 m/s と求められる．

一方，運動量保存の法則は図 1.20 のような衝突の場合だけではなく，2つのやわらかい粘土の塊がくっついて一体になる場合や，1つの物体が内部の力によって2つの物体に分裂する場合にも適用することができる(例題 27)．

例題 27　図(a) のように，速さ 10 m/s で飛んできた質量 4.0 kg の物体が，図(b) のように，質量 2.0 kg ずつの2つの部分，AとBに分裂し，物体Aは分裂前と同じ向きに 30 m/s で飛んでいった．分裂前の物体の運動量の大きさ [kg·m/s] を求めよ．また，分裂後の物体Bはどの向きにどれだけの速さ [m/s] で飛んでいくか．

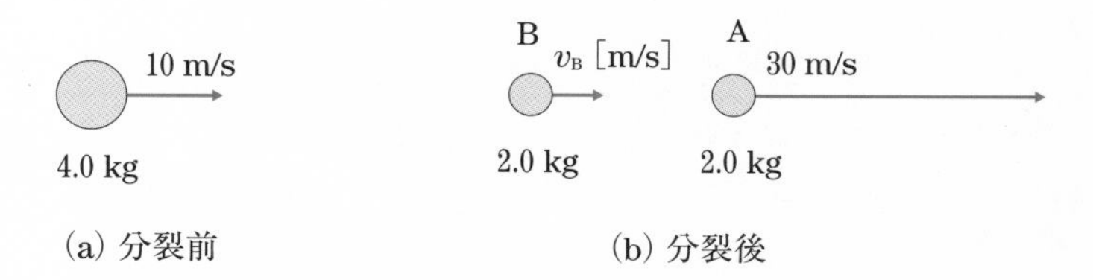

(a) 分裂前　　(b) 分裂後

解　分裂前の物体の運動量の大きさ＝10.0×4.0＝40　　答　40 kg·m/s

分裂後の物体Bの速度を v_B [m/s] とすると，運動量保存の法則により

$2.0\times30+2.0\times v_B=40$　∴　$v_B=-10$

答　物体Bは速さ10 m/sで物体Aと反対向きに飛んでいく．

1. 4. 3　反発係数

小球を床に自由落下させると，小球は床にあたってはね上がる．落下とはね上がりを何回か繰り返すが，回数が増すにつれてはね上がる高さが低くなる．小球の種類や床の材質を変えてみても，小球がはね上がる高さは，徐々に低くなる．これは，小球がはね上がるときの速さ(床から遠ざかる速さ v')が，床にあたる直前の速さ(床に近づく速さ v)よりも小さいからである．近づく速さ v と遠ざかる速さ v' の比の大きさを**反発係数**(**はね返りの係数**)と呼ぶ．鉛直下方を正の向きにとると，反発係数 e は次のように表される．

$$e=-\frac{v'}{v}\quad \text{または}\quad e=\left|\frac{v'}{v}\right| \tag{1.26}$$

次に，前節の図1.20の2つの小球の衝突の場合について考える．小球と床の衝突で考えた床に近づく速さと床から遠ざかる速さの代わりに，この場合は，2つの小球が互いに近づく速さ(v_1-v_2)と互いに遠ざかる速さ$(v_2'-v_1')$を考える．したがって，反発係数は

$$e=\frac{(v_2'-v_1')}{(v_1-v_2)}=-\frac{(v_1'-v_2')}{(v_1-v_2)} \tag{1.27}$$

と表される．

ここで，反発係数の値について考える．小球が床に衝突するときや，2つの小球が衝突するときは，一般に，衝突前の互いに近づく速さの方が，衝突後の互いに離れる速さよりも大きい．特別な場合として，衝突前後で2つの速さが等しい場合，$(v_1-v_2)=-(v_1'-v_2')$ すなわち，$e=1$ の場合が考えられる．逆に，衝突後は互いにくっついてしまう場合，$v_2'-v_1'=0$，すなわち，$e=0$ の場合が考えられる．こうして，e の値の範囲は次のようになる．

$$0\leqq e\leqq1 \tag{1.28}$$

$e=1$ の衝突を**弾性衝突**(または**完全弾性衝突**)といい，$0\leqq e<1$ の場合を**非弾性衝突**という．

とくに，$e=0$ の衝突を**完全非弾性衝突**という．

例題 28　質量 0.80 kg の小球 A が速さ 6.0 m/s で，また，質量 0.20 kg の小球 B が速さ 4.0 m/s で互いに近づいてきて衝突した．ただし，小球 A，B 間の反発係数を 0.50 とし，衝突後の小球 A，B の速度をそれぞれ v_A [m/s]，v_B [m/s] とする．

1) 運動量保存則はどのように表されるか．

2) v_A および v_B（大きさ [m/s] と向き）を求めよ．

解　1）式(1.25)より，$0.80\times6.0+0.20\times(-4.0)=4.0=0.80\times v_A+0.20\times v_B$

2）式(1.27)より，$\dfrac{v_A-v_B}{6.0-(-4.0)}=-0.50$　これら 2 つの式から，$v_A=3.0$，$v_B=8.0$．

答　1）$0.80\times v_A+0.20\times v_B=4.0$　　2）小球 A，B ともに衝突前の A の進む向きであり，速さはそれぞれ $v_A=3.0$ m/s，$v_B=8.0$ m/s

---

1. 5 力学的エネルギー

1. 5. 1 仕 事

(1) 仕事

物体に大きさ F [N]の力を加えて物体を力の向きに s [m]だけ移動させたとき，力が物体に $F \cdot s$[N·m]の仕事をしたという．その仕事を W とすると

$$W = Fs \tag{1.29}$$

である．仕事の単位として，1 N の力でその向きに物体を 1 m 移動させたときを考え，これを 1 ジュール[J]という．式(1.29)より，1 J = 1 N·m の関係があることがわかる．

力の向きと物体の移動方向が異なる場合は，力を分解し，移動方向の成分(分力)を考える．すなわち，図 1.21 のように，物体に力 $\vec{F}$ [N]を加えて距離 s [m]だけ移動させるとき，移動方向と力の向きが角 θ をなすとする．移動方向の力の成分は $F\cos\theta$ であるので，この力が物体にする仕事 W [J]は，式(1.29)の F を $F\cos\theta$ で置き換えて，

$$W = Fs\cos\theta \tag{1.30}$$

となる．θ が 90° よりも大きくなると，移動方向の力の成分は負になる．この場合，力は物体に負の仕事をしたという．このときは，物体が力(または力の原因となるもの)に対して正の仕事をしているのである．

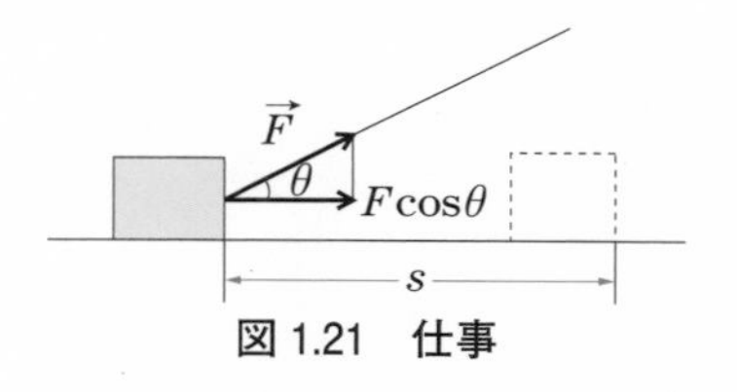

図 1.21 仕事

例題 29 物体に 10 N の力を加えつづけて，物体を力の向きに 5.0 m 移動させた．力が物体にした仕事は何 J か．

解 式(1.29)より，10 × 5.0 = 50 答 50 J

---

(2) 仕事の原理

てこ，斜面，動滑車などを利用すると，小さな力で重い物体を持ち上げることができる．それでは，これらの道具や装置を利用すると，仕事も少なくなるのだろうか．

例として，図 1.22 のように，斜面を利用する場合を考えてみよう．斜面はなめらかで，

水平面と角 θ をなしている．ただし，重力加速度の大きさを g [m/s^2] とする．

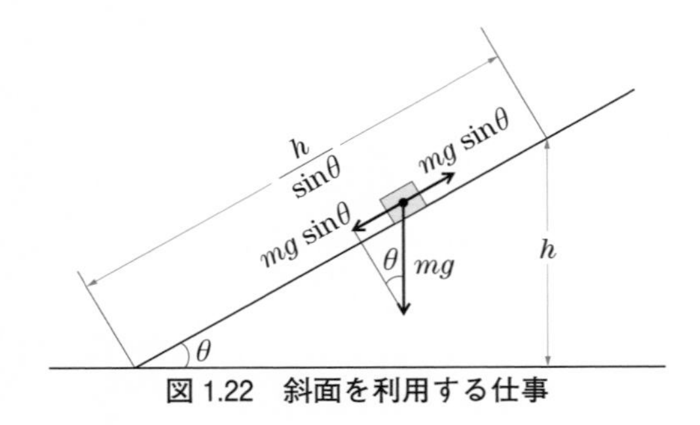

図 1.22　斜面を利用する仕事

まず，質量 m [kg] の物体を垂直に h [m] だけ持ち上げるときの仕事 W_1 [J] は，式(1.29) より，$W_1=mgh$ である．次に，斜面に沿ってこの物体を引きあげる場合，必要な力は $mg\sin\theta$ であり，斜面に沿った長さは $\dfrac{h}{\sin\theta}$ であるので，仕事は $W_2=mg\sin\theta\times\dfrac{h}{\sin\theta}=mgh$ となる．すなわち，$W_1=W_2$ であり，斜面を利用しても，仕事の量は変わらない．

一般に，仕事をする際に道具や機械を利用すると，必要な力は小さくなるが，逆に移動距離は長くなるので，仕事の量が少なくなることはない．これを仕事の原理という．

例題 30　図 1.22 の斜面と水平面がなす角が 30° の場合に物体を引きあげるのに必要な力と必要な長さは，鉛直に同じ高さだけ引きあげる場合と比べて，それぞれ何倍になるか．

解　$mg\sin 30°=0.5\,mg$，$\dfrac{h}{\sin 30°}=\dfrac{h}{0.5}=2h$　　答　力は 0.5 倍，長さは 2 倍

---

(3)　仕事率

単位時間あたりにする仕事の量を仕事率という．すなわち，時間 t の間に W の仕事をすると，このときの仕事率 P は

$$P=\frac{W}{t} \tag{1.31}$$

である．1 s あたり 1 J の仕事をするときの仕事率を 1 ワット [W] といい，仕事率の単位とする．1 W は 1 J/s である．

例題 31　人が 200 N の力で台車を引いて，3.6 km/h の速さで歩いている．人が台車にする仕事の仕事率を求めよ．

解　人は 1 秒間に 1.0 m 進むので，その間にする仕事は 200 J である．したがって，式(1.31) より，$P=200$　　答　200 W

例題 32　質量 50 kg の人が高さ 10 m の階段を 10 秒で上った．この人が重力に逆らってした仕事の仕事率を求めよ．ただし，重力加速度の大きさを 9.8 m/s^2 とする．

解　この人が10秒間にした仕事は$50\times 9.8\times 10=4900$である．式(1.31)より，
$P=4900\div 10=490$　　答　490 W

1. 5. 2　運動エネルギー

(1)　運動エネルギー

動いている物体は，他の物体に衝突して力をおよぼし，仕事をすることができる．ある物体が他の物体に対して仕事をする能力があるとき，その能力を運動エネルギーといい，その物体は運動エネルギーをもっているという．物体がもつ運動エネルギーは，その物体が静止するまでにすることのできる仕事量で定められる．したがって，運動エネルギーの単位にはジュール[J]が用いられる．

運動エネルギーがどのように表されるかを考えてみよう．図1.23のように，なめらかな水平面上で質量m [kg]の物体Aが速さv [m/s]で運動している．この物体Aに運動方向と逆向きに一定の大きさF [N]の力$\vec{F}$を加えたところ，s [m]だけ移動して静止したとする．物体Aの加速度a [m/s^2]は，図1.23で右向きを正にとると，式(1.16)より，$a=-\dfrac{F}{m}$と表される．また，この間，物体Aの速さがv [m/s]から0 [m/s]に変化したので，等加速度運動の式(1.8)を用いると，

$$0^2-v^2=2as \tag{1.32}$$

となる．これに上で求めたaを代入して，

$$v^2=2\frac{Fs}{m} \tag{1.33}$$

となり，整理すると，

$$Fs=\frac{1}{2}mv^2 \tag{1.34}$$

となる．一方，物体Aは，作用反作用の法則により，$\vec{F}$に対して大きさF [N]の力をおよぼし続けるので，物体Aが$\vec{F}$にした仕事W [J]はFs [J]である．こうして，

$$W=Fs=\frac{1}{2}mv^2 \tag{1.35}$$

となり，物体Aは$\dfrac{1}{2}mv^2$の運動エネルギーをもっていることがわかる．

一般に，速さv [m/s]で運動している質量m [kg]の物体がもつ運動エネルギーK [J]は

$$K=\frac{1}{2}mv^2 \tag{1.36}$$

と表される．

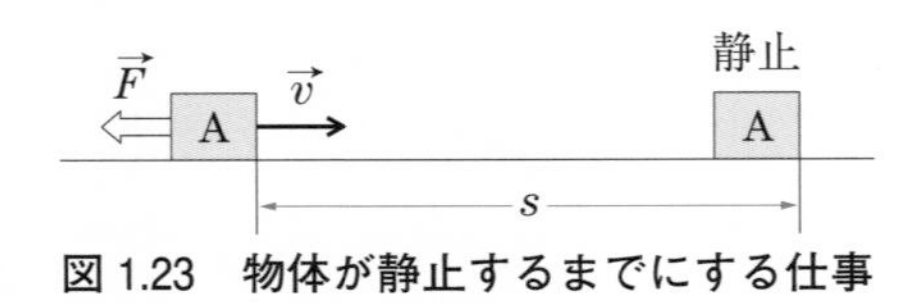

図 1.23　物体が静止するまでにする仕事

例題 33　質量 500 kg の自動車が 36 km/h の速さで走っている．自動車の運動エネルギー[J]はいくらか．また，自動車の速さが 2 倍になると，運動エネルギーは何倍になるか．

解　時速を秒速に直すと 36 km/h＝10 m/s となる．運動エネルギーは式(1.36)より，$\frac{1}{2}\times 500\times 10^2 = 2.5\times 10^4$ J となる．運動エネルギーは速さの 2 乗に比例するので，速さが 2 倍になると，運動エネルギーは $2\times 2=4$ 倍になる．　　答　2.5×10^4 J，4 倍

---

(2)　仕事と運動エネルギー

図 1.24 のように，水平面上を速さ v_0 [m/s]で動いている質量 m [kg]の台車に，一定の大きさの力 F [N]を進行方向に加えて s [m]だけ移動させたところ，台車の速さが v [m/s]になったとする．このときの加速度 a [m/s²]は，式(1.16)より，$a=\frac{F}{m}$ である．これを等加速度運動の式(1.8)に代入すると，

$$v^2 - v_0^2 = 2as = 2\frac{Fs}{m} \tag{1.37}$$

となる．これを整理して，

$$\frac{1}{2}mv^2 - \frac{1}{2}mv_0^2 = Fs = W \tag{1.38}$$

が得られる．ここに，W は力 F が台車にした仕事である．左辺は台車の運動エネルギーの変化を表し，それは台車がされた仕事に等しいことを示している．

一般に，物体の運動エネルギーの変化は，物体がされた仕事に等しい．

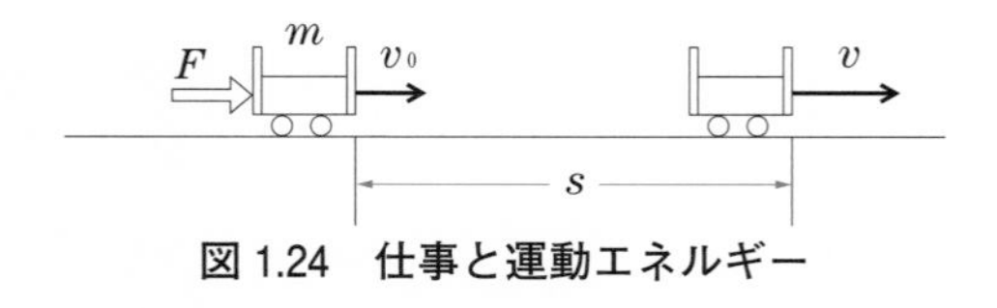

図 1.24　仕事と運動エネルギー

例題 34　速さ 4.0 m/s で進んでいる質量 10 kg の台車に，10 N の力を進行方向に 10 m 進む間加えると，台車の速さは何 m/s になるか．

解　式(1.38)より，

$$\frac{1}{2}mv^2 = \frac{1}{2}mv_0^2 + Fs$$

となる．これに与えられた数値を代入して，

$$\frac{1}{2}\times 10\times v^2=\frac{1}{2}\times 10\times 4.0^2+10\times 10$$

よって，$v=6.0$

答　6.0 m/s

1. 5. 3　重力による位置エネルギー

高い場所にある物体は，重力により落下するときに他の物体に力をおよぼして仕事をすることができる．すなわち，高い場所にある物体はエネルギーをもっている．例えば，床に置かれた質量 m［kg］の物体を，それにはたらく重力 mg［N］に逆らって，床から h［m］の高さまでもち上げたとする．このとき，物体は mgh［J］の仕事をされたので，それと同じだけのエネルギーをもっていることになる．これを**重力による位置エネルギー**という．この場合，物体がもつ重力による位置エネルギー U［J］は

$$U=mgh \tag{1.39}$$

である．

重力による位置エネルギーは，式(1.39)からわかるように，物体の高さに依存しているので，高さの基準を明確にしなければならない．U の値は，物体が高さの基準面より上にあるときは正であり，それより下の場合は負になる．

例題 35　基準の高さから 10 m の高さにある質量 10 kg の物体の位置エネルギー［J］はいくらか．また，物体が基準の高さより 10 m 下にあるとき，物体の位置エネルギー［J］はいくらか．ただし，重力加速度の大きさを 9.8 m/s^2 とする．

解　式(1.39)を用いる．　　答　10 m 上は 980 J．10 m 下は −980 J

1. 5. 4　力学的エネルギー保存の法則

物体がもつ運動エネルギー K［J］と位置エネルギー U［J］の和 E［J］を**力学的エネルギー**という．

図 1.25 のように，基準面 O からの高さが h［m］の点 P から質量 m［kg］の物体を自由落下させるとき，力学的エネルギーがどのように変化するかを考える．まず，点 P では，物体は静止しているので運動エネルギー K_P は $K_P=0$ であり，位置エネルギー U_P は $U_P=mgh$ である．したがって，力学的エネルギーは

$$K_P+U_P=mgh \tag{1.40}$$

となる．次に，面 O から任意の高さ x［m］の点 Q では，物体の速さを v_Q とすると，式

(1.8) より，

$$v_Q^2 = 2g(h-x) \tag{1.41}$$

であるので，運動エネルギー K_Q は

$$K_Q = \frac{1}{2}mv_Q^2 = mg(h-x) \tag{1.42}$$

である．また，位置エネルギー U_Q は

$$U_Q = mgx \tag{1.43}$$

である．したがって，力学的エネルギーは

$$K_Q + U_Q = mg(h-x) + mgx = mgh \tag{1.44}$$

となる．さらに，面 O では，物体の速さを v_O とすると，式 (1.8) より，$v_O^2 = 2gh$ であるので，運動エネルギー K_O は

$$K_O = \frac{1}{2}mv_O^2 = mgh \tag{1.45}$$

である．また，位置エネルギー U_O は $U_O = 0$ である．したがって，力学的エネルギーは

$$K_O + U_O = mgh \tag{1.46}$$

となる．

こうして，力学的エネルギーは，運動の最初と最後だけでなく，途中のどの高さにおいても，一定に保たれることがわかる．一般に，重力やばねの弾性力による物体の運動では，物体がもつ力学的エネルギーは一定に保たれる．これを，**力学的エネルギー保存の法則**という（重力やばねの弾性力を**保存力**という）．

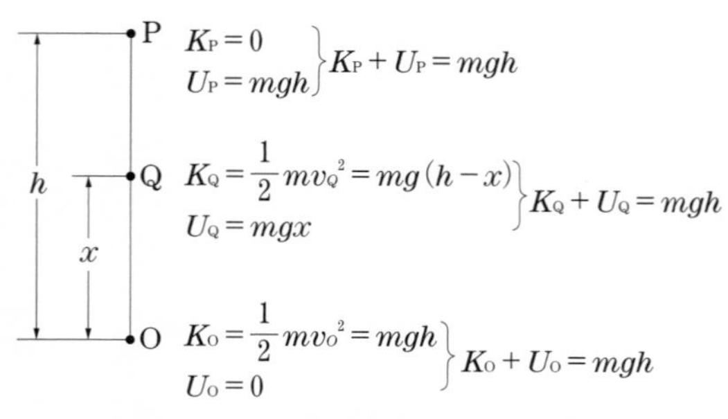

図 1.25　力学的エネルギーの保存

例題 36　地上 10 m の高さから質量 2.0 kg の小球を自由落下させると，地面に衝突直前の小球の速さ[m/s]はいくらか．ただし，重力加速度の大きさを 9.8 m/s^2 とする．

解　力学的エネルギー保存の法則より，［最初の高さでの位置エネルギー］=［地面に衝突直前の運動エネルギー］である．すなわち，$mgh = \frac{1}{2}mv^2$ であるので，$v = \sqrt{2gh}$ となる．
答　14 m/s

1. 6　いろいろな運動

1. 6. 1　水平に投げ出された物体の運動

小球を水平方向に速さ v_0 [m/s]で投げ出すと，小球は放物線を描いて落下する．その軌跡をストロボ写真に撮って詳しく調べた結果が図 1.26 に示してある．図から，小球の運動は水平方向と鉛直方向に分けて考えることができ，水平方向は速さ v_0 [m/s]の等速直線運動であり，鉛直方向は自由落下運動であることがわかる．

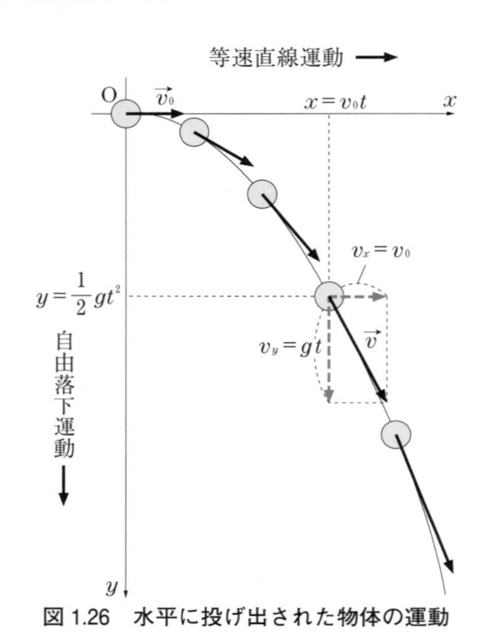

図 1.26　水平に投げ出された物体の運動

運動方程式を用いてこの運動を考えてみる．図のように，水平方向に x 軸，鉛直下向きに y 軸をとる．小球の質量を m [kg]とし，小球にはたらく力の x 方向の分力を F_x [N]，y 方向の分力を F_y [N]とする．この運動では，小球にはたらく力は鉛直下向きに重力 mg [N]だけであるので，$F_x=0$，$F_y=mg$ である．次に，小球の x 方向，y 方向の加速度をそれぞれ a_x，a_y とすると，小球の運動方程式は

$$x \text{ 方向}\quad ma_x=0, \qquad y \text{ 方向}\quad ma_y=mg \tag{1.47}$$

となる．これらの式から加速度は

$$a_x=0, \qquad a_y=g \tag{1.48}$$

と求められる．

また，小球の t [s]後の速度 $\vec{v}$ [m/s]の x 成分 v_x [m/s]，y 成分 v_y [m/s]および小球が t [s]間に x 方向，y 方向に進む距離 x [m]，y [m]は，それぞれ式(1.6)および(1.7)より，

$$v_x = v_0, \qquad x = v_0 t \tag{1.49}$$

$$v_y = gt, \qquad y = \frac{1}{2}gt^2 \tag{1.50}$$

と求められる．すなわち，落下距離 y [m]は水平方向の速さ v_0 [m/s]に依存せず，小球をどのような速さで水平方向に投げ出しても，その速さに無関係に自由落下するのである．

例題37　高さ 19.6 m にある建物の窓から速さ 10 m/s で小球を水平に打ち出す．ただし，重力加速度の大きさを 9.8 m/s^2 とする．

1) 小球が地上に落下するまでの時間[s]はいくらか．
2) 小球は建物から何 m 離れたところに落下するか．
3) 小球が地上に落下する直前の鉛直方向の速さ[m/s]はいくらか．

解　1) 式(1.50)を用いる．　答　2.0 s　2) 式(1.49)を用いる．　答　20 m
3) 式(1.50)を用いる．　答　20 m/s

---

1. 6. 2　斜め上方に投げ出された物体の運動

斜め上方に投げ出された小球の運動を詳しく調べてみると，この場合も，小球の運動を水平方向と鉛直方向に分けることができ，水平方向には等速直線運動をし，鉛直方向には真上に投げ上げられた物体の運動と同じ運動をしていることがわかる．

図 1.27 のように，小球を水平から角度 θ だけ上方(仰角 θ)に，初速度 $\vec{v_0}$ [m/s]で投げ上げる場合を考える．投げた位置を原点とし，水平方向に x 軸，鉛直上向きに y 軸をとると，初速度の x 成分および y 成分はそれぞれ $v_0\cos\theta$ および $v_0\sin\theta$ となる．小球の加速度の x 成分 a_x，y 成分 a_y は

$$a_x = 0, \qquad a_y = -g \tag{1.51}$$

である．すなわち，小球は，x 方向には速さ $v_0\cos\theta$ の等速直線運動をし，y 方向には速さ $v_0\sin\theta$ で投げ上げられた物体と同じ運動をする．したがって，小球を投げ出してから時間 t [s]後の速度 $\vec{v}$ [m/s]の x 成分 v_x [m/s]，y 成分 v_y [m/s]，および位置の x 方向，y 方向の座標 x [m]，y [m]は，式(1.11)と同様に次のように表される．

$$v_x = v_0\cos\theta, \qquad x = v_0\cos\theta \cdot t \tag{1.52}$$

$$v_y = v_0\sin\theta - gt, \qquad y = v_0\sin\theta \cdot t - \frac{1}{2}gt^2 \tag{1.53}$$

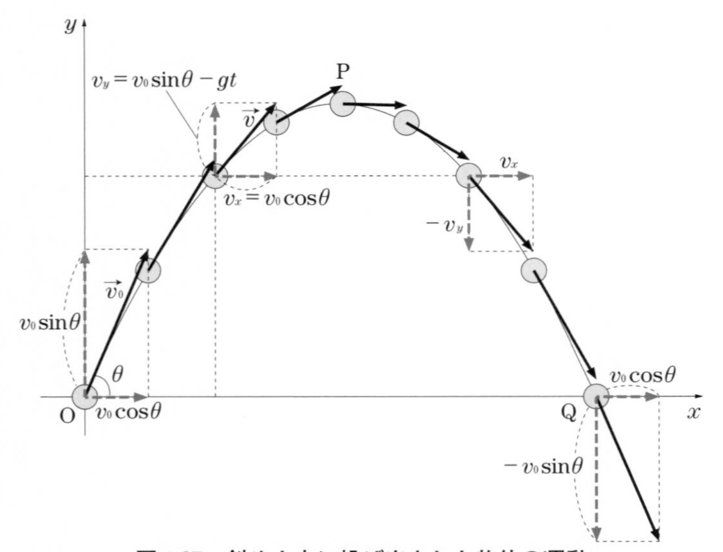

図 1.27　斜め上方に投げ出された物体の運動

式(1.52)と(1.53)から t を消去して整理すると

$$y = \tan\theta \cdot x - \frac{g}{2v_0^2 \cos^2\theta} x^2 \tag{1.54}$$

となり，小球は放物線を描くことがわかる．

例題 38　水平な地面から，地面と 30° をなす斜め上方へ，小球を初速度 10 m/s で投げた．ただし，重力加速度の大きさを 9.8 m/s² とする．

1) 投げてから 0.50 秒後の，小球の速度の水平成分と鉛直成分のそれぞれの大きさ[m/s]を求めよ．

2) 投げてから 0.50 秒後の，小球の水平移動距離[m]と地面からの高さ[m]を求めよ．

解　1) 式(1.52)を用いる．$v_x = 10\cos 30° = 8.7$　　答　水平成分 = 8.7 m/s

式(1.53)を用いる．$v_y = 10\sin 30° - 9.8 \times 0.50 = 0.1$　　答　垂直成分 = 0.1 m/s

2) 式(1.52)を用いる．$x = 10\cos 30° \times 0.50 = 4.3$　　答　水平距離 = 4.3 m

式(1.53)を用いる．$y = 10\sin 30° \times 0.50 - \frac{1}{2} \times 9.8 \times 0.50^2 = 1.3$　　答　高さ = 1.3 m

例題 39　図 1.27 の斜め上方に投げ出された物体の運動において，物体の初速度 v_0 [m/s] を一定にして，仰角 θ を変えて投げ上げたとき，物体を最も遠くまで投げるための仰角 θ はいくらか．

解　物体が地上に戻る時刻 t では，$y = 0$ となるので，式(1.53)から，

$0 = v_0 \sin\theta \cdot t - \frac{1}{2} g t^2$ $(t \neq 0)$ よって，$t = \frac{2v_0 \sin\theta}{g}$

式(1.52)から，原点 O と物体が落下した点 Q までの距離 L[m]は

$L = v_0 \cos\theta \cdot t = v_0 \cos\theta \cdot \frac{2v_0 \sin\theta}{g} = \frac{v_0^2 \sin 2\theta}{g}$

L が最大になるのは $\sin 2\theta = 1$ のとき，つまり $\theta = 45°$　　答　$\theta = 45°$

---

1. 6. 3 摩擦力を受ける物体の運動

(1) 静止摩擦力

水平面上におかれて静止している質量 m の物体には，重力 $\vec{W}$ $(W=mg)$ と面から垂直に物体にはたらく**垂直抗力** $\vec{N}$ $(N=mg)$ の2つの力がはたらき，これらはつり合っている．この物体に水平方向の力 $\vec{f}$ を加えると，$\vec{f}$ が小さい間は物体は動かない．このとき，物体には面からの摩擦力 $\vec{F}$ がはたらいて，$\vec{f}$ とつり合っており，$\vec{F}=-\vec{f}$ の関係が成り立っている．この $\vec{F}$ を**静止摩擦力**という（図1.28(a)）．$\vec{f}$ を大きくしていくと $\vec{F}$ も大きくなるが，物体が動かない間は，常に $\vec{F}=-\vec{f}$ の関係が成り立っている．さらに $\vec{f}$ を大きくして，ある限界を超えると，ついに物体が動き出す．この限界の静止摩擦力 $\vec{F_0}$ を**最大静止摩擦力**という（図1.28(b)）．F_0 は垂直抗力 N に比例することが実験からわかっている．すなわち，

$$F_0=\mu N \tag{1.55}$$

である．この比例定数 μ を**静止摩擦係数**という．μ の値は接触する2つの物体の接触面の状態（物質や乾燥の度合いなど）によって決まる定数であり（表2.2），接触面積には関係しない．

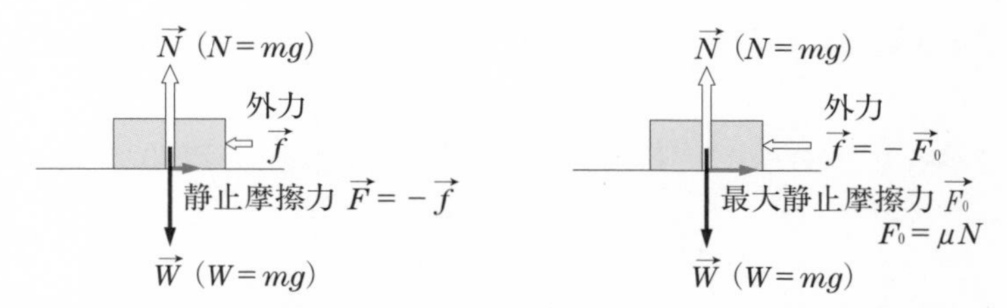

(a) 外力を加えても物体は静止している　(b) 外力により物体が動き出す直前

図1.28　静止摩擦力

表1.2　固体Ⅰが固体Ⅱの上で静止または運動する場合の摩擦係数

固体Ⅰ	固体Ⅱ	静止摩擦係数		動摩擦係数	
		乾燥	塗油	乾燥	塗油
鋼鉄	鋼鉄	0.70	0.05 ～ 0.1	0.5	0.03 ～ 0.1
ガラス	ガラス	0.94	0.35	0.4	0.09

例題40　水平な床に質量30 kgの木箱を置いて水平方向に力を加えて押したところ，200 Nの力で初めてすべった．最大静止摩擦力は何Nか．また，床と木箱の間の静止摩擦係数はいくらか．ただし，重力加速度の大きさを9.8 m/s^{2}とする．

解　式(1.55)を用いる．$\mu=200\div(30\times9.8)=0.68$　　**答**　200 N，0.68

例題 41　水平面となす角を調節できる斜面がある．この斜面上に質量 m [kg] の物体を置き，斜面を水平な状態から徐々に傾ける．角度が θ_0 を超えると物体はすべり始めた．物体と斜面の間の静止摩擦係数 μ が $\mu = \tan\theta_0$ と表されることを示せ．

解　式(1.55)を用いる．図参照．$F_0 = mg\sin\theta_0$，$N = mg\cos\theta_0$，よって $\mu = \tan\theta_0$ となる．

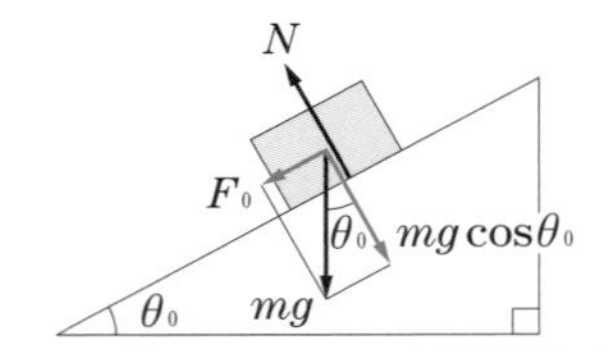

(2)　動摩擦力

物体が動き出した後も，力を加え続けなければ，物体は止まってしまう．摩擦力は，運動している物体にも，運動を妨げる向きにはたらくからである．このときの摩擦力を動摩擦力という(図 1.29)．動摩擦力 F' は，F_0 と同様に，垂直抗力 N に比例することが実験からわかっている．すなわち，

$$F' = \mu' N \tag{1.56}$$

である．比例定数 μ' を動摩擦係数という．μ' の値は接触する 2 つの物体の接触面の状態(物質や乾燥の度合いなど)に関係し，接触面積や物体の速さにはよらない．

一般に，動摩擦係数は静止摩擦係数よりも小さいので，動摩擦力も最大静止摩擦力より小さい．

動摩擦力を小さくするために，接触面に油などの潤滑油をぬったりする．また，球や円筒形の物体がころがるときにはたらくころがり摩擦力は，動摩擦力よりもはるかに小さい．車輪やボールベアリングなどは，このことを応用したものである．

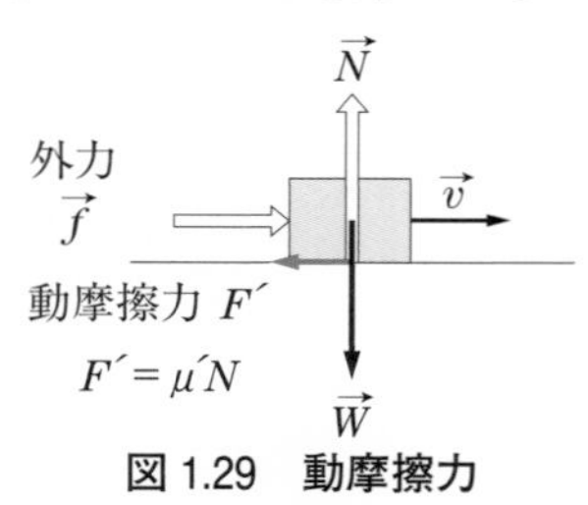

図 1.29　動摩擦力

例題 42　水平な床の上に質量 2.0 kg の物体を置き，水平方向の力を加えて引いたところ，物体はすべりながら移動した．物体と床の間の動摩擦係数を 0.050 として，物体が床から受ける摩擦力[N]を求めよ．ただし，重力加速度の大きさを 9.8 m/s^2 とする．

解　式(1.56)を用いる．$F' = 0.050 \times 2.0 \times 9.8 = 0.98$　　答　0.98 N

例題 43　水平な道路を自動車が 72 km/h で走っている．この車が急ブレーキをかけてタイヤをロックしたところ，40 m スリップして停止した．車の運動は等加速度直線運動であるとして，タイヤと道路の間の動摩擦係数を求めよ．ただし，重力加速度の大きさを 9.8 m/s^2 とする．

解　まず，式(1.8)を用いて，加速度 a [m/s^2]を求める．$v_0 = 72$ km/h = 20 m/s，$v = 0$，$x = 40$ を代入して，$a = -5.0$．加速度の大きさは 5.0 m/s^2 である．次に，式(1.56)を用いる．自動車の質量を m [kg]として，$F' = 5.0\,m$，$N = 9.8\,m$ を代入すると，$\mu' = 5.0 \div 9.8 = 0.51$　　答　0.51

(3)　摩擦のある斜面上の物体の運動

図 1.30 のように，摩擦のある斜面上を質量 m の物体がすべり落ちるときの加速度 $\vec{a}$ を求めてみる．この物体には，重力 $\vec{W}$ ($W = mg$)，斜面からの垂直抗力 $\vec{N}$ (大きさ N) および動摩擦力 $\vec{F'}$ がはたらいている．斜面に垂直な力のつり合いから，

$$N = mg\cos\theta \tag{1.57}$$

である．また，斜面に平行で下向きの運動方程式は，加速度の大きさを a とすると，

$$ma = mg\sin\theta - \mu' N \tag{1.58}$$

と表される．これら 2 つの式から，a が

$$a = g(\sin\theta - \mu'\cos\theta) \tag{1.59}$$

と求められる．

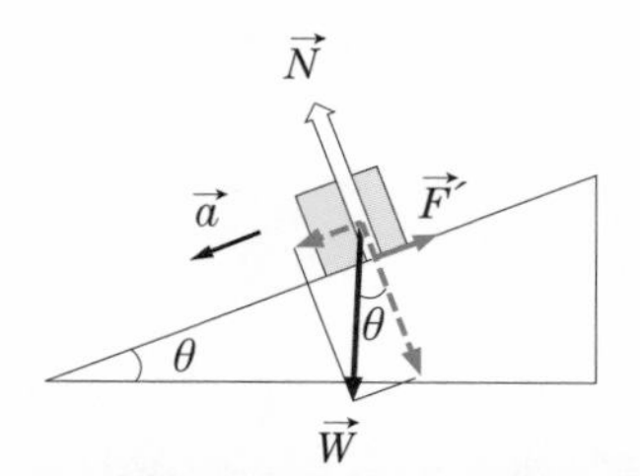

図 1.30　摩擦のある斜面上の物体の運動

例題 44　水平面と 30° の角をなす斜面上に質量 10 kg の物体を静かに置いたところ，物体はすべり始めた．物体と斜面の間の動摩擦係数を 0.050，重力加速度の大きさを 9.8 m/s^2 とすると，物体が斜面上をすべり落ちる加速度[m/s^2]はいくらか．

解　式 (1.59) の加速度の式を用いる．　答　4.5 m/s^2

1.6.4 ば　ね

(1) 弾性力

つる巻きばねの一端を固定し，他端に力を加えると，ばねは力の向きに伸縮する．加えた力を取り除くと，ばねは元の長さにもどる．このような性質を弾性といい，元にもどろうとする力をばねの弾性力という．したがって，ばねに加える力とばねの弾性力は，大きさが等しく互いに逆向きである．

つる巻きばねでは，ばねの伸びまたは縮みがあまり大きくない範囲で，ばねの伸びまたは縮みと力の大きさが比例することが実験で確かめられている(図1.31)．この比例関係をフックの法則という．ばねに力 $\vec{F}$ [N]を加えたとき，ばねの伸びまたは縮みが x [m]であったとすると，力の大きさ F と x の関係すなわちフックの法則は次式で表される．

$$F = kx \tag{1.60}$$

ここで，比例定数 $\boldsymbol{k}$ [N/m]はばねの強さを表しており，ばね定数と呼ばれる．

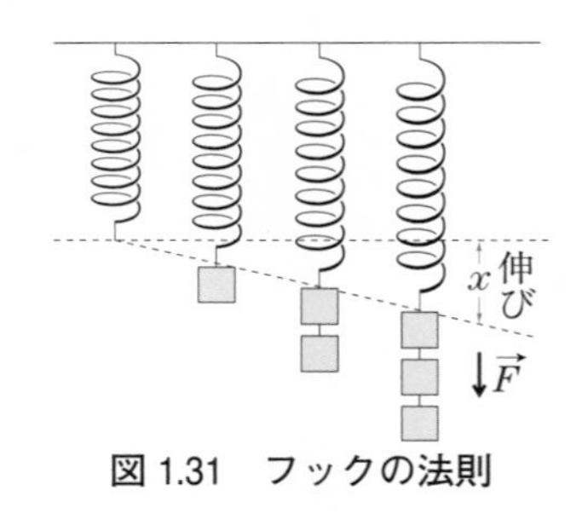

図1.31　フックの法則

例題45　天井に上端を固定したつる巻きばね(ばね定数0.80 N/m)の下端に質量0.040 kgのおもりをつるすと，ばねは自然の長さから何m伸びるか．ただし，重力加速度の大きさを9.8 m/s^{2}とする．

解　式(1.60)より，$0.040 \times 9.8 = 0.80 \times x$．よって，$x = 0.49$　　答　0.49 m

例題46　つる巻きばねを0.010 m引き伸ばしたときのばねの弾性力の大きさは0.030 Nであった．このばねのばね定数[N/m]を求めよ．

解　式(1.60)より，$0.030 = \boldsymbol{k} \times 0.010$．よって，$\boldsymbol{k} = 3.0$　　答　3.0 N/m

例題47　0.10 kgのおもりをつるすと0.049 m伸びるつる巻きばねがある．ただし，重力加速度の大きさを9.8 m/s^{2}とする．

1) このばねのばね定数は何N/mか．
2) このばねを0.30 Nの力で引っ張ると，ばねは何m伸びるか．
3) ばねの伸びが0.50 mのとき，ばねの弾性力は何Nか．

解　1) $k=0.10\times 9.8\div 0.049=20$　　答　20 N/m　　2) $x=0.30\div 20=0.015$　　答　0.015 m
3) $F=20\times 0.50=10$　　答　10 N

(2) 弾性力による位置エネルギー

伸ばされたり，縮められたりしたばねに取り付けられた物体は，他の物体に力をおよぼして仕事をすることができる．すなわち，ばねに取り付けられた物体は，ばねの伸縮の程度に応じたエネルギーをもっている．

図 1.32 のように，ばね定数 k [N/m]のばねが x [m]だけ伸びているとき，ばねに取り付けられた物体には，ばねが縮む向きにばねの弾性力 $\vec{f}$ [N]がはたらいており，その大きさは $f=kx$ である．ばねが自然の長さにまでもどる間に物体にする仕事 W [J]は，図 1.32 のばねの伸び x [m] とばねの弾性力 $f=kx$ の関係を表すグラフ（$f-x$ グラフ）における三角形 OAB の面積で表される．すなわち，$W=\frac{1}{2}kx^2$ である．縮められたばねが自然の長さにまでもどる間に物体にする仕事も，同様に考えると，$W=\frac{1}{2}kx^2$ である．したがって，この仕事の量だけのエネルギーを物体がもっていることになる．

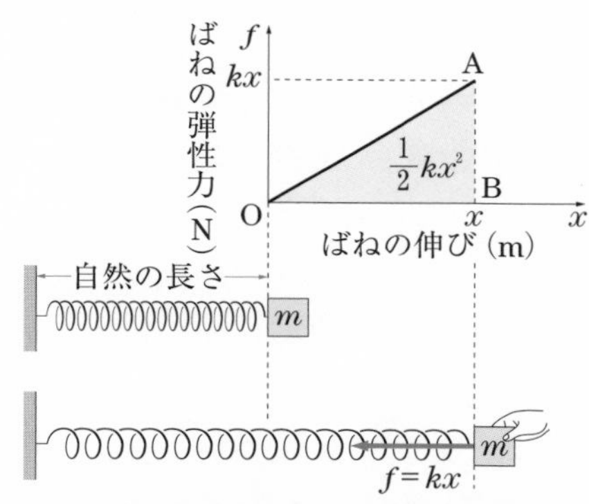

図 1.32　弾性力による位置エネルギー

このように，x [m]だけ伸ばされたり縮められたりした，ばね定数 k [N/m]のばねに取り付けられた物体は，$\frac{1}{2}kx^2$ だけのエネルギーをもっている．これを**弾性力による位置エネルギー**という．この場合，物体がもつ弾性力による位置エネルギー U [J]は

$$U=\frac{1}{2}kx^2 \tag{1.61}$$

である．このばねは，ばね自身が式(1.61)と等しい量のエネルギーをたくわえていると考えることができるので，それを**弾性エネルギー**という．

例題 48　ばね定数 4.0 N/m の軽いばねの一端を固定し，他端に質量 0.010 kg の小球をつけて，ばねを 0.10 m 伸ばす．弾性力による位置エネルギーは何 J か．また，手を静かに離してばねが自然の長さになったとき，小球の速さは何 m/s か．

解　位置エネルギーは式(1.61)を用いると，$\frac{1}{2}\times 4.0\times 0.10^2=0.020$ となる．ばねが自然の長さになるときは，位置エネルギーはすべて運動エネルギー，式(1.36)に変わる．すなわち，$0.020=\frac{1}{2}\times 0.010\times v^2$ より $v=2.0$ m/s　　答　0.020 J，2.0 m/s

1. 6. 5　等速円運動

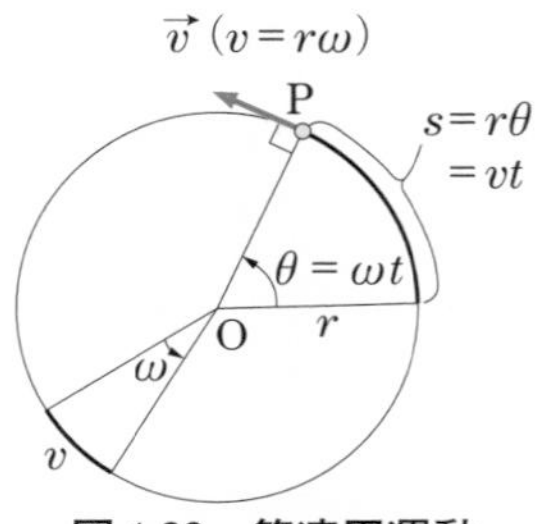

図 1.33　等速円運動

図 1.33 において，質量 m [kg]の物体 P が，点 O を中心とする半径 r [m]の円周上を一定の速さ v [m/s]で運動している．この運動を等速円運動という．単位時間あたりに回転する中心角を角速度といい，この場合は一定である．この物体が時間 t [s]の間に回転する中心角を θ [rad]とすると(付章参照)，角速度 ω [rad/s]は

$$\omega=\frac{\theta}{t},\qquad \theta=\omega t \tag{1.62}$$

であるので，この間に物体が移動した円周上の長さ s [m]は $s=r\theta$ と表される．円周上の物体の速さ v [m/s]は，単位時間あたりに移動した長さであるので，$v=\frac{s}{t}=r\frac{\theta}{t}$ となり，式(1.62)を用いると，v は

$$v=r\omega \tag{1.63}$$

と表されることがわかる．

物体が円周上を 1 周するのに要する時間を周期という．この物体は速さ v [m/s]で周期 T [s]の間に円周の長さ $2\pi r$ [m]だけ移動するので，$vT=2\pi r$ である．したがって，

$$T=\frac{2\pi r}{v} \tag{1.64}$$

となる．これに式(1.63)の関係を用いると

$$T=\frac{2\pi}{\omega},\qquad \omega=\frac{2\pi}{T} \tag{1.65}$$

という関係がえられる．また，1 秒あたりの回転数を n [回/s]とすると，T [s]の間に 1 周するのだから，

$$n=\frac{1}{T} \tag{1.66}$$

となる．

ところで，等速円運動では，物体の速度の大きさ(速さ)は一定であるが，その向きは運動とともに変化する．しかし，この向きは常に運動の接線方向であり，回転の向きである(図 1.34(a))．いま，物体が十分に短い時間 Δt [s]の間に中心角 $\Delta\theta$[rad]だけ回転したとする．その間に速度が $\vec{v}$ から $\vec{v}'$ に変化したとし，$\vec{v}$ と $\vec{v}'$ の差を $\Delta\vec{v}$ とする．$\Delta\theta$ が小さいほど $\Delta\vec{v}$ と $\vec{v}$ がなす角は直角に近づく(図 1.34(b))．$\Delta\theta$ が十分に小さくなった極限では，$\Delta\vec{v}$ は $\vec{v}$ と直交して，中心 O を向くことになる(図 1.34(c))．また，$\vec{v}$ と $\vec{v}'$ のなす角は $\Delta\theta$[rad]であるので，$\Delta\vec{v}$ の大きさは $v\Delta\theta$ と近似できる．これを Δt で割った値が加速度 $\vec{a}$ [m/s²]の大きさとなる．したがって，式(1.62)と(1.63)を用いると

$$a=v\frac{\Delta\theta}{\Delta t}=v\omega=r\omega^2=\frac{v^2}{r} \tag{1.67}$$

となる．これが等速円運動をする物体の加速度の大きさであり，$\Delta\vec{v}$ は中心 O を向くので，加速度も中心 O を向いている．したがって，等速円運動する物体には常に中心向きに力 $\vec{F}$ がはたらいており，その大きさ F [N]は，式(1.67)より

$$F=ma=mr\omega^2=m\frac{v^2}{r} \tag{1.68}$$

と表される．この力 $\vec{F}$ を**向心力**という．向心力がはたらかなくなると，物体は円の接線方向に飛んで行ってしまう．

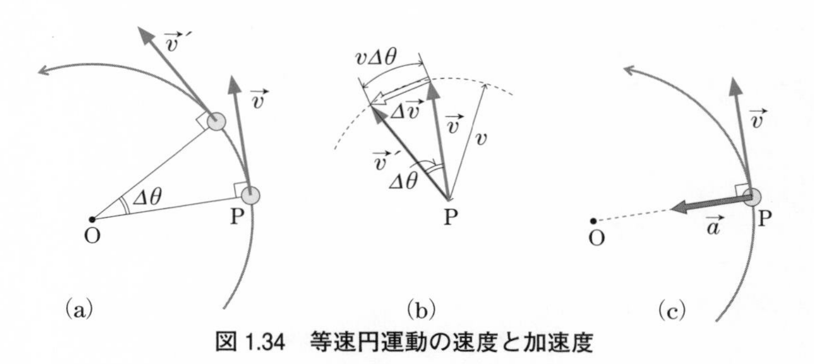

図 1.34 等速円運動の速度と加速度

例題 49 質量 2.0 kg の物体が毎秒 0.50 回の割合で，半径 2.0 m の等速円運動をしている．この円運動の周期 T [s]，物体の速さ v [m/s]，加速度の大きさ a [m/s²]，向心力の大きさ F [N]を求めよ．

解 式(1.64)，(1.66)，(1.67)，(1.68) を用いる．

答 $T=2.0$ s，$v=6.3$ m/s，$a=20$ m/s²，$F=39$ N

---

1. 6. 6 慣性力

(1) 慣性力

電車に乗って経験することであるが，電車が動き始めると，つり革が進行方向と逆向き(後方)に振れる．反対に，電車がスピードをゆるめると，つり革は前方に振れる．つり革はなぜこのような動きをするのだろうか．その理由を考えてみよう．簡単のために，つり革の代わりに，質量 m の物体が電車の天井から糸でつり下げられており，電車が加速度 $\vec{a}$ で動き始めたとする．このとき，物体は慣性の法則にしたがって，その位置に留まろうとする．しかし，糸に引かれるので，物体は動き始める．そのため，糸は斜めに傾いて物体を引っ張ることになるのである．

物体が糸に引かれて加速度 $\vec{a}$ で運動する様子は，見る人の立場によって異なって見える．まず，地上に静止している人にはどのように見えるだろうか．図 1.35(a)のように，電車が加速度 $\vec{a}$ で動くので，物体は重力 mg と糸の引く力 S を受けて，水平方向に加速度 $\vec{a}$ で動くように見える．糸の傾きの角を θ とすると，水平方向の物体の運動方程式は，

$$ma = S\sin\theta \tag{1.69}$$

となる．鉛直方向は，物体にはたらく力がつり合っているので，

$$S\cos\theta - mg = 0 \tag{1.70}$$

である．

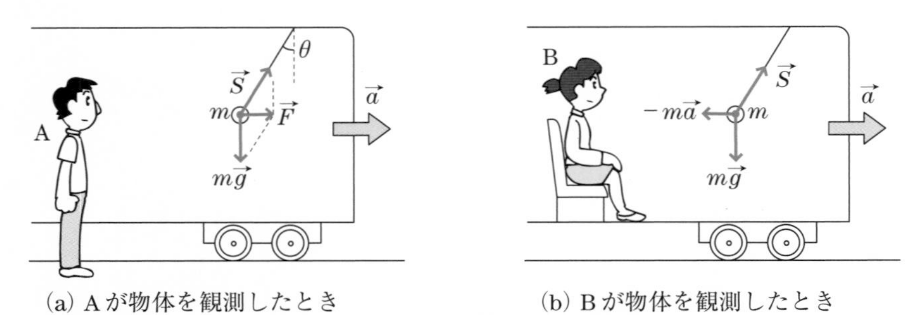

(a) A が物体を観測したとき　(b) B が物体を観測したとき

図 1.35　加速度運動と慣性力

次に，電車内で静止している人にはどのように見えるだろうか．上でも述べたが，図 1.35(b)に示すように，電車が動き出すと，物体は最初に後ろに引かれ，その後はそのまま静止しているように見える．物体には，重力 mg と糸の張力 S がはたらいているが，この 2 力はつり合っていないので，物体は静止しない．物体にはたらく力がつり合うためには，物体を後方に引く力 $\vec{F}'$ が必要であり，そのような力がはたらいているように見える．その大きさは，電車の加速度 $\vec{a}$ と同じ大きさで，向きは逆向きである．すなわち，

$\vec{F}' = -m\vec{a}$ である．こうして，水平方向の力のつり合いが

$$S\sin\theta - ma = 0 \tag{1.71}$$

と表される．$\vec{F}'$ のように，見かけ上の力を**慣性力**という．実際，電車が動き出すときにこの力を感じることができる．

例題 50　停止しているエレベータ内でA君が体重計に乗ったところ，体重は63 kgであった．エレベータが一定の加速度 a [m/s²] で上昇を始めると，体重計は72 kgを示した．ただし，重力加速度の大きさを9.8 m/s² とする．

1) 慣性力の大きさを F [N] として，A君の運動方程式を求めよ．

2) 加速度 a [m/s²] はいくらか．

解　1) 答　$72 \times 9.8 = 63 \times 9.8 + F$

2) 上の運動方程式に $F = 63 \times a$ を代入し，a について解く．　答　1.4 m/s²

---

(2) 遠心力

つる巻きばねにつながれた物体が回転板の上で等速円運動をしている．ばねは伸びて，物体に弾性力をおよぼしている．この物体の運動も，見る人の立場によって異なる．

まず，図1.36(a)のように，地上に静止している人から見てみよう．物体が等速円運動しているので，物体には向心力(1.68)がはたらく．この人には，つる巻きばねが縮もうとする弾性力が向心力となっているように見える．

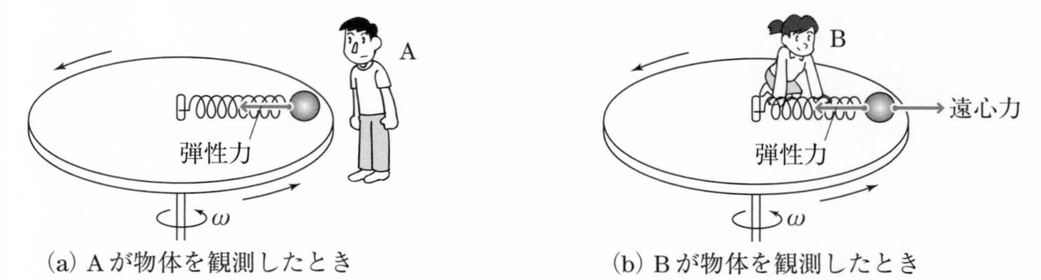

(a) Aが物体を観測したとき　(b) Bが物体を観測したとき

図 1.36　向心力と遠心力

次に，回転板上で静止して，物体と一緒に回転している人の場合を考える．この人に対して物体は静止している．そのため，ばねの弾性力とつり合う力がはたらいているように見える(図1.36(b))．その力は，弾性力と大きさが同じで，向きが逆向きである．この力が慣性力であり，この場合は**遠心力**という．

例題 51　なめらかな水平面上で，長さ0.50 mの伸びない軽い糸に取り付けられた質量0.10 kgの小球が，角速度3.0 rad/sで回転している．この小球にはたらく遠心力は何Nか．

解　式(1.68)を用いる．　答　0.45 N

---

1. 6. 7 単振動

(1) 単振動

等速円運動している物体の運動を真横から写したストロボ写真を調べてみると，物体は直線上を往復運動しているように見えること，また，その往復運動の速さは，物体がばねに取り付けられて振動している場合と同じように変化することがわかる．

いま，図 1.37 に示すように，xy 平面内の半径 A [m]の円周上で，物体Pが角速度 ω [rad/s]の等速円運動をしているとする．真横から見た物体Pの運動の様子は，その x 座標または y 座標の変化で表される．例として，y 座標(変位)が時間とともに変化する様子を図に示した．時刻 t における変位 y は次式で表される．

$$y = A \sin \omega t \tag{1.72}$$

このように，位置と時間の関係が正弦関数で表されるとき，その運動を**単振動**という．式(1.72)において，A を**振幅**，ω を**角振動数**，ωt を**位相**という．また，1 往復に要する時間を**周期** T [s]，1 秒間に往復する回数を**振動数** f [Hz]という．ω，T，f の間には式(1.65)および(1.66)と同様の関係がある．

$$T = \frac{2\pi}{\omega}, \qquad f = \frac{1}{T} = \frac{\omega}{2\pi} \tag{1.73}$$

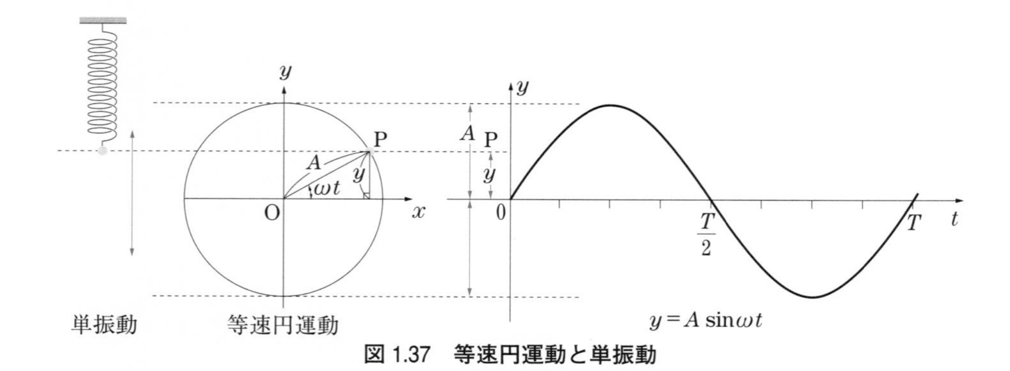

図 1.37 等速円運動と単振動

次に，単振動の速度，加速度と単振動する物体にはたらく力を求めてみる．円周上を回転する物体Pの速さは式(1.63)より $A\omega$ で，加速度の大きさは式(1.67)より $A\omega^2$ であり，物体Pにはたらく力の大きさは式(1.68)より $mA\omega^2$ である．ここでは y 軸上の単振動を考えているので，単振動の速度の大きさ v [m/s]は，図 1.38(a)からわかるように，

$$v = A\omega \cos \omega t \tag{1.74}$$

となる．単振動の速さは，振動の中心で最大となり，振動の両端で 0 となる．単振動の加

速度の $\vec{a}$ [m/s^2]は，図 1.38(b)に示すように，変位と逆向きになるのでその値 a [m/s^2]は負の符号を付けて，

$$a = -A\omega^2 \sin \omega t = -\omega^2 y \qquad (1.75)$$

と表される．加速度の大きさは，振動の中心で 0 となり，振動の両端で最大となる．単振動をする質量 m [kg]の物体にはたらく力 F [N]は，

$$F = ma = -m\omega^2 y \qquad (1.76)$$

となる．この式から，単振動する物体は，常に振動の中心を向く力を受けており，力の大きさは変位に比例していることがわかる．このような力を**復元力**という．

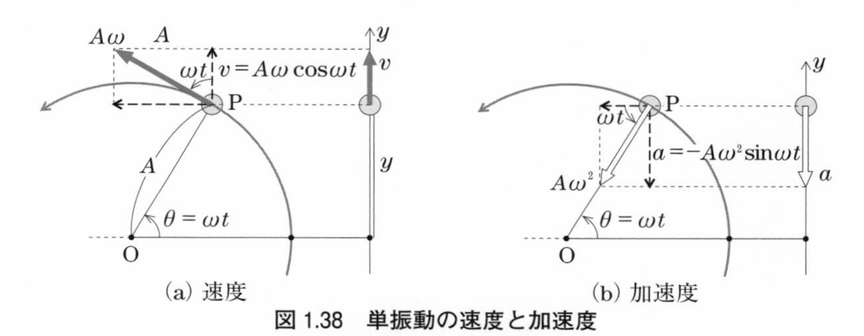

(a) 速度　(b) 加速度

図 1.38　単振動の速度と加速度

例題 52　時刻 t [s]における変位 y [cm]が $y = 3.0 \sin 4\pi t$ で表される単振動の振幅[cm]，角振動数[rad/s]，振動数[Hz]，周期[s]はいくらか．

解　式(1.72)，(1.73)を用いる．振幅 3.0 cm，角振動数 4π rad/s，振動数 2 Hz，周期 0.5 s

---

(2)　ばね振り子

つる巻きばねにおもりを取り付けたものを**ばね振り子**という．図 1.39 のように，このばね振り子をなめらかな水平面上において，一端を固定する．このときのおもりの位置を点 O とする．ばねを自然の長さから A [m]だけ引き伸ばして静かに手を放すと，ばねの弾性力が復元力となって，おもりは点 O を中心として単振動を行う．ばね定数を k [N/m]とし，おもりの質量を m [kg]とする．おもりの変位 x [m]は右向きを正にとる．このとき，おもりにはたらく復元力 F [N]は，変位と逆向きであるので負の符号がつき，

$$F = -kx \qquad (1.77)$$

である．この式を式(1.76)と比べると，

$$k = m\omega^2 \quad \text{または} \quad \omega = \sqrt{\frac{k}{m}} \tag{1.78}$$

の関係があることがわかる．したがって，ばね振り子の周期 T [s]は，式(1.73)より，

$$T = 2\pi\sqrt{\frac{m}{k}} \tag{1.79}$$

となる．このように，ばね振り子の周期は，ばね定数とおもりの質量だけで決まり，振幅には無関係である．

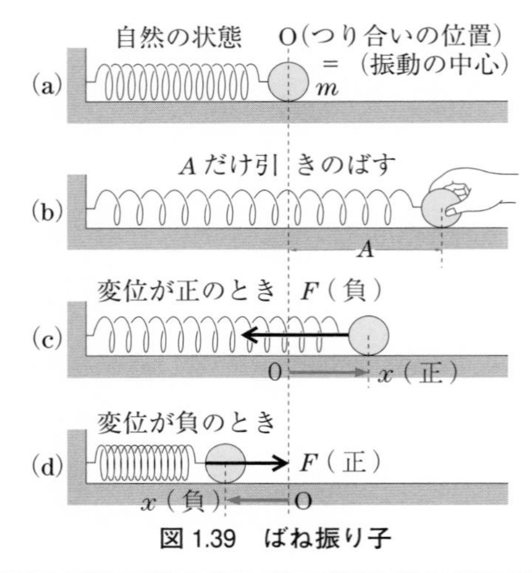

図 1.39　ばね振り子

例題53　天井からつるしたつる巻きばねにおもりを付けて，おもりを上下に振動させる場合について考え，おもりにはたらく力と，おもりの振動の周期を求めよ．

解　図のように，ばね定数 k [N/m] のつる巻きばねの上端を天井に固定し，下端に質量 m [kg]のおもりを取り付ける．おもりを静かに放すと，ばねは x_0 [m]だけ伸びて，おもりは静止する．このときのおもりの位置Oから，おもりを A [m]だけ引き下げてから放すと，おもりは鉛直方向に振動する．

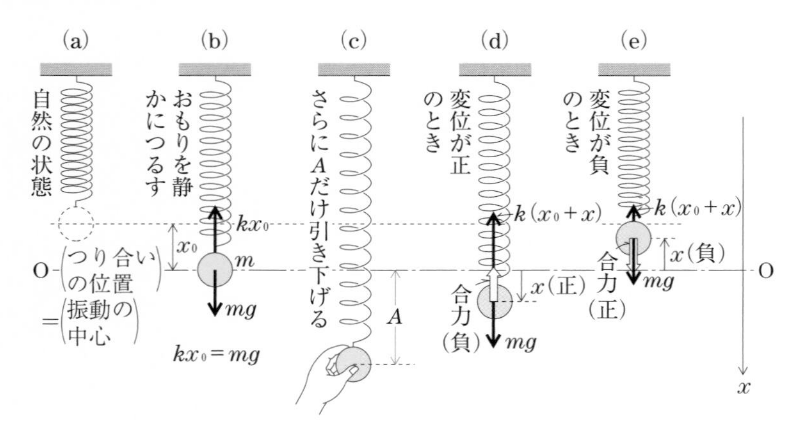

鉛直下向きを x 軸の正にとると，位置Oではおもりにはらたく力は重力 mg [N]とばねの弾性力 $-kx_0$ であり，この2力はつり合っているので，

$$mg-kx_0=0$$

である．次に，位置Oからの変位が x [m]のとき，おもりにはたらく力は，重力 mg [N]とばねの弾性力 $-k(x_0+x)$ [N]であるので，おもりの運動方程式は，

$$ma=mg-k(x_0+x)=-kx$$

となり，水平なばね振り子の場合の式(1.77)と同じ形になる．したがって，おもりは位置Oを中心とした単振動をし，その周期は式(1.79)で表される．このように，鉛直なばね振り子の運動は水平なばね振り子の運動と同じように表され，重力はとくに関係していない．

例題54　つる巻きばねに質量0.020 kgのおもりをつるすと，ばねは0.020 m伸びた．ただし，重力加速度の大きさを9.8 m/s² とする．

1) ばね定数は何N/mか．

2) このばねに0.050 kgの小球を付けて振動させると周期は何sか．

解　1) 式(1.77)を用いる．　答　9.8 N/m　2) 式(1.79)を用いる．　答　0.45 s

(3) 単振り子

軽い糸の上端を固定して下端におもりをつるし，鉛直面内でおもりを小さな振れ幅で往復運動させたものを単振り子という．図1.40において，糸の長さを l [m]，おもりの質量を m [kg]とする．おもりにはたらく力は重力 mg [N]と糸の張力 S [N]である．2つの力がつり合う位置を点Oとする．おもりにはたらく復元力は重力の接線方向の成分 F [N]である．糸が鉛直方向となす角 θ [rad]は反時計まわりの向きを正とする．また，水平方向のおもりの変位 x [m]は右向きを正にとる．このとき，おもりを点Oにもどす

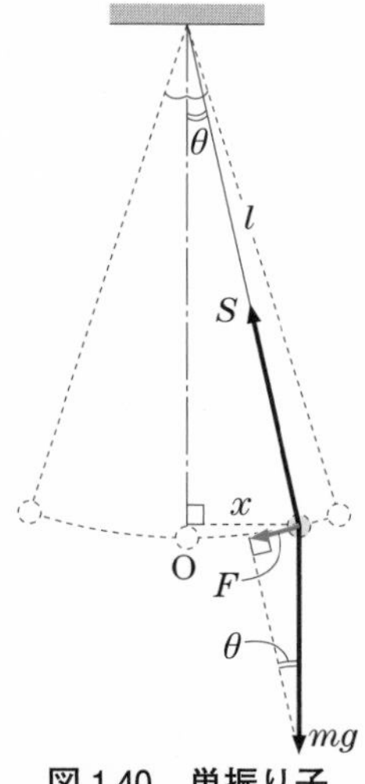

図1.40　単振り子

力 F［N］は，

$$F = -mg\sin\theta = -mg\frac{x}{l} \tag{1.80}$$

となる．おもりの振れが小さいとき（θ が十分に小さいとき）は，おもりはほぼ水平な直線上を往復運動しているとみなすことができる．したがって，おもりは，点 O を中心に，F を復元力として単振動をしていると考えてよい．式(1.77)，(1.78)と(1.80)から，$\omega = \sqrt{\frac{g}{l}}$ となるので，単振動の周期 T［s］は，

$$T = 2\pi\sqrt{\frac{l}{g}} \tag{1.81}$$

となる．このように，単振り子の周期は，糸の長さだけできまり，おもりの質量や振幅に無関係である．これを振り子の等時性という．

例題 55　周期が 4.0 s の単振り子の長さ［m］はいくらか．ただし，重力加速度の大きさを 9.8 m/s^2 とする．

解　式(1.81)を用いる．　　答　4.0 m

---

1. 7 万有引力

1. 7. 1 ケプラーの法則

地球が太陽の周りをまわっているという事実を中世以降に主張したのはニコラウス・コペルニクス(1473〜1543：ポーランド)であったが，その後，ティコ・ブラーエ(1546〜1601：デンマーク)とその助手であるヨハネス・ケプラー(1571〜1630：ドイツ)はより精密な観測を行い，地球を含む惑星が太陽の周りを楕円運動していることを明らかにした．さらに，ケプラーは以下の3つの法則を得た．

第1法則(楕円軌道の法則)：惑星は太陽を1つの焦点とする楕円軌道を描く

楕円軌道とは，2点(焦点という)からの距離の和が等しくなる点の軌跡である．楕円の軌跡が焦点から離れる比率を離心率といい，離心率 e は図1.41左の楕円軌道の半長軸 a [m]と半短軸 b [m]を使って

$$e=\sqrt{1-\frac{b^2}{a^2}} \tag{1.82}$$

となる．表1.3に太陽系惑星の離心率を示す．もっとも離心率の大きい水星でも，半長軸と半短軸の比はおよそ1：0.97であり，ほぼ太陽を中心とした円軌道と考えて差し支えない．

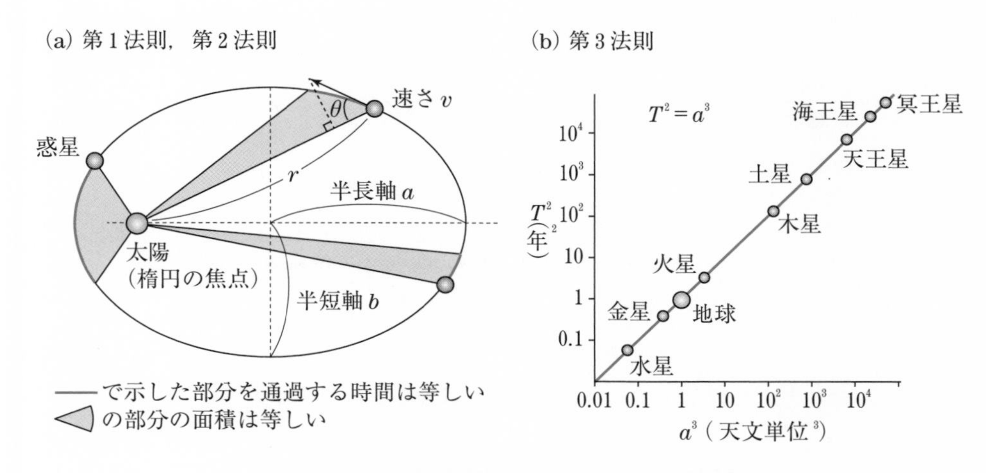

図1.41 惑星の楕円軌道と，ケプラーの第3法則

第2法則(面積速度一定の法則)：太陽と惑星を結ぶ線分が一定時間に描く面積は一定

図1.41左において，太陽と惑星を結ぶ線分(長さ r [m])と速度ベクトル(速さ v [m/s])がなす角を θ とすると，単位時間(1s)あたりに線分が描く面積 S [m^2]は，底辺 r [m]高さ

$v \sin\theta$ [m]の三角形の面積となる．すなわち

$$S = \frac{1}{2} rv \sin\theta \tag{1.83}$$

となる．これを面積速度といい，この値が一定であることから，楕円軌道上において，太陽からの距離が遠い遠日点付近では惑星の速さは小さく，近日点付近で最も速さが大きくなる．

第 3 法則（調和の法則）：惑星の公転周期の 2 乗と楕円軌道の半長軸の 3 乗の比はすべての惑星間で共通で一定

表 1.3 に太陽系惑星の楕円軌道の半長軸 a [天文単位] と公転周期 T [日] を示している．半長軸は，太陽と地球の間の距離である天文単位（1.5×10^{11} m）を用いた数字である．一番内側の水星と一番外側の海王星では，半径はおよそ 50 倍，公転周期は 600 倍もの差があるが，a^3/T^2 はおよそ 0.1％しか違いがない．図 1.41 右は太陽系惑星および冥王星について，半長軸の 3 乗と公転周期の 2 乗の関係を示したグラフであり，全ての惑星が一直線上に分布している．

表 1.3　太陽系惑星の楕円軌道の半長軸と公転周期

惑星	離心率	半長軸 a [天文単位]（1 天文単位 $= 1.5 \times 10^{11}$ m）	公転周期 T [日]	a^3/T^2 [10^{-6} 天文単位 ^{3}/日 ^{2}]
水星	0.2056	0.38710	87.9693	7.496
金星	0.0068	0.72333	224.7008	7.496
地球	0.0167	1	365.2564	7.496
火星	0.0934	1.52366	686.9796	7.495
木星	0.0484	5.20336	4332.8201	7.504
土星	0.0541	9.53707	10775.599	7.498
天王星	0.0472	19.1913	30687.153	7.506
海王星	0.0086	30.0690	60190.03	7.504

NASA Space Science Data Coordinated Archive（https://nssdc.gsfc.nasa.gov/planetary/）より引用．

以上のケプラーの法則は，恒星と惑星の間だけではなく，惑星と衛星の間にもあてはまる．例えば，地球と天然の衛星である月，さらには地球と人工衛星との間にも適用される．

1．7．2　万有引力の法則

アイザック・ニュートン（1642～1727：イギリス）は，惑星の運動が太陽の引力を受けた結果であると考え，さらには天体だけでなく質量を持つあらゆる物体の間には引力がはたらいていると考えた．これを万有引力という．さらにニュートンは，引力が物体の質量，物体間の距離に依存するという万有引力の法則を導いた．すなわち，図 1.42 のように，

距離 r [m]だけ離れた 2 つの天体の質量をそれぞれ M_1 [kg]および M_2 [kg]とすると，天体に作用する万有引力の大きさ F [N]は

$$F = G\frac{M_1 M_2}{r^2} \tag{1.84}$$

となり，お互いに同じ大きさの力で引き合う．ここで，G [N·m²/kg²]は万有引力定数とよばれ，6.67×10^{-11} N·m²/kg² である．

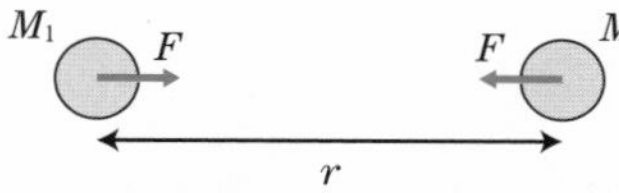

図 1.42　2 つの天体のあいだにはたらく万有引力

この万有引力の法則を使ってケプラーの第 3 法則を再び考える．質量 m [kg]の惑星 P が，質量 $M_\odot$ [kg]の太陽の周りを等速円運動しているとする．等速円運動の半径を a [m]，速さを v [m/s]，角速度を ω [rad/s]とする．この惑星には太陽からの万有引力と公転による遠心力がはたらきつり合っているから，

$$m\frac{v^2}{a} = ma\omega^2 = G\frac{M_\odot m}{a^2} \tag{1.85}$$

とあらわせる．このとき，惑星の軌道周期 T [s]は

$$T = \frac{2\pi}{\omega} = 2\pi\sqrt{\frac{a^3}{GM_\odot}} \tag{1.86}$$

とあらわせる．よって，軌道長半径 a [m]の 3 乗と軌道周期 T [s]の 2 乗の比は

$$\frac{a^3}{T^2} = \frac{GM_\odot}{4\pi^2} \tag{1.87}$$

と一定となる．

例題 56　質量 80.0 kg の A さんと質量 50.0 kg の B さんが距離 2.00 m をへだてて並んでいる．2 人の間にはたらく万有引力の大きさはいくらか．ただし，万有引力定数を $G = 6.67\times10^{-11}$ N·m²/kg² とする．

解　式(1.84)より，$F = 6.67\times10^{-11}\times\dfrac{80.0\times50.0}{2.00^2} = 6.67\times10^{-8}$

答　6.67×10^{-8} N

例題 57　太陽と地球の間にはたらく万有引力の大きさはいくらか．ただし，太陽の質量を 2.0×10^{30} kg，地球の質量を 6.0×10^{24} kg とし，地球は太陽の周りを半径 1.5×10^{11} m の円運動をしているとする．また，万有引力定数を $G = 6.67\times10^{-11}$ N·m²/kg² とする．

解　式(1.84)より，$F = 6.67\times10^{-11}\times\dfrac{2.0\times10^{30}\times6.0\times10^{24}}{(1.5\times10^{11})^2} = 3.6\times10^{22}$

答　3.6×10^{22} N

---

1. 7. 3 万有引力と重力

図1.43のように，地球上にある質量 m [kg]の物体には，地球との間の万有引力と地球の自転による遠心力がはたらいている．万有引力と遠心力の合力が物体にはたらく重力である．しかし，後者は前者に対して無視できるほど小さいため，重力の正体が万有引力だとして差し支えない．したがって，地球の質量を M [kg]，地球の半径を R [m]とすると，

$$mg = G\frac{Mm}{R^2} \tag{1.88}$$

が成り立つ．ここから，重力加速度の大きさ g [m/s²]は

$$g = \frac{GM}{R^2} \tag{1.89}$$

と表される．すなわち，地表面における物体にかかる重力加速度の大きさは，物体の質量によらず一定である．

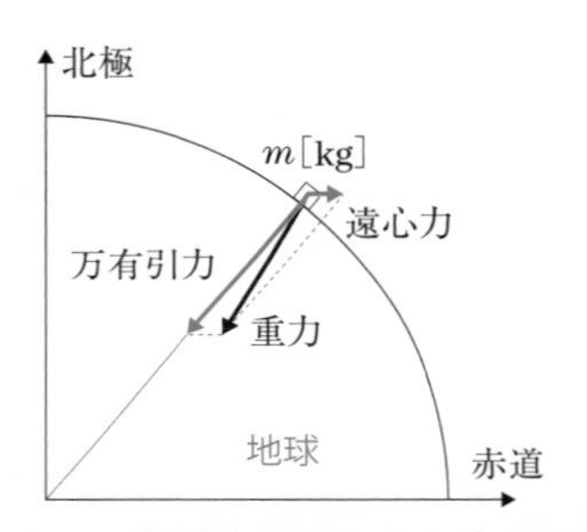

図1.43 万有引力と遠心力，重力の関係

1. 7. 4 万有引力による位置エネルギー

重力による位置エネルギーを考えたときと同じように，物体にはたらく万有引力による位置エネルギーを考えることができる．質量 m [kg]の物体が地球の中心から r [m]離れた位置にあるとき，物体には図1.44上に示すような万有引力がはたらく．この万有引力に逆らって物体を無限遠の彼方まで移動させるときに万有引力がする仕事が，万有引力による位置エネルギー U [J]であり，その値は図1.44上の水色部分の面積に等しい．ただし，万有引力の向きと物体の移動の向きが逆であるため，常に負の値をとる．移動した後の無限遠の場所を万有引力による位置エネルギーの基準(位置エネルギーがゼロの場所)とすると，質量 M [kg]の地球の中心から r [m]の位置における位置エネルギー U [J]は，

$$U = -G\frac{Mm}{r} \tag{1.90}$$

と表される(図 1.44 下).式(1.88)で示したように万有引力が重力に等しいとすると，地球からの距離 r [m]における重力加速度の大きさは，図 1.44 下のグラフにおける接線の傾きで表せられ，距離 r [m]の値によって変わる．ちなみに，地球表面における値がおよそ 9.8 m/s^2 である．

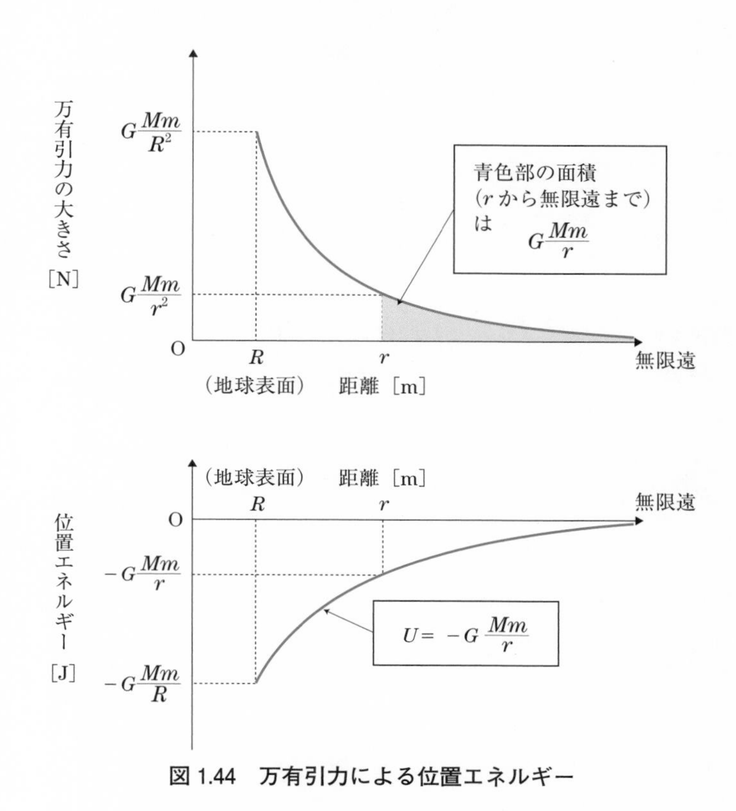

図 1.44　万有引力による位置エネルギー

1. 7. 5　宇宙速度

万有引力や遠心力の大きさから，人工衛星を地球を周る軌道に投入するために必要な速さを考える．

(1)　第 1 宇宙速度

図 1.45 に示すような宇宙速度に関する理想的な実験を行ってどうなるかを考える(これを思考実験という)．地上においた台の上から球を投げると，現実には台のすぐ近くで地面にぶつかる(図 1.45 の A)．ここで球の初速度の大きさを大きくすると，地面に落ちる場所はより遠方になる(図 1.45 の B)．さらに初速度の大きさを増すと，やがて図 1.45 中の C のように球が地面に落ちず，地表すれすれの等速円運動をする．この時の初速度の大きさ

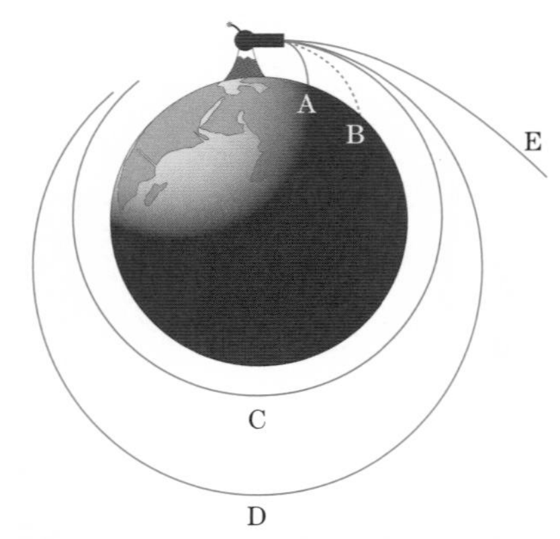

図 1.45　地上においた台の上から球を投げ出す思考実験の図

を**第 1 宇宙速度**という．球には地球との間の万有引力がはたらき，遠心力とつりあっている．よって，球の質量を m [kg]，第 1 宇宙速度を v_1 [m/s]，地球の質量(5.98×10^{24} kg)を M [kg]，地球の半径(6.38×10^6 m)を R [m]とすると，

$$m\frac{v_1^2}{R} = G\frac{Mm}{R^2} \tag{1.91}$$

と表される．ここで G は万有引力定数である．

これより第 1 宇宙速度 v_1 [m/s]は

$$v_1 = \sqrt{\frac{GM}{R}} = \sqrt{\frac{6.67 \times 10^{-11} \times 5.98 \times 10^{24}}{6.38 \times 10^6}} = 7.91 \times 10^3 \text{ m/s} \tag{1.92}$$

となる．式(1.91)に示した万有引力と遠心力のつり合いは，月や人工衛星など，地球を周回する全ての物体に適用できる．

例題 58　月の公転速度はいくらか．ただし，月は地球表面すれすれを運動してはいないが，図 1.45 における球と同様に，地球との間の万有引力と公転による遠心力がつり合っているため，式(1.92)における地球の質量はそのままに利用できる．また，地球と月の間の距離を 3.8×10^8 m，地球の質量を 6.0×10^{24} kg，万有引力定数を $G = 6.67 \times 10^{-11}$ N·m²/kg² とする．

解　式(1.92)において半径 R を 3.8×10^8 m に変えればよい．

$$v = \sqrt{\frac{6.67 \times 10^{-11} \times 6.0 \times 10^{24}}{3.8 \times 10^8}} = \sqrt{1.05 \times 10^6} = 1.02 \cdots \times 10^3 \fallingdotseq 1.0 \times 10^3$$

答　1.0×10^3 m/s

---

(2)　第 2 宇宙速度

さらに思考実験をすすめて球の初速度の大きさを上げていくと，図 1.45 中の D のように球の軌道は楕円になる．球の初速度の大きさを大きくするほどに楕円の軌道長半径が大きくなっていき，ついには図 1.45 中の E のように地球から離れていったまま無限の遠方に飛んでいくことができる．このときの最小の初速度の大きさを**第 2 宇宙速度**という．この速さを求めるためには，球が無限の彼方に飛んでいったときの運動エネルギーがゼロ以上であればよい．無限の彼方を万有引力による位置エネルギーの基準とすると，第 2 宇宙速度 v_2 [m/s]は，出発点と無限遠との間で保存する球の力学的エネルギーが無限の彼方でゼロになる，という条件から求められる．すなわち，

$$\frac{1}{2}mv_2^2 - G\frac{Mm}{R} = 0 \qquad (1.93)$$

となり，

$$v_2 = \sqrt{\frac{2GM}{R}} = \sqrt{\frac{2 \times 6.67 \times 10^{-11} \times 5.98 \times 10^{24}}{6.38 \times 10^6}} = 1.12 \times 10^4 \text{ m/s} \qquad (1.94)$$

となる．

例題 59　月面上から球を打ち上げて月の重力から脱出するために必要な最小の速さはいくらか．ただし，月の質量を 7.4×10^{22} kg，月の半径を 1.7×10^6 m とする．また万有引力定数を $G = 6.67 \times 10^{-11}$ N·m²/kg² とする．

解　式(1.94)において半径 R を月の半径 1.7×10^6 m に，
質量 M を月の質量 7.4×10^{22} kg に変えればよい．

$$v = \sqrt{\frac{2 \times 6.67 \times 10^{-11} \times 7.4 \times 10^{22}}{1.7 \times 10^6}} = 2.4 \times 10^3$$

答　2.4×10^3 m/s

コラム：第3宇宙速度

質量 m [kg]の物体が地球から放出されて太陽の重力を振り切って太陽系外に脱出するために必要な最小の初速度の大きさのことを第3宇宙速度 v_3 [km/s]といいます．第2宇宙速度の場合と同様に，物体の運動エネルギーと万有引力による位置エネルギーの和がゼロになる条件を考えます．ただし，後者は太陽と物体間の万有引力を考えます．太陽の質量を $M_{\odot}$ [kg]，太陽と地球の間の距離(1天文単位) R [m]を式(1.94)に代入すると，

$$v=\sqrt{\frac{2GM_{\odot}}{R}}=\sqrt{\frac{2\times 6.7\times 10^{-11}\times 2.0\times 10^{30}}{1.5\times 10^{11}}}=42.3\ \mathrm{km/s}$$

となります．しかし，実際には地球の公転速度分を差し引いた値で十分です．地球の公転速度の大きさ v_r [km/s]は，第1宇宙速度と同じ考え方により，

$$v_r=\sqrt{\frac{GM_{\odot}}{R}}=29.9\ \mathrm{km/s}$$

です．つまり $v-v_r=12.4$ km/s の速さで地球軌道から外側に向かえば十分です．ただし，その時点で地球の重力を脱している必要があるため，地球の質量を M [kg]とすると，

$$\frac{1}{2}mv_3^2-G\frac{Mm}{R}=\frac{1}{2}m(v-v_r)^2$$

を満たさなくてはなりません．こうして求めた第三宇宙速度は

$$v_3=\sqrt{\frac{2GM}{R}+(v-v_r)^2}=16.7\ \mathrm{km/s}$$

となります．

では，銀河系の重力から逃れるための最小の初速度の大きさ v_4 [km/s]はいくらでしょうか(これを第4宇宙速度ということがあります)．図のように，銀河系は中心核(バルジ)と銀河円盤(ディスク)，その外側に分布するハローから成り立っています．ハローには希薄な星間物質と球状星団などが存在しており，脱出速度を求めるためにはハローの質量とサイズ，ハローを構成する物質の運動速度を測定することが必要です．最新の研究結果によるとハローの質量はおよそ $2\times 10^{12}\,M_{\odot}$ で，銀河系内の100万個以上の星について視線方向速度を観測した結果，第4宇宙速度は $v_4=400\sim600$ km/s と見積もられています．

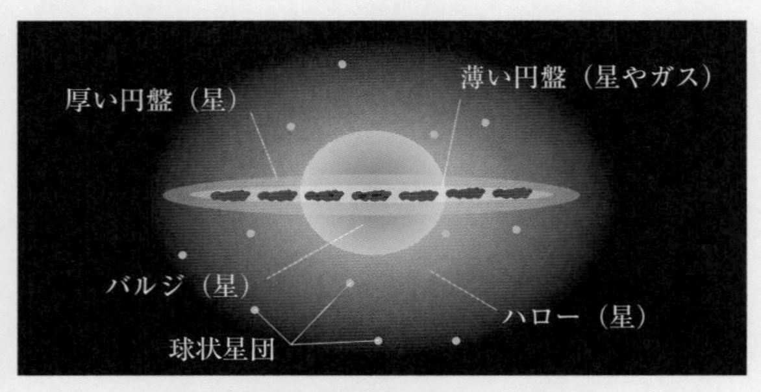

図　銀河系の円盤とハローの形状

コラム：スイングバイ

惑星などの天体の重力を利用して宇宙機(大気圏外に出て宇宙空間を飛行する物体)の速度や運動エネルギーを変化させることをスイングバイといいます．宇宙機が惑星に近づいている場合を考えてみましょう．もし惑星が静止しているとすると，宇宙機は惑星に近づくほどに強い万有引力を受けて軌道が曲げられます．その後，惑星から遠ざかるときには逆に宇宙機の進行方向とは逆の方向に引力がはたらき，最終的に元の速さと同じになります(図(1))．よって，宇宙機は速度ベクトルの方向が変わるだけです．

しかし，実際には惑星は宇宙空間を動いています．図(2)の薄い青色ベクトルは惑星の公転速度で，宇宙機もその運動に引きずられながら近づいていきます．濃い青色ベクトルは宇宙機の惑星に対する速度で，惑星に立つ観測者から見ると図(1)のときと同様に，宇宙機が近づく時と遠ざかる時は同じ速さになります．しかし，このスイングバイを太陽系の中で静止している観測者から見た場合，宇宙機の速度ベクトルは2つの合成ベクトル(灰色)になります．そのため，図(2)のように宇宙機が惑星の背後を回り込む場合には宇宙機は加速し(加速スイングバイ)，逆に図(3)のように宇宙機が惑星の前を通過する場合，宇宙機は減速します(減速スイングバイ)．

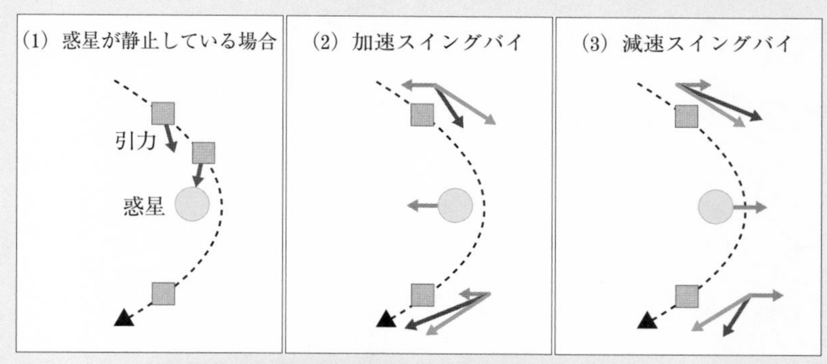

図　惑星の重力を利用した宇宙機のスイングバイ

太陽系の惑星や太陽系外の探査を目的として1977年に打ち上げられたボイジャー2号は，1979年に木星スイングバイを行い，その後さらに，土星，天王星，海王星のスイングバイを経て太陽系を脱出しました．一般に宇宙機が単体で速度を変えるためにはロケットエンジンやイオンエンジンのように燃料を必要としますが，スイングバイは燃料を使わずに宇宙機の速度を変化させ，長期航行を可能とする航法です．

1．8　剛体にはたらく力のつり合い

大きさのある物体に力を加えると一般に伸縮したり，ねじれたりして，変形する．ここでは，大きさを持つが力を加えても変形しない理想的な固体を考える．これを剛体という．

小石のような小物体を斜めに投げ出すと，放物線運動を描いて飛んでいく．しかし，剛体のような大きさや形を持つ物体はどのように運動するであろうか．図 1.46 は三角定規を斜めに投げ出したときの図である．•印は三角定規の重心を表している．この図から，三角定規の重心は放物線運動をしており，同時に三角定規は重心のまわりに回転していることがわかる．このように，大きさを持つ剛体の平面内での運動は重心の運動と重心まわりの回転運動の合成として理解できる．

この章では，剛体の回転やつりあいについて考える．

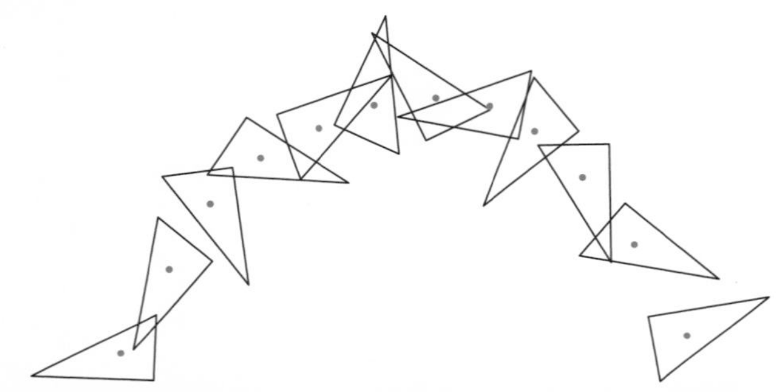

図 1.46　三角定規の放物線運動：三角定規は回転しながら放物線運動をしている．

1．8．1　剛体にはたらく力の 3 要素

剛体に力がはたらく点を作用点といい，この点を通り力の方向に引いた直線を作用線という．図 1.47 のように，剛体の点 A に力 $\vec{F}$ がはたらいているときに，点 A に $-\vec{F}$ を加え，$\vec{F}$ の作用線上の任意の点 B に $\vec{F}$ を加えてみる．新たに加えた 2 つの力は，大きさが等しく，向きが互いに逆向きでつり合うので，何の力も加えないことと同じである．一方，見方を変えると，点 A における 2 つの力 $\vec{F}$ と $-\vec{F}$ はつり合うので，点 B にのみ力 $\vec{F}$ が作用していることになる．したがって，この剛体にはたらく力の作用点を作用線上のどこに移動させても，その効果は変わらないことがわかる．このように，剛体にはたらく力の効果は，力の大きさ，向き，作用線によって決まるので，これらを剛体にはたらく力の 3 要素という．

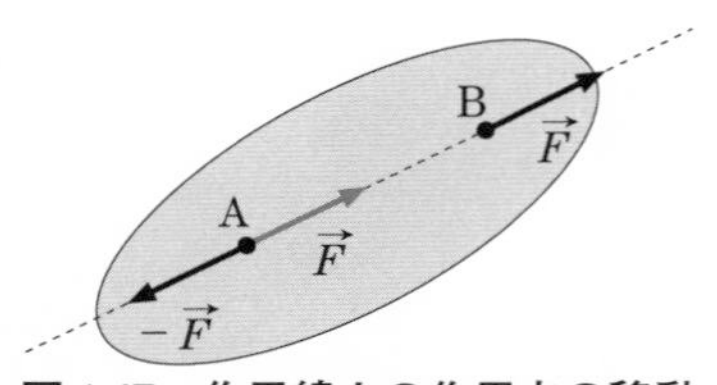

図 1.47　作用線上の作用点の移動

1. 8. 2 力のモーメント

図 1.48 のように，一様で軽い棒の点 O を支点として，点 P と Q におもりをつるす．おもりにはたらく重力をそれぞれ W_P [N] と W_Q [N] とする．また，OP と OQ の長さをそれぞれ l_P [m] と l_Q [m] とする．2 つのおもりの質量や OP と OQ の長さをいろいろと変えて調べてみると，重力の大きさと長さの積が大きい方が下がり，おもりにはたらく重力の向きに棒を回転させる効果が大きいことがわかる．また，棒がつり合う条件は

$$W_P \times l_P = W_Q \times l_Q \tag{1.95}$$

であることがわかる．このように，力 $\vec{F}$ [N] が剛体にはたらいているとき，ある点 O からこの力の作用線までの距離 l [m]（うでの長さという）と力の大きさ F [N] の積 Fl [N·m] は，この剛体を点 O のまわりに回転させる効果を表している．この積

$$N = Fl \tag{1.96}$$

を点 O のまわりの力のモーメントの大きさという．

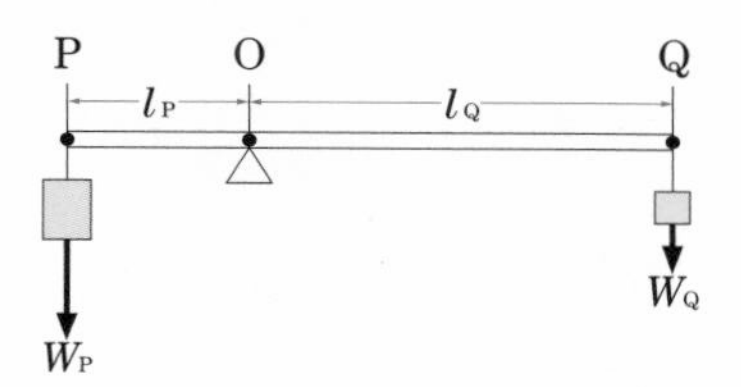

つり合いの条件：$W_P \times l_P = W_Q \times l_Q$

図 1.48 軽い棒のつり合い

図 1.49 のように，点 O から距離 l [m] だけ離れた点 P に力 $\vec{F}$ がはたらいており，うでの長さが h [m] である場合，点 O まわりの力のモーメントの大きさは

$$N = F \times h = Fl \sin\theta \tag{1.97}$$

となる．

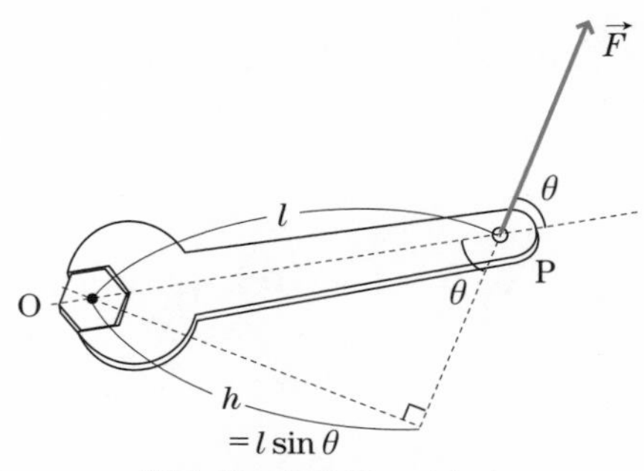

図 1.49 力のモーメント

図 1.48 では，点 O のまわりに 2 つの力がはたらいて物体が静止しており，点 O まわりの左回り（反時計回り）の力のモーメントの大きさと，右回り（時計回り）の力のモーメントの大きさが等しくなっている．このとき，力のモーメントがつりあっているという．左回りと右回りとでは回転させる向きが逆になっているので，力のモーメントに正負の符号をつけて区別する．通常，反時計回りの向きを正とし，時計回りの向きを負とする．このとき，図 1.48 の力 W_P，W_Q のモーメント N_1，N_2 はそれぞれ

$$N_1 = W_P l_P, \quad N_2 = -W_Q l_Q \tag{1.98}$$

となり，点 O まわりの力のモーメントは

$$N_1 + N_2 = W_P l_P + (-W_Q l_Q) \tag{1.99}$$

である．力のモーメントがつり合っているときは，次の式が成り立つ．

$$N_1 + N_2 = W_P l_P + (-W_Q l_Q) = 0 \tag{1.100}$$

一般的に，1 つの物体にいくつかの力が作用するとき，ある点のまわりの力のモーメントを N_1，N_2，N_3，…とすると，物体が回転を起こさない場合は力のモーメントがつりあっていて，以下の関係が成り立つ．

$$N_1 + N_2 + N_3 + \cdots = 0 \tag{1.101}$$

つまり，力のモーメントの和はゼロとなる．

例題 60　図のように，一様な棒において点 P と点 Q にそれぞれ力が作用している．

(1) 回転軸の点 O まわりの力のモーメント［N·m］はいくらか．また，この棒はどちら向きに回転しようとするか．

(2) 点 P まわりの力のモーメント［N·m］はいくらか．

(3) 点 Q まわりの力のモーメント［N·m］はいくらか．

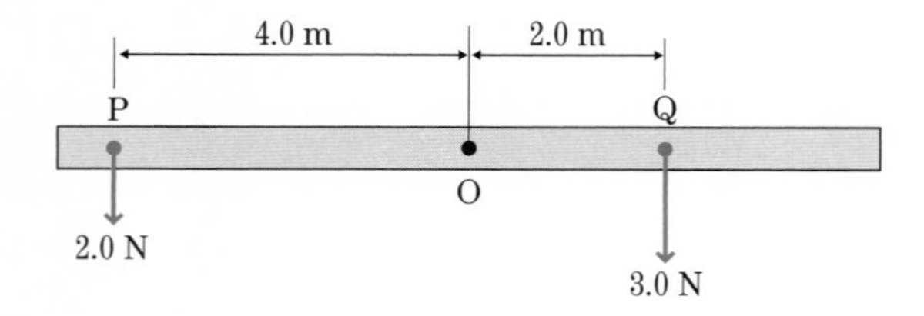

解　(1) 式(1.99)を用いて力のモーメントを計算する．

点 O まわりの力のモーメント＝2.0［N］×4.0［m］＋（－3.0［N］×2.0［m］）＝2.0 N·m

力のモーメントは正なので，棒は点 O を中心に反時計回りに回転しようとする．

答　2.0 N·m　反時計回り

(2) 点 P まわりの力のモーメント＝2.0［N］×0.0［m］＋（－3.0［N］×6.0［m］）＝－18 N·m

答　−18 N·m

(3) 点Qまわりの力のモーメント＝2.0[N]×6.0[m]＋(−3.0[N]×0.0[m])＝12 N·m

答　12 N·m

例題 61　図のように，長さ 1.4 m の一様な棒に大きさ 5.0 N の力が作用している．点 O まわりの力のモーメント [N·m] はいくらか．

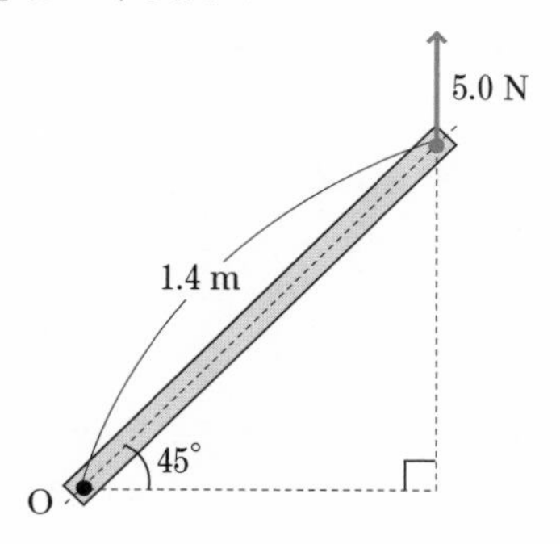

解　式(1.97)を用いる．点 O まわりの力のモーメントの向きは反時計まわりなので，符号は正になることに注意すると，

点 O まわりの力のモーメント＝$5.0 \times 1.4 \times \sin 45° = 4.9$　　答　4.9 N·m

1. 8. 3　剛体にはたらく力の合成

(1)　平行でない力の合成

図 1.50 のように，剛体にはたらく平行でない 2 つの力 $\vec{F_1}$，$\vec{F_2}$ が 1 平面内にあるときは，2 つの力をそれぞれの作用線の交点まで移動させて，2 つの力を平行四辺形の法則にしたがって合成すればよい．

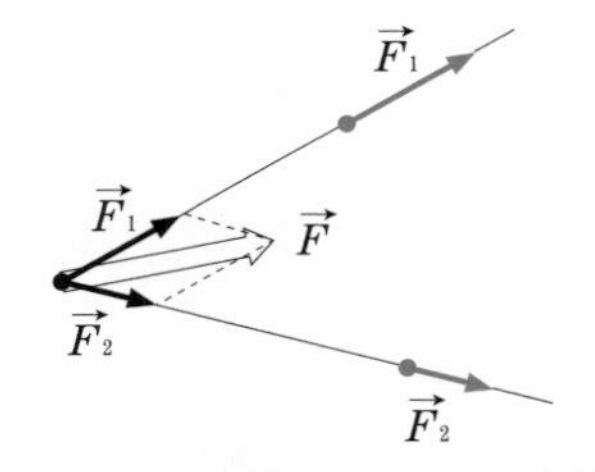

作用線の交点に力を移動して合成する

図 1.50　平行でない 2 力の合成

(2)　平行な力の合成

図 1.51 のように，平行で向きが同じ 2 つの力 $\vec{F_1}$，$\vec{F_2}$ が剛体にはたらく場合は，それらの作用線は交わらない．そこで，2 つの力の作用点 A，B を通る直線を作用線とする 2 つの力 $\vec{f}$，$-\vec{f}$ を 2 点 A，B にそれぞれ加える．これらの 2 力はつり合っているので，剛体

に何の影響もおよぼさない．$\vec{F_1}$ と $\vec{f}$，$\vec{F_2}$ と $-\vec{f}$ の合力をそれぞれ $\vec{F_1}'$，$\vec{F_2}'$ とすると，これら2つの力の作用線は交わる（交点をOとする）ので，$\vec{F_1}'$ と $\vec{F_2}'$ の合力 $\vec{F}$ を求めることができる．合力 $\vec{F}$ は，

$$\vec{F}=\vec{F_1}'+\vec{F_2}'=(\vec{F_1}+\vec{f})+(\vec{F_2}-\vec{f})=\vec{F_1}+\vec{F_2} \tag{1.102}$$

となるので，$\vec{F_1}$ と $\vec{F_2}$ の合力になる．

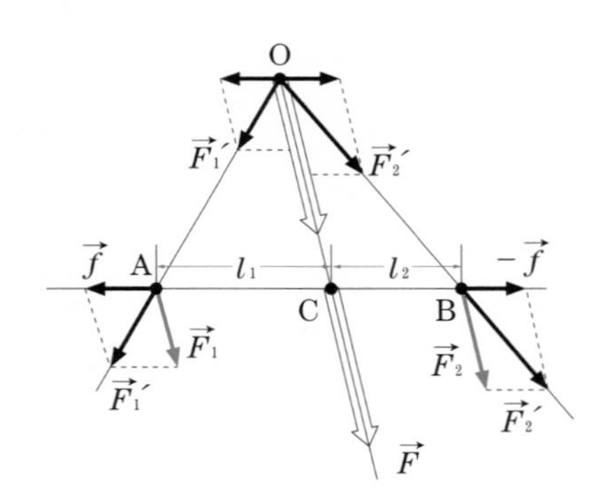

線分ABを $l_1 : l_2 = F_2 : F_1$ に内分

図 1.51　平行な2力の合成

$\vec{F}$ の作用線と直線ABの交点Cを求めてみる．図1.51において，三角形の相似の関係を用いると，

$$\frac{\mathrm{AC}}{\mathrm{OC}}=\frac{f}{F_1},\qquad \frac{\mathrm{BC}}{\mathrm{OC}}=\frac{f}{F_2} \tag{1.103}$$

となる．したがって，

$$\mathrm{OC}\times f=\mathrm{AC}\times F_1=\mathrm{BC}\times F_2 \tag{1.104}$$

であるので，

$$\mathrm{AC}:\mathrm{BC}=F_2:F_1 \tag{1.105}$$

となる．すなわち，$\vec{F_1}$ と $\vec{F_2}$ の合力 $\vec{F}$ は，大きさが F_1+F_2，向きが $\vec{F_1}$，$\vec{F_2}$ と同じであり，その作用線は線分ABを $F_2 : F_1$ に内分している．

次に，図1.52のように，剛体にはたらく2つの力 $\vec{F_1}$ と $\vec{F_2}$（$F_1>F_2$ とする）が平行で逆向きの場合を考える．上の場合と同様に，2つの力の作用点A，Bに，この2点を通る直線を作用線とする2つの力 $\vec{f}$，$-\vec{f}$ をそれぞれ加える．$\vec{F_1}$ と $\vec{f}$，$\vec{F_2}$ と $-\vec{f}$ の合力をそれぞれ $\vec{F_1}'$，$\vec{F_2}'$ とし，これら2つの力の作用線の交点をOとする．

図1.52に示すように，三角形の相似の関係を用いると式(1.103)および(1.105)と同じ関

係が得られる．すなわち，$\vec{F_1}$ と $\vec{F_2}$ の合力 $\vec{F}$ は，大きさが F_1-F_2，向きが $\vec{F_1}$ と同じであり，その作用線は線分 AB を $F_2：F_1$ に外分している．

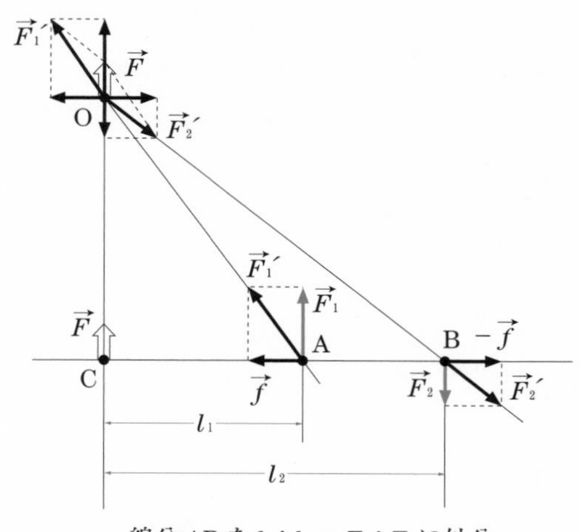

線分 AB を $l_1：l_2 = F_2：F_1$ に外分

図 1.52　平行で逆向きの 2 力の合成

1. 8. 4　偶力

剛体に平行で逆向きの 2 つの力 $\vec{F}$ と $-\vec{F}$ がはたらく場合は，図 1.50 で考えると $F_2=F_1$ であるので，$\vec{F_1}'$ と $\vec{F_2}'$ の作用線が平行になり交わらず，点 O や点 C は存在しない．すなわち，$F_2：F_1 = 1：1$ となるので，線分 AB を 1：1 に外分することになるが，そのような点 C は存在しない．したがって，合力を求めることはできない．このような 2 力を 1 対のものと考えて偶力という．**偶力**は剛体を移動させることはできないが，回転させるはたらきをもっている．偶力の大きさを F [N]，作用線間の距離を l [m]として，積 Fl [N･m]を**偶力のモーメント**という．剛体を回転させる向きが反時計まわりのときを正，時計まわりのときを負とする．

例題 62　図のように，任意の点 O のまわりの偶力の 2 力によるモーメントの和は，偶力のモーメントに等しいことを示しなさい．

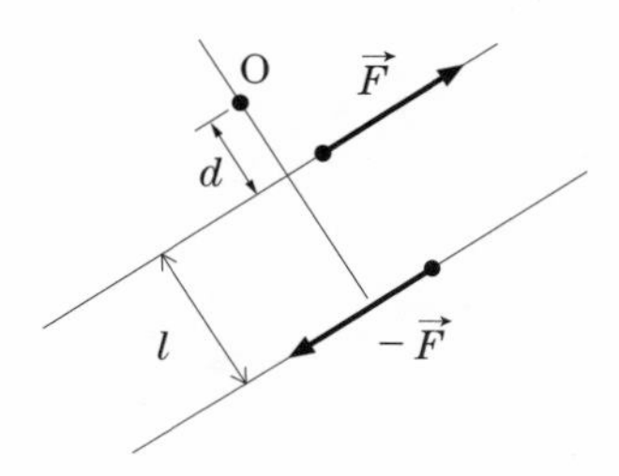

解　$Fd+(-F)(d+l)=Fd-Fd-Fl=-Fl$

1.8.5 剛体のつり合い

静止している剛体に2つ以上の力がはたらいても剛体が静止し続けるのは，それらの力によって剛体が移動も回転もしない場合である．これが剛体のつり合いの条件である．

剛体に2つ以上の力がはたらく場合，平行四辺形の法則を用いて順に力を合成していくと，最後には，1)1つの力になる，2)1対の偶力になる，3)何も残らない，の3つの場合のいずれかになる．これらの中で上で述べたつり合いの条件を満たすのは3)の場合だけである．したがって，剛体のつり合いの条件を次のように表すことができる．

①力のベクトルの和がゼロである(剛体の重心が移動しない条件)

$$\vec{F}_1+\vec{F}_2+\vec{F}_3+\cdots=0 \tag{1.106}$$

②任意の点のまわりの力のモーメントの和がゼロである(剛体が回転しない条件)

$$N_1+N_2+N_3+\cdots=0 \tag{1.107}$$

ただし，N_1, N_2, N_3, …は力 $\vec{F}_1$, $\vec{F}_2$, $\vec{F}_3$, …に対する力のモーメントである(式(1.101))．

例題63　図のように円盤上にある3つの力 $\vec{F}_1$, $\vec{F}_2$, $\vec{F}_3$ が円盤に作用しており，円盤と垂直な回転軸と円盤が交わる点Oからのそれぞれの力までのうでの長さをそれぞれ l_1[m], l_2[m], l_3[m] とする．このとき，この円盤がつりあうための条件を求めよ．ただし，F_1[N], F_2[N], F_3[N] は3つの力のそれぞれの大きさとする．

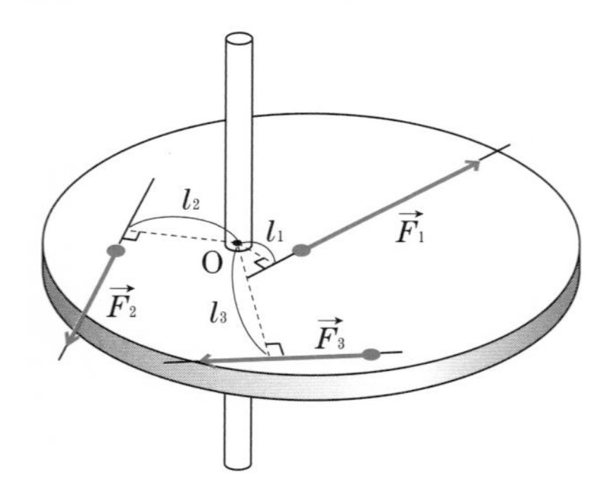

解　力の合力がゼロである：$\vec{F}_1+\vec{F}_2+\vec{F}_3=0$

一方，図において点Oまわりの力のモーメントは $N_1=F_1l_1$, $N_2=F_2l_2$, $N_3=-F_3l_3$ である．点Oまわりの力のモーメントの和がゼロより，$F_1l_1+F_2l_2-F_3l_3=0$ である．

答　$\vec{F}_1+\vec{F}_2+\vec{F}_3=0$, $F_1l_1+F_2l_2-F_3l_3=0$

1.8.6 重心

図1.53のように，軽い棒の両端に質量がそれぞれ m_1[kg], m_2[kg]の小物体A，Bを

取り付ける．A，B にはたらく重力の合力は，大きさが$(m_1+m_2)g$ [N]で，作用点は AB を $m_2 : m_1$ に内分する点 G である．この点を上向きに大きさ$(m_1+m_2)g$ [N]の力で支えれば，A，B にはたらく重力とつり合う．また，$l_1=\mathrm{AG}$，$l_2=\mathrm{BG}$ とおくと，

$$l_1 : l_2 = m_2 : m_1 \tag{1.108}$$

であるので，点 G のまわりの力のモーメントは

$$m_1 l_1 - m_2 l_2 = 0 \tag{1.109}$$

となり，棒はつり合う．このときの点 G を物体 A，B の重心という．

いま，x 軸上に 3 点 A，G，B があり，それらの座標を x_1，x_G，x_2 とすると，

$$m_1 l_1 - m_2 l_2 = m_1(x_G - x_1) - m_2(x_2 - x_G) = 0 \tag{1.110}$$

となる．したがって，重心の座標 x_G は

$$x_G = \frac{m_1 x_1 + m_2 x_2}{m_1 + m_2} \tag{1.111}$$

と求められる．

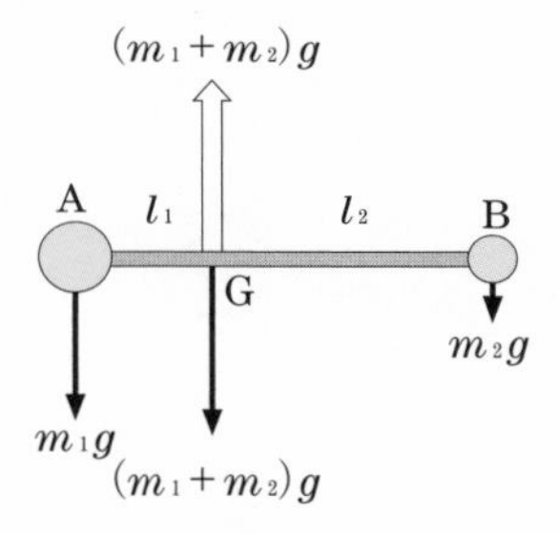

図 1.53　物体の重心

一方，剛体の場合は，それを 1 点で支えたときにつり合う点を剛体の重心という．剛体の各部分にかかる重力の合力の作用線は重心を通り，かつ重心のまわりの重力のモーメントはつり合っている．剛体の向きには無関係である．このように，剛体の全質量が一点に集まったと考えることができる点が重心である．

剛体の重心の位置は次のようにして知ることができる．図 1.54 のように，剛体の任意の点を糸でつるすと，剛体は向きを変えて，糸の張力と重力がつり合う．糸は重力の作用線上にあるので，糸の延長線 a 上に重心があることになる．別の任意の点で剛体をつるすと，再び剛体は向きを変えて，つり合う．重心はこの糸の延長線 b 上にもあるので，a と b の交点 G が重心である．

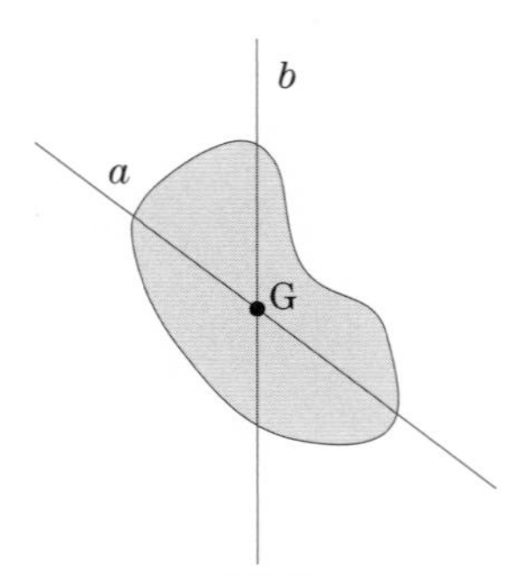

図 1.54　物体の重心の求め方

一様な棒の重心は中心にあり，一様な円板や球の重心は中心にある．また，重心は必ずしも物体の内部にあるとは限らない．例えば，ドーナツ型の一様な円環の重心は円の中央にある（図 1.55）．

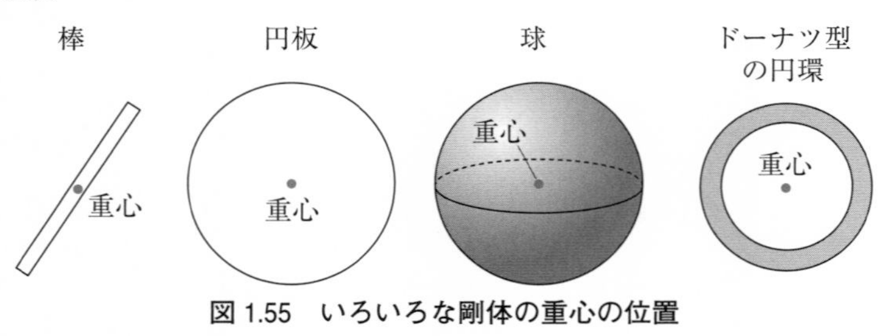

図 1.55　いろいろな剛体の重心の位置

例題 64　図のように，長さが 1.2 m の軽い棒の左端に質量 2.0 kg の小球 A を固定し，棒の右端に質量 1.0 kg の小球 B を固定した．小球 A から重心までの距離［m］はいくらか．

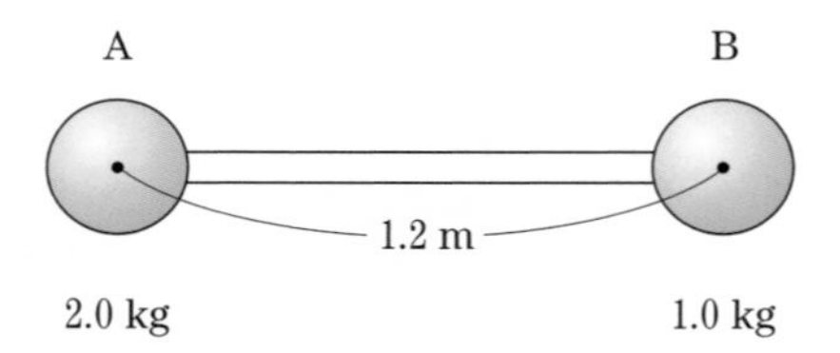

解　小球 A の位置を原点とすると，式（1.98）より，

$$\text{重心の位置} = \frac{2.0 \times 0.0 + 1.0 \times 1.2}{2.0 + 1.0} = 0.40 \qquad \text{答}\quad 0.40\ \text{m}$$

例題 65　図のように，長さが 1.0 m で，質量が 1.0 kg の一様な棒 AB の一端 A をちょうつがいで固定し，他端 B に糸をつけ，これを A の真上の点 C に結ぶ．このとき，糸 BC は床と平行であり，棒 AB と床がなす角度は 45° であるとし，重力加速度の大きさを 9.8 m/s^2 とする．棒 AB に作用する力は，図のように棒の中点 D にはたらく重力（大きさを W［N］とする）と糸からの張力（大きさを S［N］）以外に，図左下にある端 A で棒に作用する水平右方向の力（大きさを F［N］）と鉛直上方向にはたらく力（大きさを N［N］）の 4 つの力がある．糸の張力の大きさ S［N］はいくらか．

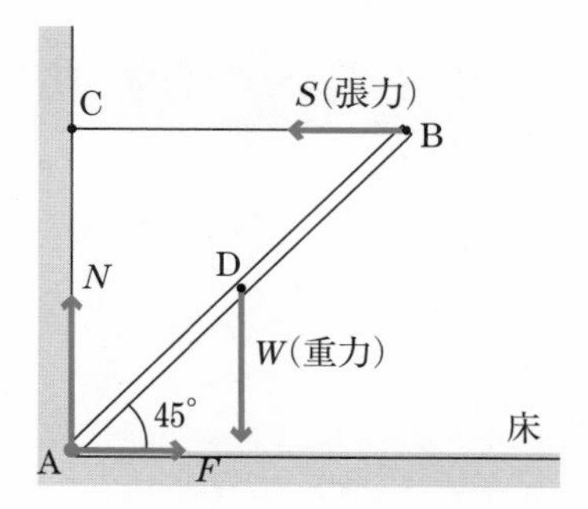

解　水平方向の力のつりあい：$F+(-S)=0$，これから，$F=S$

鉛直方向の力のつりあい：$N+(-W)=0$，また，$W=mg=1.0\times 9.8=9.8$，

これから $N=W=9.8$ N

点Aまわりの力のモーメントのつりあいから，

張力 S のモーメントの大きさ＝重力 W のモーメントの大きさ

$S\times 1.0\sin 45°=W\times 0.50\cos 45°$，$S=0.50\times W=4.9$　　答　4.9 N

例題 66　図のように，長さ l [m]の一様で軽い棒ABがある．棒の両端にそれぞれ糸をむすび，糸の他端を鉛直な壁の点Cにむすび付けて，棒を水平に保つ．質量 m [kg]のおもりに糸をつけて，棒ABの中点Dにつるす．ACをむすぶ糸は鉛直で，BCをむすぶ糸は水平な棒ABと θ [rad]の角をなしている．棒と壁の間に摩擦はないものとする．ACおよびBCをむすぶそれぞれの糸の張力を S_1 [N]および S_2 [N]とし，壁から棒ABにはたらく力を N [N]とする．S_1，S_2 および N はそれぞれ何Nか．

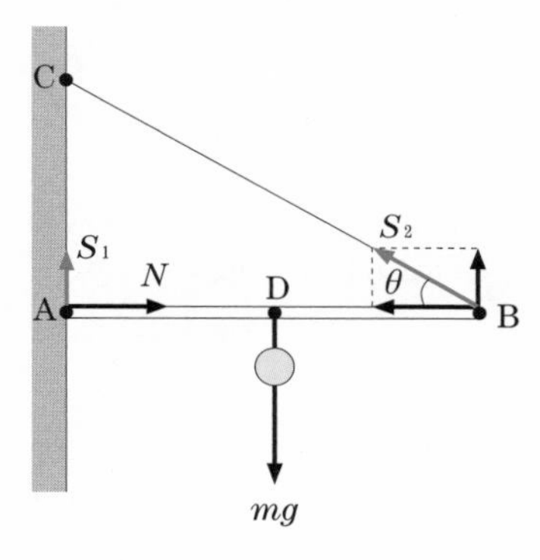

解　水平方向の力のつり合いより，

$$N-S_2\cos\theta=0 \quad ①$$

鉛直方向の力のつり合いより，

$$S_1+S_2\sin\theta-mg=0 \quad ②$$

A点のまわりの力のモーメントの和が0であるので，

$$S_2\sin\theta\cdot l-mg\cdot\frac{l}{2}=0 \quad ③$$

式①，②，③より，

$S_1=\dfrac{1}{2}mg$ [N]，$S_2=\dfrac{mg}{2\sin\theta}$ [N]，$N=\dfrac{mg}{2\tan\theta}$ [N]．

1. 9　流体の力学

1. 9. 1　静止した流体にはたらく力のつり合い

気体や液体は固体と違い一定の形をもたず，外からわずかな力を加えるだけで，ほとんど抵抗なく自由に変形させることができる．そこで，気体と液体を総称して流体という．

(1)　静止した流体内の圧力

流体はどのような形をした容器に入れても，容器と同じ形をとることができる．容器内で流体は静止しているので，流体にはたらく力はつり合っている．流体と容器の接触面を考えると，面に垂直な方向でのみ両者は力をおよぼし合い，作用反作用の法則が成り立っている．それ以外の方向には力ははたらかない．もしはたらくとすると，その力によって流体が動いてしまう．

面積 S [m²]に F [N]の力がかかるとき，F [N]を全圧力という．また，単位面積あたりの力 p [N/m²]を圧力という．すなわち

$$p=\frac{F}{S} \tag{1.112}$$

である．1 N/m² を 1 パスカル[Pa]ともいう．100 Pa が 1 hPa(ヘクトパスカル)である．

流体を密閉してその一部分に力を加えると，流体内のあらゆる場所の圧力がその分だけ増加する．これをパスカルの原理という．水圧機や油圧機は，この原理を利用して，小さい力を加えて大きな力を得る装置である．

例題 67　図において，断面積 4 cm² の右側のピストンに 400 N の力を加えると，断面積 80 cm² の左側のピストンを押し上げる力は何 N か．

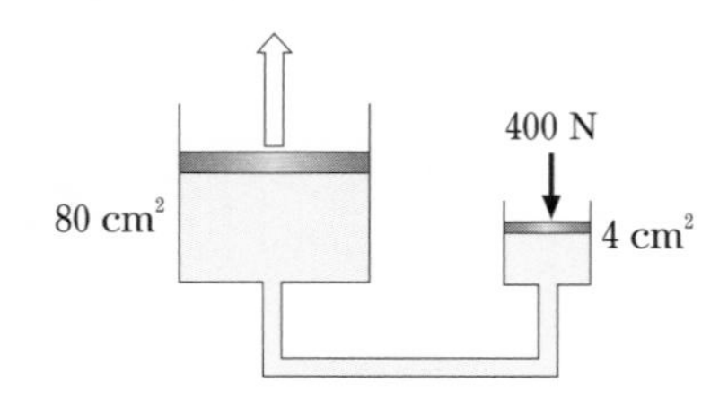

解　パスカルの原理に基づいて，式(1.112)を用いる．$\frac{400}{4}=\frac{P}{80}$　　答　8000 N

---

(2)　流体の重さと大気による圧力

地表における大気の圧力を大気圧という．大気圧の単位には気圧や hPa を用い，1 気圧(atm)は 1013 hPa であり，これは高さ 760 mm の水銀柱の底における圧力に等しい．静止

流体中の任意の位置における圧力は，その位置よりも上に存在する流体の重さと大気圧の和から求められる．図 1.56 のように，流体中に流体の円柱を考え，流体の表面から h [m] の深さにおける圧力 p [N/m^2] を求めてみる．流体の密度を ρ [kg/m^3]，円柱の断面積を S [m^2]，大気圧を p_0 [N/m^2] とする．この円柱にはたらく力は，円柱上面に下向きの大気圧による全圧力 p_0S [N]，流体円柱に重力 ρghS [N]，円柱下面に上向きの全圧力 pS [N] である．これらの力はつり合うので，

$$pS = p_0S + \rho ghS \tag{1.113}$$

となる．単位面積あたりを考えると，

$$p = p_0 + \rho gh \tag{1.114}$$

となる．大気圧も考慮した，静水中のこのような圧力 p [N/m^2] を**静水圧**という．

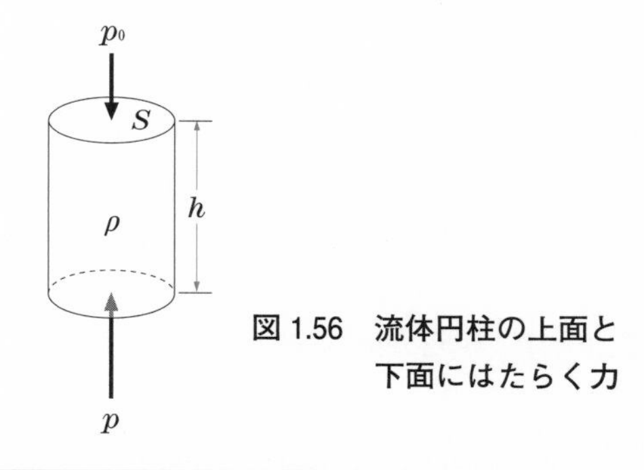

図 1.56　流体円柱の上面と下面にはたらく力

例題 68　水深 100 m における圧力 [Pa] はいくらか．ただし，水の密度を 1.0×10^3 kg/m^3，重力加速度の大きさを 9.8 m/s^2 とする．

解　式(1.114)を用いる．$\rho gh = 980000$ Pa
これに大気による圧力を加える．　　**答**　1.08×10^6 Pa

---

(3) 浮力

よく知られているように，流体中の物体は軽くなる．その理由を直感的に理解するには，物体を流体でおきかえても，その部分の流体は周囲の流体からの圧力によって静止する（沈まない）ので，物体にも同じ圧力が加わり，その分だけ軽くなると考えればよい．流体中では深くなるほど圧力が大きくなるので，物体にかかる圧力の合力は上向きになる．これが**浮力**である．

図 1.57 のように，水中に沈んだ体積 V [m^3] の円柱を考える．円柱の側面が受ける全圧力はつりあっているが，円柱下面が受ける全圧力の大きさは，円柱上面が受ける全圧力よ

り大きい．浮力が発生するのは，この円柱上面と円柱下面における全圧力の違いであり，浮力の向きは鉛直上向きになる．

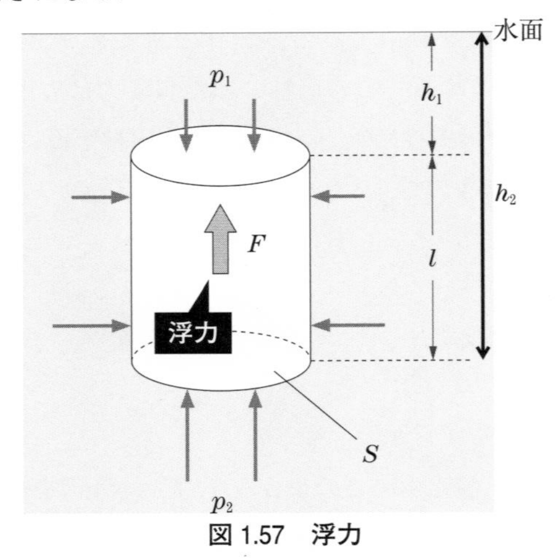

図 1.57　浮力

つぎに，浮力の大きさを求めてみる．水の密度を ρ [kg/m^3]，円柱の底面積を S [m^2]，上面と下面の水深をそれぞれ h_1[m]，h_2[m]（ただし，$h_2-h_1=l$）とすると，上面と下面の圧力はそれぞれ，$p_1=p_0+\rho g h_1$[N/m^2]，$p_2=p_0+\rho g h_2$[N/m^2] である．下面と上面の面積は S [m^2] であるので，下面と上面の全圧力の差，すなわち浮力 F [N] は，

$$F=p_2S-p_1S=(p_2-p_1)\times S=\rho gl\times S=V\rho g \tag{1.115}$$

となる．ここで，$V\rho$ [kg] は同じ体積だけの水の質量であるので，F [N] はそれにはたらく重力の大きさを意味する．

例題 69　密度が 2.0×10^3 kg/m^3 で質量が 8.0×10^{-2} kg の物体の体積 [m^3] はいくらか．また，この物体 A を水の中に入れたとき，物体 A にはたらく浮力の大きさ [N] はいくらか．水の密度を 1.0×10^3 kg/m^3 とする．ただし，重力加速度の大きさを 9.8 m/s^2 とする．

解　体積＝質量÷密度＝$(8.0\times10^{-2})\div(2.0\times10^3)=4.0\times10^{-5}$　　答　4.0×10^{-5} m^3
浮力＝$4.0\times10^{-5}\times1.0\times10^3\times9.8=0.392=0.39$　　答　0.39 N

例題 70　海に浮かぶ氷山はその体積の何％が海面下にあるか．ただし，氷と海水の比重をそれぞれ 0.92 および 1.02 とする．また，4 °C，標準大気圧下における水の密度を 1.0×10^3 kg/m^3 とする．

解　ある物質の密度と，4℃，標準大気圧下における水の密度との比を比重という．氷の比重は 0.92 であるから，その密度は $0.92\times1.0\times10^3$ kg/m^3 となる．同様に海水の密度は $1.02\times1.0\times10^3$ kg/m^3 となる．いま氷山の体積を V とすると，氷山の重さ＝$0.92\times1.0\times10^3Vg$ となる．また海面下にある氷山の体積を v とすると，氷山が受ける浮力＝$1.02\times1.0\times10^3vg$ となる．よって，$0.92\times V=1.02\,v$ となり，海面下にある体積の割合
＝$(v/V)\times100=(0.92/1.02)\times100=90$　　答　90 %

---

1. 9. 2 運動している流体の力学

(1) 流体の特性

流体の密度が場所によって変化する場合は圧縮性流体，変化しない場合は非圧縮性流体という．また本来，実在の流体には粘性があるが，粘性のない理想的な流体を完全流体という．水や空気は粘性が小さいので，完全流体として扱うことが多い．

(2) 流線と流管

運動している流体の各点で速度ベクトル(矢印)を描くと，流れの様子がよくわかる．これら速度ベクトルを結ぶと曲線が得られるが，この曲線は各点での接線がその点での流れの方向を示すことになる．これを流線という(図 1.58)．流線は，途中で流体が湧き出したり吸い込まれない限り，交わったり枝分かれしない．流線が時間的に変化しないとき，その流れを定常流という．流線の集まりを 1 つの管とみなした場合，これを流管という．

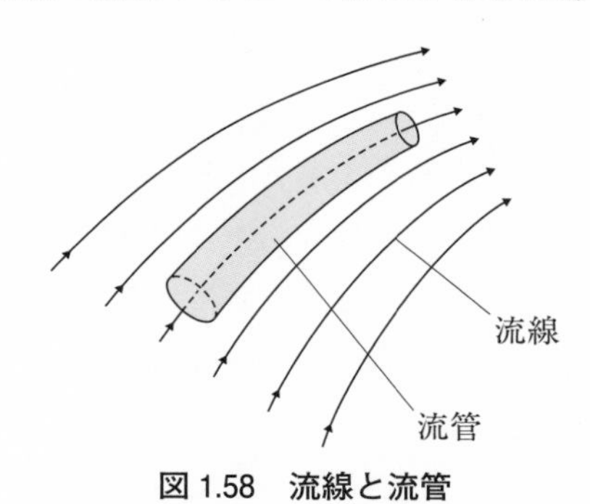

図 1.58 流線と流管

(3) 連続の式

図 1.59 のように，定常流の中の 1 つの流管に着目し，その流管中の任意の断面 A，B を考える．断面 A，B の面積を S_A [m^2]，S_B [m^2]，流速を v_A [m/s]，v_B [m/s]，密度を ρ_A [kg/m^3]，ρ_B [kg/m^3] とする．単位時間に断面 A，B を通過する流体の質量は等しいので，

$$\rho_A S_A v_A = \rho_B S_B v_B \tag{1.116}$$

が成り立つ(連続の式)．ここで，A，B は任意の断面であるから，

$$\rho S v = 一定 \tag{1.117}$$

と書くことができる．なお，非圧縮性流体の場合，ρ は一定であるから，

$$S v = 一定 \tag{1.118}$$

となる．なお，この式から，流速は断面積に反比例することがわかる．

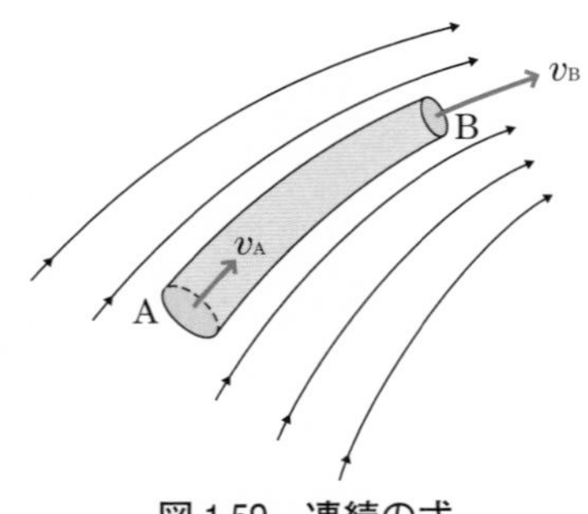

図 1.59　連続の式

(4)　ベルヌーイの定理

重力のもとで非圧縮性の完全流体が定常流である場合について，1つの流管の任意の断面 A，B を考える．図 1.60 のように，最初 AB 部分にあった流体が，Δt [s] 後に A´B´ 部分に移動したとする．いま，断面 A，B の面積を S_A [m^2]，S_B [m^2]，その点での圧力を p_A [N/m^2]，p_B [N/m^2]，流速を v_A [m/s]，v_B [m/s]，基準面からの高さを h_A [m]，h_B [m] とする．この流体は，Δt の間に圧力 p_A によって $p_A S_A v_A \Delta t$ の仕事をされ，圧力 p_B に逆らって $p_B S_B v_B \Delta t$ の仕事をする．この仕事の差を ΔW とすると，ΔW は流体の力学的エネルギーの増加分に等しい．A´B 部分については，Δt の前後で共通であるので，BB´ 部分と AA´ 部分のエネルギーの差を求めることで，流体のエネルギー変化が求まることになる．ここで流体の密度を ρ [kg/m^3]，重力加速度を g [m/s^2] とすると，AA´ 部分の運動エネルギー K_A，位置エネルギー U_A は，

$$K_A = \frac{1}{2}\rho S_A v_A \Delta t \times v_A^2,\quad U_A = \rho S_A v_A \Delta t \times g \times h_A$$

と表される．同様に，BB´ 部分の運動エネルギー K_B，位置エネルギー U_B は，

$$K_B = \frac{1}{2}\rho S_B v_B \Delta t \times v_B^2,\quad U_B = \rho S_B v_B \Delta t \times g \times h_B$$

となる．また，前述の通り，

$$\Delta W = p_A S_A v_A \Delta t - p_B S_B v_B \Delta t = K_B + U_B - (K_A + U_A)$$

であるから，

$$(p_A S_A v_A - p_B S_B v_B) \times \Delta t = \left(\frac{1}{2}\rho v_B^2 + \rho g h_B\right) \times S_B v_B \Delta t - \left(\frac{1}{2}\rho v_A^2 + \rho g h_A\right) \times S_A v_A \Delta t$$

(1.116) において，$\rho_A = \rho_B = \rho$ とおくと，$S_A v_A = S_B v_B$ であるから，上式は，

$$p_A + \frac{1}{2}\rho v_A^2 + \rho g h_A = p_B + \frac{1}{2}\rho v_B^2 + \rho g h_B \tag{1.119}$$

となる．ここで，断面A，Bは任意であるので，任意の点における圧力をp，流速をv，高さをhとすると，上式(1.119)は，

$$p+\frac{1}{2}\rho v^2+\rho gh= 一定 \tag{1.120}$$

と書くことができる．この式を**ベルヌーイの定理**といい，流線に沿って流れる流体のエネルギー保存則を示している．なお，pを**静圧**，$\frac{1}{2}\rho v^2$を**動圧**，ρghを**重力圧**という．

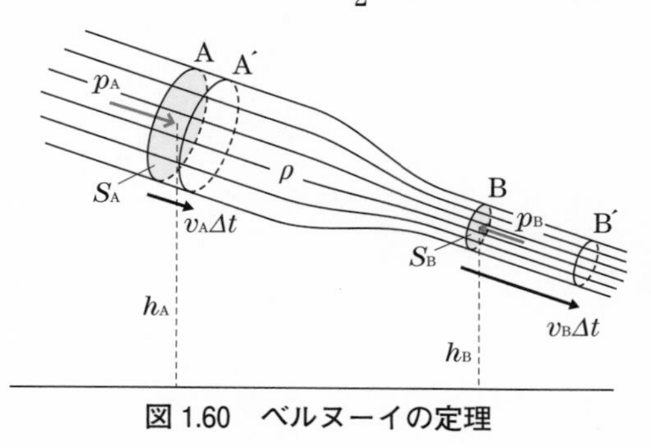

図 1.60　ベルヌーイの定理

例題 71　密度1.0×10^3 kg/m^{3}の液体が，水平に置かれた断面積0.40 m^{2}の円管Aの中を定常的に流れている．円管Aは断面積0.20 m^{2}の円管Bとつながっている．円管Aでの流速が0.50 m/sであるとき，2つの円管の圧力差Δp [N/m^2] はいくらか．

解　式(1.117)より，円管Bの流速は，$\frac{0.50\times0.40}{0.20}=1.0$ m/s
円管Bに比べ，円管Aの流速の方が小さいので，圧力は大きい．よって，圧力差Δpは，式(1.119)より，$\Delta p=p_A-p_B=\frac{1}{2}\rho\left(v_B{}^2-v_A{}^2\right)$，となるので，

$$\Delta p=\frac{1}{2}\times1.0\times10^3\times\left(1.0^2-0.50^2\right)=375\ \mathrm{N/m^2}$$

答　3.8×10^2 N/m^2

例題 72　図のように，タンク中に水が入っており，液面からh [m] 下にある小さな穴から水が流れ出ている．このとき，水の流れ出る速さv [m/s] はいくらか．

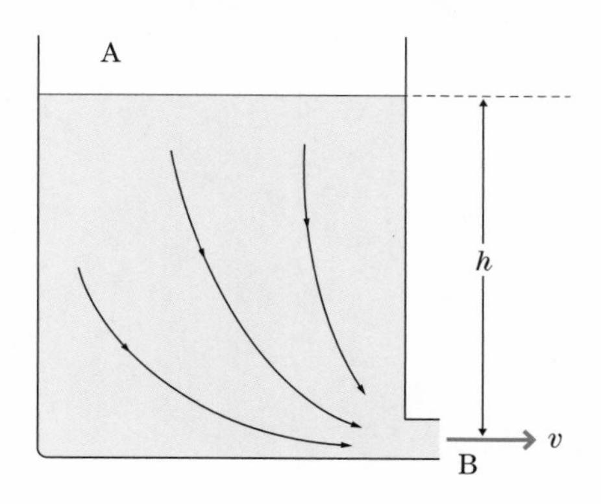

解　液面Aから穴Bまでの流線にベルヌーイの定理を適用すると，式(1.119)より，

$$p_A+\frac{1}{2}\rho v_A^2+\rho g h_A=p_B+\frac{1}{2}\rho v_B^2+\rho g h_B$$

となり，ここで，$v_A=0$，$v_B=v$，$h_A-h_B=h$，$p_A=p_B$，とすると，

$$\frac{1}{2}\rho v^2=\rho g h,\quad v^2=2gh,\quad v=\sqrt{2gh}$$ （トリチェリの定理）

答　$\sqrt{2gh}$ [m/s]

コラム：連星の質量

ヨハネス・ケプラーが発見した第 3 法則(調和の法則)は太陽と惑星の間の関係でした．太陽に対して惑星の質量は無視できるほど小さいため，太陽は静止していて惑星はその周りを円運動していると仮定しました．一方，2 つの天体の質量が同程度の場合は，両者が共通重心の周りを軌道運動することになり，そのような系を連星といいます．ここでは簡単のために連星を構成する星の軌道を離心率ゼロの等速円運動であるとして，連星の質量を求めてみましょう．

図左のように，2 つの天体 A および B の質量をそれぞれ M_1 [kg]および M_2 [kg]とし，共通重心 G からの距離を a_1 [m]および a_2 [m]，天体 AB 間の距離を a [m]，天体 A の等速円運動の角速度を Ω [rad/s]とすると，共通重心 G 周りの天体 A の運動について，天体 A にはたらく万有引力と遠心力のつり合いより，

$$G\frac{M_1M_2}{a^2}=M_1a_1\Omega^2$$

と表せます．天体 A の公転周期 T [s]を用いて表すと，$\Omega=2\pi/T$ より，

$$GM_2=a_1a^2\left(\frac{2\pi}{T}\right)^2$$

となります．同様の式を天体 B について立てた上で辺々足すと，天体 A と天体 B の質量の和(連星質量)が

$$M_1+M_2=\frac{a^3}{G}\left(\frac{2\pi}{T}\right)^2$$

と表せます．これを一般化されたケプラーの第 3 法則といいます．

目視あるいは望遠鏡を用いた観測によって 2 つの星に分離できる連星を実視連星と呼びます．代表的な実視連星にシリウスがあります(図右)．大質量の星であるシリウス A と軽い星のシリウス B が公転周期 50 年で公転しています．シリウスは観測により太陽からの距離が 8.71 光年であると知られています．また，シリウス A とシリウス B の間の実距離はちょうど太陽地球間距離の 20 倍(20 天文単位)になることが分かっています．この値から，連星質量(M_1+M_2)はおよそ太陽質量の 3.2 倍(3.17 $M_\odot$)と求められます．これは，別の方法で精密に求められた質量 $M_1+M_2=2.998\,M_\odot$ とよく一致しています．

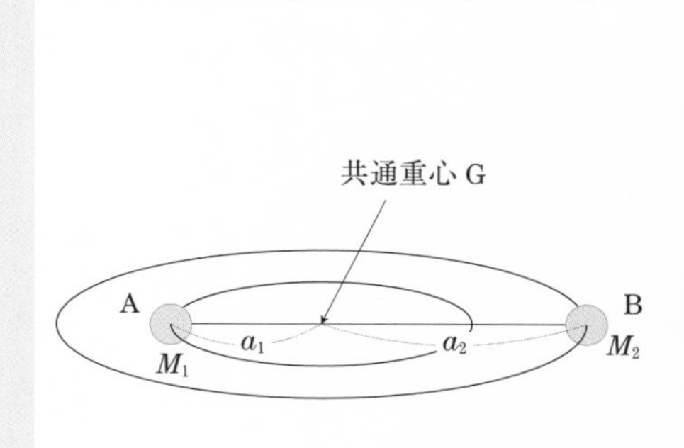

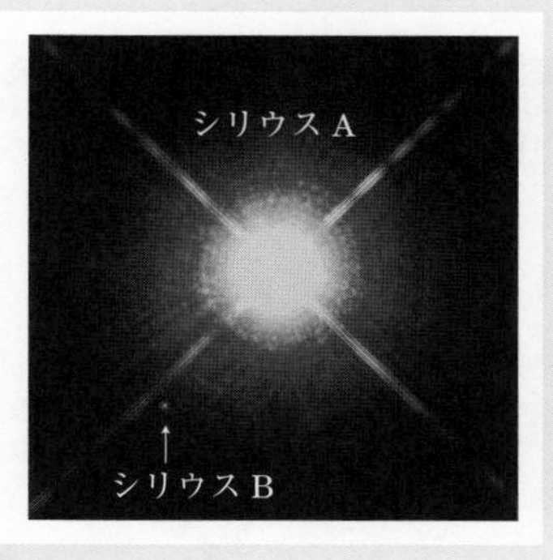

図　連星の軌道運動と，実視連星のシリウス

演習問題

[基本問題]

1. **(平均の速さと瞬間の速さ)** 1000 m を走るとき，前半の 550 m は速さ 5.0 m/s で走ったが，後半の 450 m は速さ 3.0 m/s で走った．平均の速さは何 m/s か．

2. **(相対速度)** 速さ 60 km/h で走る普通電車を速さ 100 km/h で走る特急電車が追い越した．
   1) 普通電車の乗客から見た特急電車の相対速度は，どの向きに，何 km/h か．
   2) 特急電車の乗客から見た普通電車の相対速度は，どの向きに，何 km/h か．

3. **(相対速度)** 停車している電車から見ると，雨は鉛直方向に降っている．電車が 18 km/h で徐行すると，雨は鉛直方向と 30° の角度で降っているように見えた．このときの雨滴の落下速度[m/s]はいくらか．

4. **(等加速度直線運動)** 右の図は一直線上を運動している物体の $v-t$ グラフである．0〜5 s，5〜10 s，10〜20 s 間の加速度[m/s^2]と，進んだ距離[m]を求めよ．

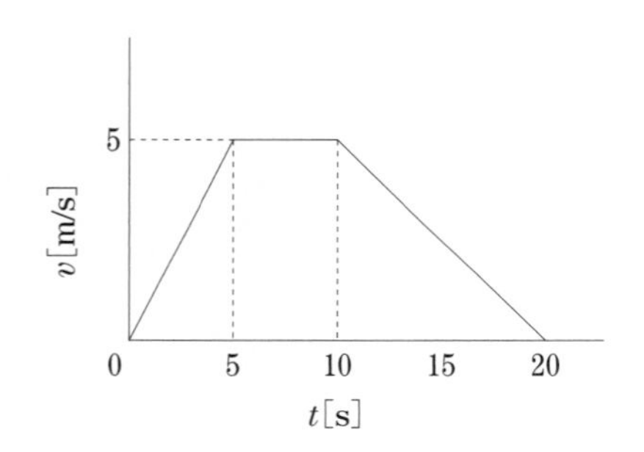

5. **(運動方程式の作り方)** 図のように，質量が無視できる定滑車に軽い糸をかけ，糸の両端に質量が m_1 [kg]および m_2 [kg]（ただし，$m_1 < m_2$）のおもり A および B を取り付ける．手を放すとおもり A および B は運動を始めた．おもりの加速度の大きさ[m/s^2]はいくらか．また，糸がおもりを引く力[N]はいくらか．

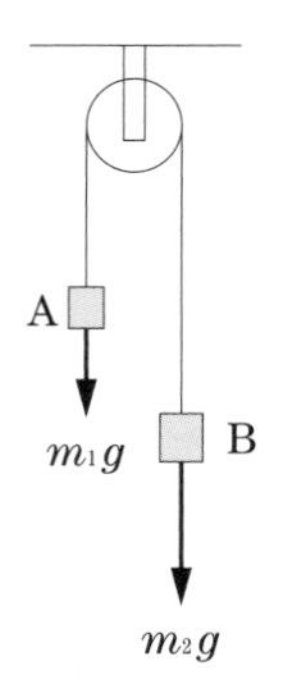

6. **(ベルヌーイの定理)** 図のように，太さの異なる 2 つの円管が水平につながれて置かれ，

その中には定常的に水が流れている．また，円管A，Bにはそれぞれ鉛直にガラス管が立てられている．円管A，Bの断面積はそれぞれ0.50 m^2，0.30 m^2，円管Aでの流速は0.60 m/sである．このとき，ガラス管の水位差h [m] はいくらか．ただし，水の密度を1.0×10^3 kg/m^3，重力加速度の大きさを9.8 m/s^{2}とする．

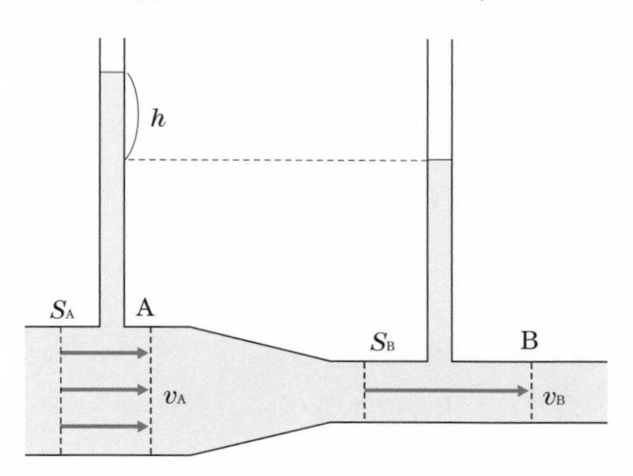

7. **(ケプラーの法則)** 木星を周回するガリレオ衛星の1つであるカリストを継続観測したところ，公転周期は16.689日，公転半径は$r=1.79\times10^9$ mであった．ケプラーの第3法則より，木星の質量を求めなさい．ただし，万有引力定数を$G=6.67\times10^{-11}$ N･m^2/kg^{2}とする．

[応用問題]

8. **(運動量と力積)** 速さ40 m/sで飛んできた質量0.14 kgのボールを，90°だけ方向を変えて同じ速さで飛んでいかせるには，どの方向にバットを当てればよいか．また，ボールに与える力積の大きさは何N･sか．

9. **(力学的エネルギー保存の法則)** 図のような質量m [kg]のジェットコースターAが，地上の点Pからの高さがh [m]の斜面上の点Oに静止している．Aが動くとき，摩擦や空気の影響は無視できるものとする．
 1) 点PでのAの速さ[m/s]はいくらか．
 2) 点QでのAの位置エネルギー[J]はいくらか．
 3) 点QでのAの運動エネルギー[J]はいくらか．
 4) 点QでのAの速さ[m/s]はいくらか．

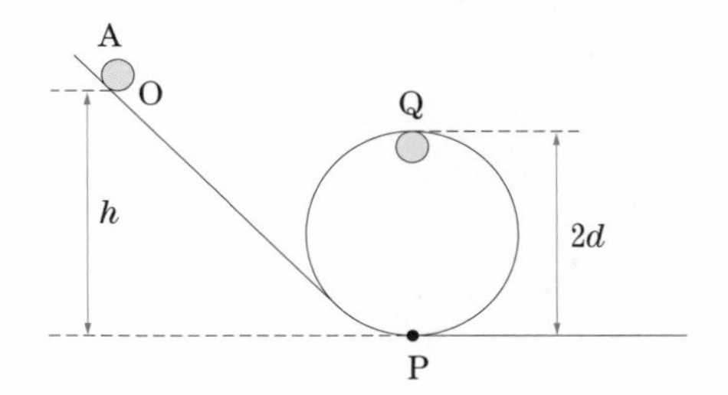

10. **(水平に投げ出された物体の運動)**上空で静止している気球から速さ 98 m/s で小球を水平に打ち出したところ，小球は地面に 45° の角度で落下した．気球の高さ[m]はいくらか．また，小球が水平方向に飛んだ距離[m]はいくらか．ただし，無風状態であり，空気の抵抗は無視できる．ただし，重力加速度の大きさを 9.8 m/s^2 とする．

11. **(斜め上方に投げ出された物体の運動)**水平面の一点 O から小球を斜め上方に投げたところ，点 O から 5.0 m 離れたところの鉛直な壁の高さ 2.5 m のところの点 P に水平に衝突した．この小球の初速度の水平成分と鉛直成分のそれぞれの大きさ[m/s]はいくらか．ただし，重力加速度の大きさを 9.8 m/s^2 とする．

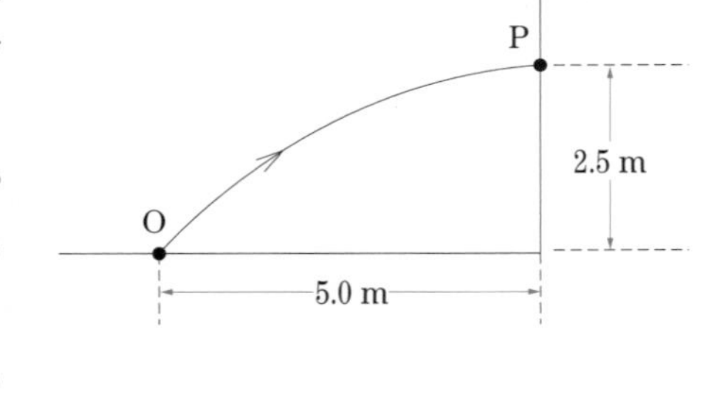

12. **(重心)**図のような，長さが 0.90 m の棒 AB が水平面上に置いてある．A 端のみを少し持ち上げるには 100 N の力が必要である．同様にして，B 端のみの場合には 200 N の力が必要である．この棒の重心は A 端から何 m のところにあるか．

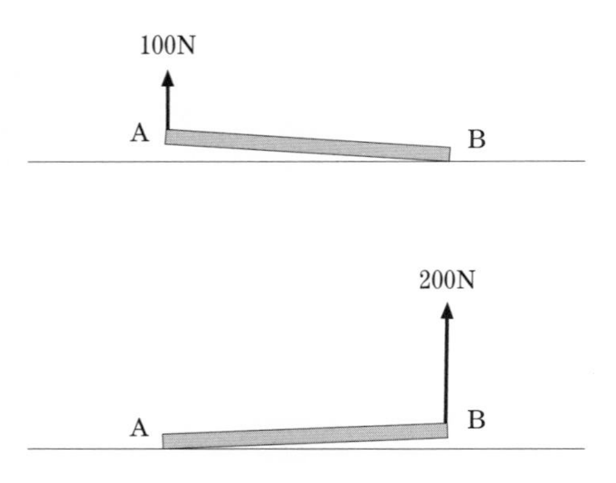

13. **(ベルヌーイの定理)** 図のように，水の深さが h [m] のタンクがある．タンクの一番下と $\frac{h}{2}$ [m] のところに小さい穴をあけ，水面の高さを保つ．このとき，それぞれの穴から流れ出る水はどこで交わるか．

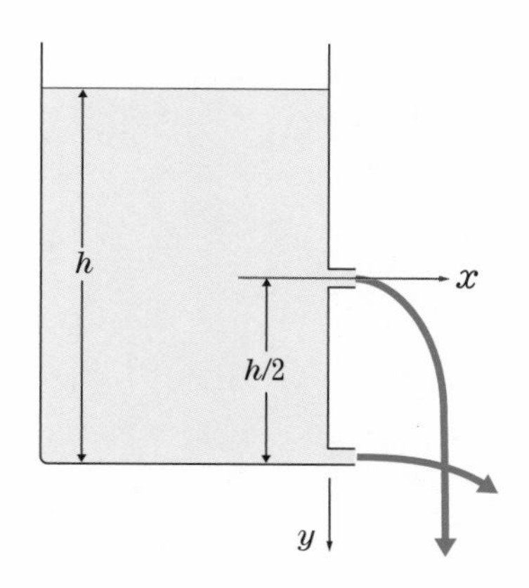

14. **(ケプラーの第 3 法則・連星の質量)** さそり座の星アンタレスは連星系であることが知られている(明るい星をアンタレス A，暗い星をアンタレス B と呼んでいる)．アンタレス連星系の公転周期はおよそ 2500 年と推定されており，連星間距離は 550 天文単位である．(ヒント)コラム「連星の質量」を参考にしなさい．

(1) アンタレス A とアンタレス B の質量の和[kg]はいくらか．その値は太陽質量(2.0×10^{30} kg)のおよそ何倍か．

(2) アンタレス A の楕円軌道の半長軸 a_1 [m]とアンタレス B の楕円軌道の半長軸 a_2 [m] の比が $a_1 : a_2 = 1 : 2$ であるとき，アンタレス A およびアンタレス B の質量 [kg] はそれぞれいくらか．ただし，万有引力定数を $G=6.67\times10^{-11}\ \mathrm{N\cdot m^2/kg^2}$ とし，1 天文単位を 1.5×10^{11} m とする．

第２章　熱とエネルギー

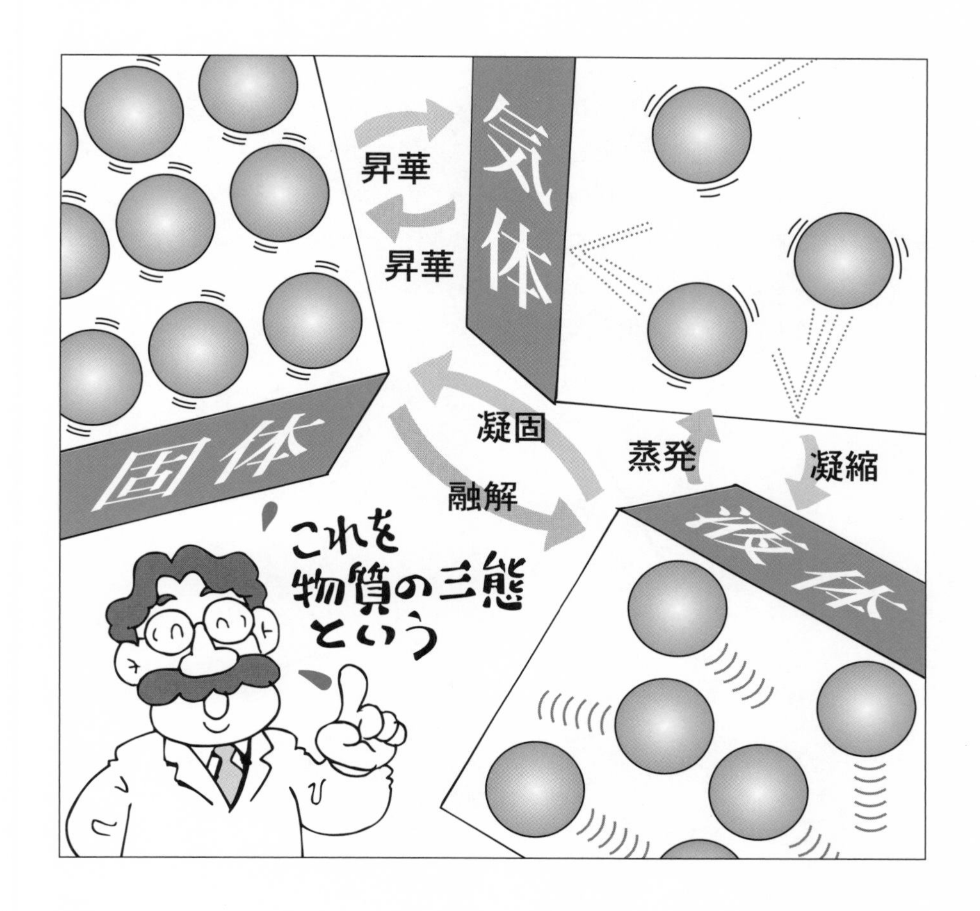

<学習目標>

□　物質の三態を理解し，絶対温度を説明できる．

□　熱の仕事当量を理解する．

□　物質量モルやアボガドロ定数を理解し，理想気体の状態方程式を説明できる．

□　熱力学の第１法則ならびに第２法則を理解する．マイヤーの関係式を説明できる．

世の中でエネルギーというと，石油をどれだけ消費するかなどの問題を指す場合が多いですが，物理学では熱や仕事をまずは考えて，それらをエネルギーの移動形態としてとらえます．したがって第２章では，ご自身の頭の中で，熱や仕事についてのイメージを大きく膨らませて，理解していきましょう．

2. 1　熱と温度

2. 1. 1　熱運動と物質の三態

(1)　熱運動

物質は分子または原子などから成り立っている．物質の中では，それらは互いに引き合い，振動や衝突などの運動を繰り返している．この運動は熱運動と呼ばれる．熱運動することは，物質の中の分子や原子は運動エネルギーをもっていることを意味する（図 2.1）．

いまこの物質に熱が加えられたとする．分子や原子の運動エネルギーは大きくなり，結果として物質の温度が上昇する．すなわち，物質を構成している分子または原子などの振動が激しくなったり，運動の速度が大きくなると，物質自体の温度が上昇する．

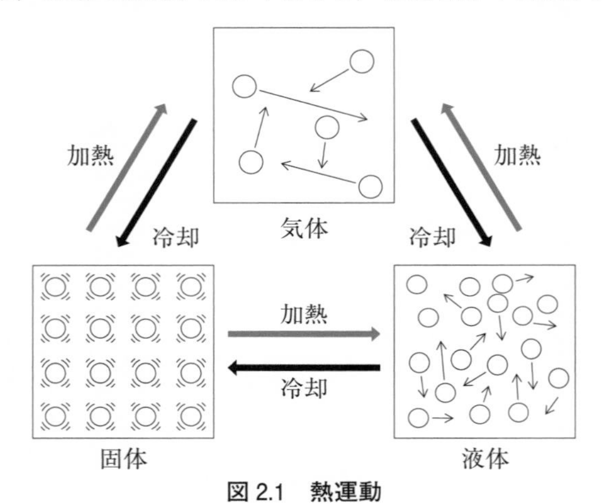

図 2.1　熱運動

(2)　熱平衡，熱とは何か，温度とは何か

温度の違う 2 つの物体 A と B を接触させると，温度の高い物体 A から温度の低い物体 B に熱は流れていく（図 2.2）．この熱の流れに伴って物体 A の温度は下がり，物体 B の温度は上がる．そして両方の物体の温度が等しくなると熱の流れは止まる．この温度の等しくなった状態を熱平衡と呼ぶ．

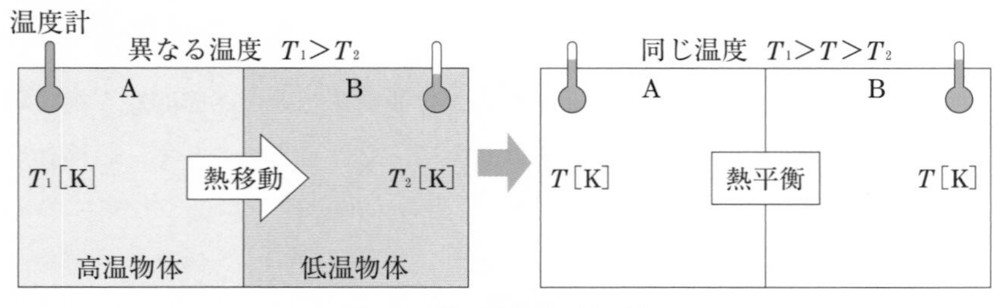

図 2.2　熱の移動と熱平衡

さて，このように熱は温度の高いところから低いところへ移動する．またその移動は，温度が同じになると止まる．したがって，「熱とは何か」と考えてみると，「物質間で起こるエネルギーの移動形態の1つである」ということができる．もう1つの移動形態は仕事である．詳細は後に述べる熱力学の第1法則で学ぶ．

「温度とは何か」を考えてみると，「同じ値になれば平衡に達するような物理量である」ということができる．温度については，また後に詳しく触れる．

(3) 物質の三態

物質の状態は，固体，液体，気体の三態に分けられる(図 2.3)．固体から液体への変化を**融解**，液体から固体を**凝固**，液体から気体を**蒸発**(または**気化**)，気体から液体を**凝縮**(または**液化**)，気体から固体ならびに固体から気体はどちらも**昇華**と呼ばれる．

融点とは固体が融解して液体に変るときの温度である．また**凝固点**とは液体が固体に変るときの温度である．純物質では融点と凝固点は一致し，固体が完全に液体に変るまで，または液体が完全に固体に変るまでは，その温度は一定に保たれる．

一方，**沸点**とは液体が気体に変るときの温度で，やはり液体がすべて気体に変るまでは，その温度は一定に保たれる．

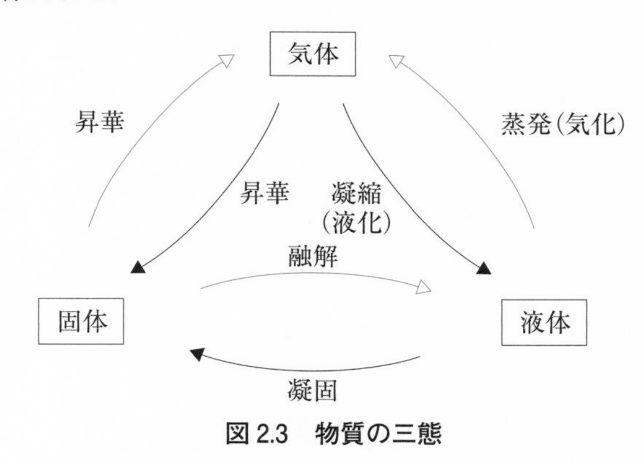

図 2.3 物質の三態

(4) 潜熱

例えば氷(固体)と水(液体)を容器に一緒に入れておくと，温度は融点の 0 °C のまましばらく保たれ，氷だけが溶ける．その後，水の温度は室温に近くなっていく．しばらく 0 °C に保たれる反応は，後に述べる比熱や熱容量の概念では説明ができない．融解のときの熱は氷を溶かすために使われ，その熱を**融解熱**と呼ぶ．

同様に，水(液体)が水蒸気(気体)に変るときは，温度は沸点の 100 °C でしばらく一定に保たれる．このときの熱は**蒸発熱**(**気化熱**)と呼ばれる．これら融解熱や気化熱のことを**潜熱**と呼ぶ．つまり潜熱とは，物質が三態間で変化するときに吸収・放出される熱のことである.

2. 1. 2 温度の表記

日常使われている温度の単位は摂氏温度(セルシウス温度)であり，記号 °C で表される.
1 気圧のもとで氷が溶ける温度が 0 °C，水が沸騰する温度が 100 °C である.

一方，絶対温度という表記もある. これはケルビン(記号は K)という単位で表される.
0 K の温度では，理論的に原子の振動が止まり，熱運動をしなくなる. 絶対温度 T [K]とセルシウス温度 t [°C]との間には

$$T = t + 273 \tag{2.1}$$

という関係がある. つまり 1 K の温度差は 1 °C である. また 0 K(= −273 °C)を絶対 0 度と呼び，これ以下の温度は存在しないことが知られている.

2. 1. 3 熱の表記

先に述べたように，熱は温度の高い物体から低い物体に移動する. この移動した熱の大きさを熱量と呼ぶ. 熱はエネルギーの移動形態(すなわちエネルギーの流れ)であるから，熱量の単位としてはジュール(記号は J)を用いる. 日常生活では SI 単位系以外の単位であるカロリー(記号は cal)が用いられている. 1 cal とは水 1 g を 1 °C 上昇させる熱量で，

$$1\ \mathrm{cal} = 4.2\ \mathrm{J} \tag{2.2}$$

という関係がある.

例題 1　20 °C は何 K に相当するか.

解　273 + 20 = 293　　答　293 K

例題 2　25.0 °C の水 2.0×10^2 g を 6.3×10^3 J の熱量で熱すると，水温は何 °C になるか. ただし，1 cal = 4.2 J とする.

解　$(6.3 \times 10^3 \div 4.2) \div (2.0 \times 10^2) = 7.5$，$25.0 + 7.5 = 32.5$　　答　32.5 °C

---

2. 2　熱と仕事

2. 2. 1　熱の仕事当量

熱も仕事もエネルギーの移動形態なので，熱と仕事は相互に変換できることになる．W [J]の仕事がすべて Q [cal]の熱に変るとき，

$$W = JQ \tag{2.3}$$

という比例関係が成立する．ここで J は比例定数であり，**熱の仕事当量**と呼ばれる．これは 1 cal の熱が何 J の仕事に相当するのかを表しており，

$$J = 4.2\ \mathrm{J/cal} \tag{2.4}$$

である．

コラム：ジュールによる熱の仕事当量の測定実験

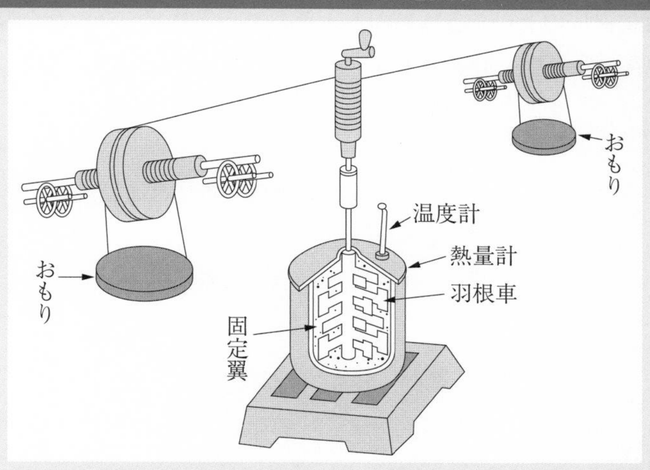

ジュール（イギリス，1818〜1889）は，力学的仕事が，直接，熱に変換される場合について実験を重ね，その定量的関係を求めました．例えば，図に示すような熱の仕事当量の測定実験を行いました．この実験から，「水 1 ポンドを 1 ファーレンハイト温めるのに必要な熱は，772 ポンドの重りを 1 フートだけ持ち上げる力学的仕事に相当する」という結論を導きました．ここで 1 ポンドは 0.453 kg，1 ファーレンハイトは $\frac{5}{9}$K，1 フートは 0.305 m です．この実験の後者の位置エネルギーは「質量×重力加速度×高さ」なので，$772 \times 0.453 \times 9.8 \times 0.305 = 1050$ J となるから，1 g で 1 K あたりでは $1050 \div \left(\frac{5}{9}\right) \div 453 = 4.17$（ここではグラムで割り算することに注意すること．次に出てくる比熱のところにあるように，水の比熱は 1 cal/(g·K) である）となります．つまり熱の仕事当量 J として約 4.2 J/cal が得られたことになります．

例題 3　質量 2.0 kg の小物体が摩擦のある面上で初速度 10 m/s ですべりだした．この物体が停止するまでに発生する熱量［J］はいくらか．

解　運動エネルギーがすべて熱になる．$\frac{1}{2}mv^2 = \frac{1}{2} \times 2.0 \times 10^2 = 100$
答　100 J

例題 4　質量 6.0 kg の小物体を 10 m の高さから地面に落としたところ，最終的に物体は静止した．このとき発生する熱量［cal］はいくらか．ただし，熱の仕事当量を 4.2 J/cal，重力加速度の大きさを 9.8 m/s² とする．

解　位置エネルギーがすべて熱になるので，式(2.3)から，$Q = W/J = mgh/J = 6.0 \times 9.8 \times 10/4.2 = 140$
答　140 cal

2. 2. 2　比　熱

2 つの異なる物体に同じように熱を加えても，一方はすぐに熱くなるが，他方はなかなか熱くならないことがある．すなわち異なる物質の場合，同じ質量であっても，同じ量の熱を与えた場合に温度の上がり方は異なる．そこで，比熱という概念を導入してみよう．質量 m［g］の物質の温度を，ΔT［K］上昇させるために必要な熱量を Q［J］とすると，

$$Q = mc\Delta T \tag{2.5}$$

という関係式が成り立つ．ここで c が比熱と呼ばれ，単位は J/(g･K) である．つまり，熱と温度は区別して考える必要がある．いろいろな物質の比熱を表 2.1 に与えておく．

水の比熱は 1 cal/(g･K) であることがよく知られている．これを換算すると 4.2 J/(g･K) となる．

表 2.1　物質の比熱（常温）

物質	比熱 J/(g･K)	物質	比熱 J/(g･K)
水	4.18	黄銅	0.39
エタノール	2.42	銅	0.386
アルミニウム	0.901	銀	0.236
鉄	0.448	金	0.129

例題 5　10.0 °C，100 g の水を 30.0 °C にするのに必要な熱量［J］はいくらか．また，この熱量をカロリーの単位［cal］に変換すると，何 cal に相当するか．ただし，水の比熱を 4.2 J/(g･K)，1 cal ＝ 4.2 J とする．

解　式(2.5)から，$Q = mc\Delta T = 100 \times 4.2 \times (30.0 - 10.0) = 8400$

$8400/4.2 = 2000$

答　8400 J，2000 cal

例題 6　200 g の鉄を 30.0 °C から 80.0 °C まで熱するのに必要な熱量 [J] はいくらか．ただし，鉄の比熱を 0.448 J/(g･K) とする．

解　$Q = mc\Delta T = 200 \times 0.448 \times (80.0 - 30.0) = 4480$

答　4480 J

例題 7　質量 200 g，水温 20 °C の水が入った容器がある．この容器の中に消費電力 20 W の電熱線を入れ，電流を流して 7 分間加熱した．電熱線での発熱がすべて水の温度上昇に使われたとすると，水の温度はいくら上昇したか．ただし，水の比熱を 4.2 J/(g･K) とする．

解　温度上昇を ΔT とすると，水が得た熱量は式(2.5)から

$Q = mc\Delta T = 200 \times 4.2 \times \Delta T = 840\,\Delta T$…①

一方，電熱線による発熱量 ＝ 消費電力 [W] × 時間 [s] $= 20 \times 7 \times 60 = 8400$…②

①＝②から，$\Delta T = \dfrac{8400}{840} = 10$

答　10 °C 上昇する．

---

2. 2. 3　熱容量

さて，物体の質量が大きくなれば，それを熱するのに必要な熱量も当然大きくなる．そこで式(2.5)の右辺を，

$$Q = mc\Delta T = C\Delta T \tag{2.6}$$

と書くことにする．すなわち，$C = mc$ とおく．この C は**熱容量**と呼ばれ，物体の温度を 1 K 上昇させるために必要な熱量を表す．単位は J/K である．

2. 2. 4　固体の比熱測定

ここでは，混合法による固体の比熱測定を考えてみる．これまで学んできたように，比熱を測定するには，質量，温度および熱量を測定しなければならない．質量や温度は容易に測定できるが，熱量を直接測定することはできない．そこで，比熱のわかっている水を使って，調べたい試料(固体)の熱量を測定する．この方法を**混合法**と呼ぶ．

例えば，高温に熱した試料(固体)を室温程度の水の中に入れると，試料の温度は t_2 [°C] から t [°C] まで下がり，同時に水の温度が t_1 [°C] から t [°C] まで上昇したとする．このとき，熱が他に逃げなかったとすれば，試料が放出した熱量と水が吸収した熱量とは等しく，熱の移動が終わったところで最終的な温度になり，試料と水の温度は一致する．

次に,具体的に固体の比熱を求めてみよう.試料の質量をm[g],試料の比熱をc[J/(g·K)],熱量計の銅製容器とかきまぜ棒の金属部分(銅製)の質量の和をM_1[g],容器の中の水の質量をM[g]とする.また,金属部分の熱容量の和をM_0[J/K]とする.ただし,表2.1の銅の比熱を用いると,$M_0=0.386M_1$である.また水の比熱は4.2[J/(g·K)]とする.

さて,試料の温度はt_2[°C]からt[°C]まで下がったので,試料が放出した熱量は,水と金属部分が受け取った熱量と等しくなり,

$$mc(t_2-t)=(4.2M+M_0)(t-t_1) \tag{2.7}$$

となる.したがって,比熱cは

$$c=\frac{(4.2M+M_0)(t-t_1)}{m(t_2-t)} \tag{2.8}$$

と求まる.

例題8　銅製の容器とかき混ぜ棒(銅製)の質量の合計が252 gの熱量計Aがある.質量50 gのアルミニウム球を100 °Cに熱して,20 °Cの水180 gが入っている熱量計Aに入れたところ,水の温度が24 °Cになった.アルミニウムの比熱[J/(g·K)]はいくらか.ただし,銅の比熱を0.386 J/(g·K),水の比熱を4.2 J/(g·K)とする.

解　式(2.7)を利用する.

アルミニウムの比熱をc[J/(g·K)]とすると,アルミニウム球が放出する熱量は

$$mc(t_2-t)=50\times c\times(100-24)=3800\,c\cdots①$$

熱量計の金属(銅製)部分の熱容量は

$$M_0=0.386\,M_1=0.386\times 252=97.3$$

水と銅製の金属部分が受け取った熱量は

$$(4.2\,M+M_0)(t-t_0)=(4.2\times 180+97.3)(24-20)=3400\cdots②$$

①=②から,$c=\frac{3400}{3800}=0.89$

答　0.89 J/(g·K)

コラム：固体の比熱測定の具体的な実験方法

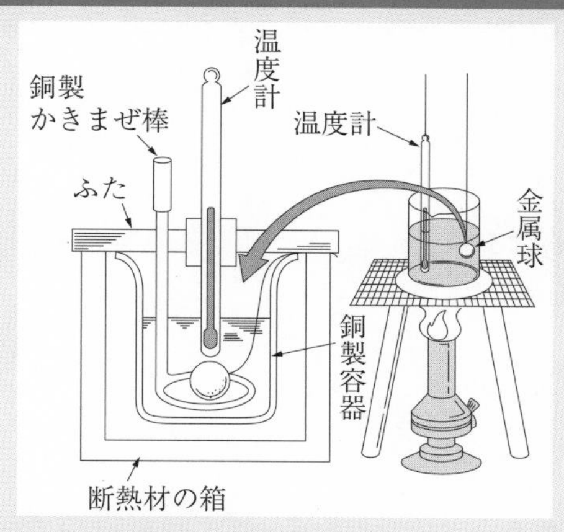

(1) 試料の質量 m [g]，熱量計の銅製容器とかきまぜ棒の金属部分(銅製)の質量の和 M_1 [g]，容器の中の水の質量 M [g]を測ります．

(2) 別途，ポットの中に沸騰した水を準備します．その水の中に試料を入れて放置します．そしてその水の温度 t_2 [°C]を測ります．

(3) 熱量計の中の水の温度 t_1 [°C]を測ります．

(4) 試料をポットから熱量計の水中に入れてかきまぜ，最高温度に達したときの水温 t [°C]を測ります．

(5) 熱量計とかきまぜ棒の質量の和 M_1 [g]に，その材質である銅の比熱 0.386 [J/(g·K)]を掛けて熱容量を求め，これを M_0 [J/K]とします．

注意として，実験を正確に行おうとする際には，測定しようとする試料のもつ熱量は，水だけでなく，水を入れる容器やかきまぜ棒の温度も上昇させることになるので，その点を補正する必要があります．

2. 2. 5　固体の熱膨張

(1)　線膨張率

固体の細い棒は温度に比例して膨張する．物質の温度を 1 °C 上昇させたときの長さの増加の割合いを**線膨張率**と定義する．0 °C のときの棒の長さを l_0 [m]，温度が ΔT [°C]上昇したときの棒の長さを l [m]とし，線膨張率を α とすると，α は

$$\frac{l-l_0}{l_0}\times\frac{1}{\Delta T}=\alpha \tag{2.9}$$

と表される．すなわち，

$$l=l_0(1+\alpha\Delta T) \tag{2.10}$$

となることが知られている．

線膨張の原因は，温度が上昇すると，固体中における原子の振動が速くなり，振動の中

心位置(すなわち平衡位置)がずれるために起こると考えられる．例えば鉄の場合，$\alpha = 1.2\times10^{-5}$ [1/°C] なので，100 °C 温度が上がると 1 km の棒は 1 m も伸びてしまう．このため，鉄道のレールなどにとっては大変大きな問題となる．

(2) 体膨張率

3 次元の体積変化の場合は次のようになる．線膨張の場合と同様に考えて，V_0 が V に変わったとすると，

$$\frac{V-V_0}{V_0}\times\frac{1}{\Delta T}=\beta \tag{2.11}$$

すなわち，

$$V=V_0(1+\beta\Delta T) \tag{2.12}$$

となる．ここに β は体膨張率である．近似的に $\beta=3\alpha$ となる．また，平板の固体を考えた場合は，2 次元の熱膨張率 γ はやはり近似的に $\gamma=2\alpha$ となる．

例題 9　0 °C のとき 100 m の鉄の棒は，40 °C になると何 m 伸びるか．ただし，鉄の線膨張率を 1.2×10^{-5} [1/°C] とする．

解　式(2.10)から，鉄の棒の伸びの長さは

$$l-l_0=l_0(1+\alpha\Delta T)-l_0=l_0\alpha\Delta T=100\times1.2\times10^{-5}\times(40-0)=0.048\ \mathrm{m}$$

答　0.048 m(あるいは 4.8 cm)

例題 10　温度 0°C のとき，一辺の長さ ℓ_0 の立方体の物体がある．この物体をつくる物質の線膨張率を α，体膨張率を β とする．いま，温度が t [°C] に上昇したとき，この物体は一辺の長さが $l_0(1+\alpha t)$ の立方体に膨張した．α は微小量(10^{-5} の桁の数値)であることを考慮して，$\beta=3\alpha$ であることを証明せよ．

解　式(2.12)において，$\Delta T=t-0=t$ であるので，$V=V_0(1+\beta t)$…①

また，$V_0=l_0^3$，$V=(l_0(1+\alpha t))^3$ であるので，①に代入すると，

$l_0^3(1+\beta t)=l_0^3(1+\alpha t)^3$，これを整理すると，

$\beta=3\alpha+3\alpha^2t+\alpha^3t^2$

ここで，α が 10^{-5} の桁の微小量であることを考慮すると，右辺の第 2 項および第 3 項は十分小さく無視できる．よって，$\beta=3\alpha$ となる．

---

2. 2. 6　熱の伝わり方

高温の物体と低温の物体とが接触している場合，温度が高いほうから低いほうに直接熱が伝わる現象を伝導という．物体の熱は物体内部の分子や原子の運動として考えることが

できるが，高温部分の分子や原子の運動エネルギーが低温部分に移ると考えればよい．

次に，着目している系の中で気体や液体が循環して熱を運ぶ現象を**対流**という．一般に気体や液体は温度が高いほど密度が小さい．いいかえると温度が高いほど軽いという性質がある．この密度の差によって発生する浮力により，気体や液体が循環して熱の移動が発生する．

そして，高温の物体のもつ熱が光(熱線とも呼ぶ．可視光線の赤より波長の長い電磁波，すなわち赤外線のことである)の形になって，離れた場所にある別の物体にまで伝わる現象を**放射**または**輻射**という．一番身近な例は，太陽の熱が地球に届くことである．

2. 3　気体の法則

2. 3. 1　ボイルの法則

気体の温度を一定に保って行う圧力や体積の変化を等温変化という．いま，熱を伝えやすい容器に気体を入れて，ゆっくりと圧縮または膨張させると，気体の温度は常に外部と同じ温度に保たれるので，この場合は等温変化となる．

さて，等温変化により一定量の気体の体積を半分にすると，気体の密度は 2 倍になる．したがって，圧力も 2 倍になる．すなわち等温変化では，気体の体積 V [m^3]と圧力 P [Pa]とは反比例する(図 2.4)：

$$PV = 一定 \tag{2.13}$$

これをボイルの法則という．

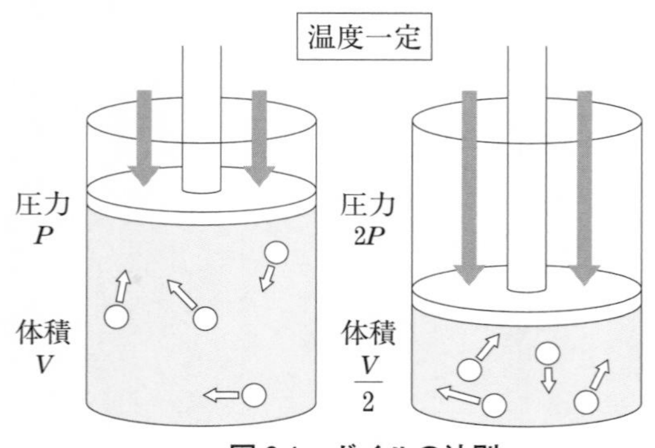

図 2.4　ボイルの法則

2. 3. 2　シャルルの法則

気体の圧力を一定に保って行う温度や体積の変化を定圧変化という．いま，なめらかに動くピストンをもつ容器に気体を入れて加熱すると，気体は膨張するが，ピストンがなめらかに動くので，気体の圧力は常に大気圧と等しく，定圧変化となる．

定圧変化により，一定量の気体を圧縮または膨張させると，気体の体積 V [m^3]は絶対温度 T [K]に比例する(図 2.5)：

$$\frac{V}{T} = 一定 \tag{2.14}$$

これをシャルルの法則という．

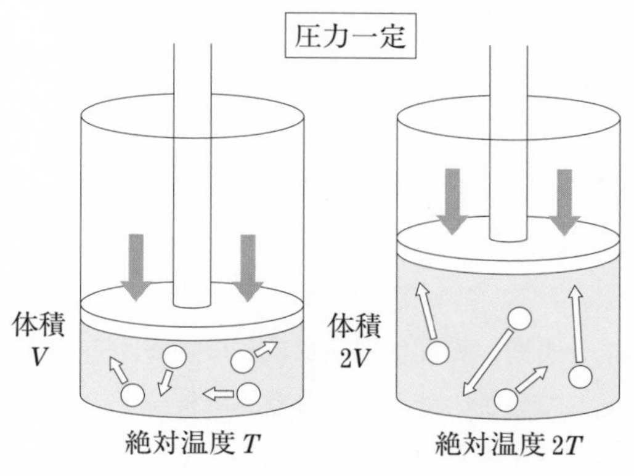

図 2.5　シャルルの法則

2. 3. 3　ボイル・シャルルの法則

ボイルの法則から，気体の体積 V [m³] と圧力 P [Pa] とは反比例する．また，シャルルの法則から，気体の体積 V [m³] は絶対温度 T [K] に比例する．これらをまとめると，一定量の気体の体積 V [m³] は，絶対温度 T [K] に比例し，圧力 P [Pa] に反比例することになる：

$$\frac{PV}{T} = \text{一定} \tag{2.15}$$

これをボイル・シャルルの法則という．

2. 3. 4　気体の状態方程式

(1)　物質量「モル」

アボガドロ（イタリア，1776〜1856）は，「等温等圧のもとでは，同じ体積のすべての気体は同数の粒子を含む」ということを見出した．つまり温度と圧力が一定ならば，体積 V [m³] は物質量 n [mol，モル] に比例する：

$$V = \text{比例定数} \times n \tag{2.16}$$

この比例定数は気体の種類によらず．22.4 l/mol である．式(2.16)は「0 °C，1 気圧において，1 mol の気体は種類に関係なく体積は 22.4 l（リットル）になる」というアボガドロの法則として知られている．1 mol の気体に含まれる分子数は一定で，6.02×10^{23} 個である．この個数はアボガドロ定数と呼ばれ，単位は 1/mol である．

(2)　気体の状態方程式

ボイル・シャルルの法則 $\frac{PV}{T}$ = 一定 と，V = 比例定数 × n とを考え合わせると，気体の状態方程式を得ることができる：

$$PV = nRT \tag{2.17}$$

ここに R は気体定数である．0 °C，1 atm（気圧）のときは，気体 1 mol の体積が 22.4 l なので，$R = 0.0821(l\cdot\text{atm})/(\text{mol}\cdot\text{K})$ となる．すなわち $= 8.31\ \text{J}/(\text{mol}\cdot\text{K})$ である．

とくにこの式(2.17)を理想気体の状態方程式と呼ぶ．理想と呼ばれる理由は，気体分子を質点として考え，かつ，分子間の相互作用を無視しているからである．気体の密度と圧力が増加したり，または低温で分子の動きが弱まり，隣接分子の影響が無視できない場合は，この方程式を補正しなければならないことが知られている（コラム参照）．

例題 11　理想気体の気体定数 R を 8.31 J/(mol·K) として，次の問に答えよ．

1）温度 300 K の 2.0 mol の理想気体が体積 2.0 m^3 の箱に封入されている．このとき，気体の圧力[N/m^2]はいくらか．

2）2.0 mol の理想気体が体積 3.0 m^3 の箱に封入されている．このとき，気体の圧力は 2.0×10^3 N/m^2 であった．気体の温度[K]はいくらか．

解　1）式(2.17)より，$P = 2.0 \times 8.31 \times 300 \div 2.0 = 2493 \fallingdotseq 2500$　答　2500 N/m^2

2）式(2.17)より，$T = 2.0 \times 10^3 \times 3.0 \div (2.0 \times 8.31) = 361.0 \fallingdotseq 360$　答　360 K

コラム：実在気体の場合の状態方程式（ファン・デル・ワールスの状態方程式）

理想気体の状態方程式 $PV = nRT$ は，気体分子自体の体積を無視し，かつ分子間の相互作用を無視して導かれています．そこで，体積と分子間力に対する補正項をそれぞれ加えて，実在気体の状態方程式を導くことを考えてみましょう．

(1)気体分子の体積に関する補正

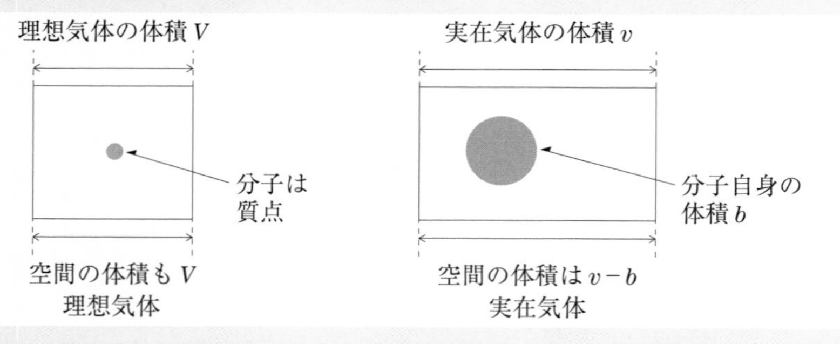

質点では体積はないと仮定しています．しかし実際には気体分子は体積をもつので，気体分子を閉じ込めている容器全体を，気体分子が自由に動き回れるわけではありません．そこで 1 mol の気体分子自身の体積を b とすると，n [mol]では nb となります．こうして，$PV = nRT$ は

$$P(v - nb) = nRT$$

と補正されます．ここで v は実在気体の体積(つまり容器の容積)です．

(2)分子間力に関する補正

分子どうしには引力(引きつける力)または斥力(離れようとする力)がはたらきます．斥力は，通常，分子どうしが相当近づかないとはたらかないので，ここでは引力だけを考えましょう．さて圧力とは，気体分子が容器の壁を押す単位面積当たりの力です．いま，壁に衝突しようとする気体分子に着目すると，これが他の気体分子から引っぱられるので，引力を考えない場合と比べて壁への圧力が弱まっていることがわかります．この圧力の低下は，①壁にぶつかろうとしている気体分子にはたらく分子間力(引力)の大きさと，②気体分子のモル

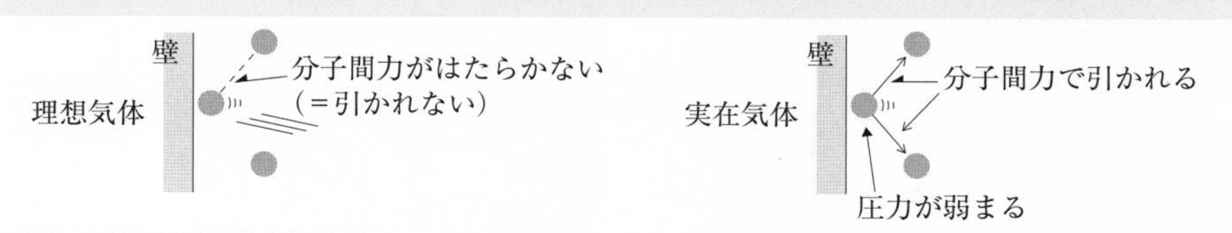

濃度の2乗とに比例します*．

そこで，分子間力に関する比例定数を a として，モル濃度を $\frac{n\,[\mathrm{mol}]}{v\,[l]}$ と表すと，圧力低下は $\frac{n^2}{v^2}a$ の形で表現できることになります．

(3)ファン・デル・ワールスの状態方程式

上で求めた圧力低下分を実在気体の圧力 p に加えましょう．そうすると，

$$\left\{p+\frac{n^2}{v^2}a\right\}(v-nb)=nRT$$

という実在気体の状態方程式(ファン・デル・ワールスの状態方程式)が得られます．この式は，気体分子の分子間力の補正を a に，体積の補正を b に含めています．さらに深く考えるならば，分子間力は実在気体の体積(つまり容器の容積)にも影響をおよぼすし，体積は圧力にも影響をおよぼすことがわかるでしょう．

2. 3. 5　気体の分子運動

気体の状態は温度や圧力，体積などで表される．これらを，気体を構成する分子の力学的運動という微視的(ミクロ)な振る舞いから考える．ここでは，気体分子の大きさは無視できて，分子間力ははたらかない，さらに，分子と壁の衝突は完全弾性衝突する(分子どうしの衝突は無視する)，衝突以外は等速直線運動する，と仮定する．

(1)　1つの分子の衝突によって壁が分子から受ける力積

図2.6のように，1辺の長さが l [m]の立方体の容器に含まれる N 個の理想気体分子を考え，立方体の3辺を x，y，z 軸上におく．

いま，1個の気体分子の速度を $\vec{u}$ [m/s]，その x，y，z 成分をそれぞれ u_x [m/s]，

*気体分子のモル濃度を2倍に増やすと，容器の壁（一定面積）にぶつかる分子の数は2倍になる．一方，1つの分子に引力をおよぼす他の分子の数も2倍になるので，容器の壁（一定面積）への圧力の減少は4(＝2×2)倍になる．こうして，圧力の低下は，気体分子のモル濃度の2乗に比例する．

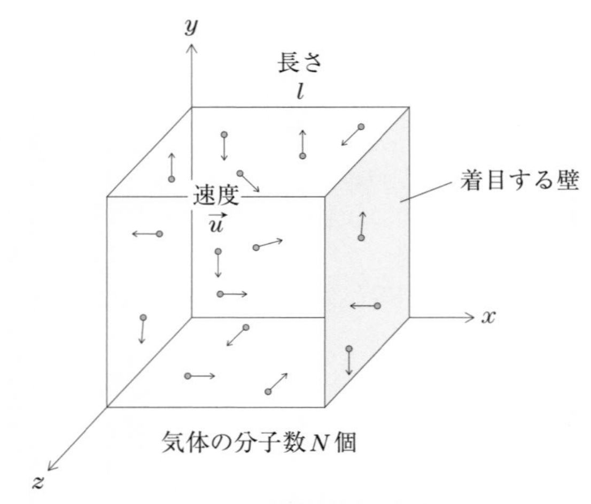

図 2.6　気体の分子運動

u_y [m/s]，u_z [m/s]とし，x 方向の運動だけに着目する．この気体分子の質量を m [kg]とすれば，運動量の x 成分は mu_x [kg·m/s]で与えられる．図 2.7 のように，この気体分子が x 軸に垂直な壁に完全弾性衝突すると，衝突後の速度の x 成分は $-u_x$ [m/s]となるので，衝突後の分子の運動量の x 成分は $-mu_x$ [kg·m/s]となる．したがって，1 回の衝突による x 方向の運動量の変化は，

$$(-mu_x) - (mu_x) = -2mu_x \tag{2.18}$$

となる．この変化は分子が壁から受ける力積と等しい．一方，分子が壁から受ける力と，壁が分子から受ける力は，作用・反作用の関係にある．つまり，力の向きがお互いに逆になるので，壁が分子から受ける力積は式(2.18)の分子が壁から受ける力積と符号が反対になり，$+2mu_x$ [N·s]となる．

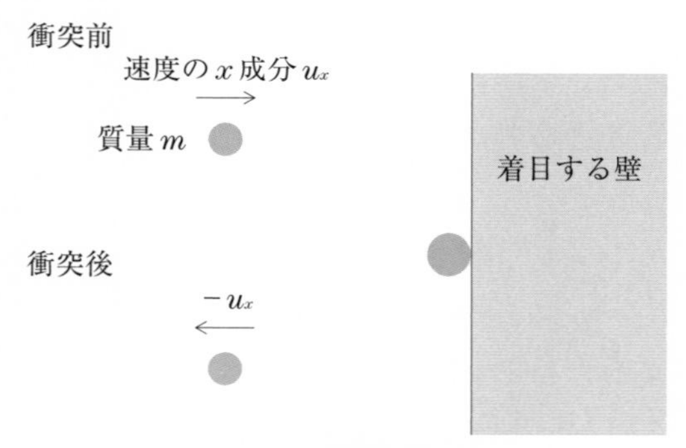

図 2.7　完全弾性衝突

(2)　1 つの分子が同じ壁に単位時間当たりに衝突する回数

1 つの分子が同じ壁にふたたび衝突するまでに運動する x 方向の距離は $2l$ [m]である

ため，分子が1往復するのに必要な時間は $\frac{2l}{u_x}$ [s]である．したがって，単位時間(1 s)あたりに同じ壁に衝突する回数は $\frac{u_x}{2l}$ となる．

(3) 単位時間あたりに壁が受ける力積

壁は1つの気体分子1回の衝突で $2mu_x$ [N·s]の力積を受けるので，単位時間(1 s)あたりにすると，$2mu_x \times \frac{u_x}{2l} = \frac{mu_x^2}{l}$ となる．気体分子1個毎に u_x^2 の値は異なるが，これを N 個の気体分子の u_x^2 に対する平均値 $\overline{u_x^2}$ に置き換えてやる．そうすると，N 個の気体分子により単位時間あたりに壁が受ける力積は $\frac{Nm\overline{u_x^2}}{l}$ [N·s]で与えられる．

(4) 分子運動の等方性

これまでは x 方向だけに着目してきたが，しかし気体分子は3方向に同等に運動すると考えられるので，N 個の気体分子の u_x^2 の平均値 $\overline{u_x^2}$ は，u_y^2 の平均値 $\overline{u_y^2}$ および u_z^2 の平均値 $\overline{u_z^2}$ と等しい．つまり，

$$\overline{u_x^2} = \overline{u_y^2} = \overline{u_z^2} \tag{2.19}$$

と書ける．ここで，u^2 の平均値を $\overline{u^2}$ とすると，

$$\overline{u^2} = \overline{u_x^2} + \overline{u_y^2} + \overline{u_z^2} \tag{2.20}$$

であるので，これら2つの式から，

$$\overline{u_x^2} = \frac{1}{3}\overline{u^2} \tag{2.21}$$

となる．こうして，ある壁が N 個の気体分子から単位時間(1 s)あたりに受ける力積は，$\frac{Nm\overline{u^2}}{3l}$ [N·s]ということがわかる．したがって，その壁が受ける力も $\frac{Nm\overline{u^2}}{3l}$ [N]と表される．

(5) 気体分子運動論による圧力

ある壁が N 個の気体分子から受ける圧力 P [Pa]を考える．圧力とは単位面積あたりの力であるので，壁の面積が l^2 [m^2]であることを考えると，

$$P = \frac{Nm\overline{u^2}}{3l} \div l^2 = \frac{Nm\overline{u^2}}{3l^3} = \frac{Nm\overline{u^2}}{3V} \tag{2.22}$$

と表される．ここで V [m^3]は容器の体積である．

(6) ボルツマン定数を用いたエネルギーの表現

次の理想気体の状態方程式(2.23)に，式(2.22)を代入してみると，

$$PV = nRT \tag{2.23}$$

$$\frac{Nm\overline{u^2}}{3V} \times V = nRT \tag{2.24}$$

$$\frac{1}{3} Nm\overline{u^2} = \frac{N}{N_A} RT \tag{2.25}$$

となる．ただし，物質量 n [mol]は $n = \dfrac{N}{N_A}$ であり，さらに式を変形すると，

$$m\overline{u^2} = 3 \frac{R}{N_A} T \tag{2.26}$$

となる．

また，1 個の気体分子の平均の運動エネルギー E [J]は，

$$E = \frac{1}{2} m\overline{u^2} \tag{2.27}$$

と表されることを考慮して，上の式(2.26)を代入すると，

$$E = \frac{1}{2} m\overline{u^2} = \frac{3}{2} \frac{R}{N_A} T \tag{2.28}$$

が得られる．ここで，気体定数 R [J/(mol·K)]をアボガドロ定数 N_A [1/mol]で割った値を k とおくと，

$$E = \frac{1}{2} m\overline{u^2} = \frac{3}{2} kT \tag{2.29}$$

が得られる．ここで k [J/K]はボルツマン定数と呼ばれる．この式は，気体分子 1 個がもつ平均の運動エネルギーを表している．また，理想気体の運動エネルギーの和は 1 mol あたりでは，

$$N_A \times \frac{1}{2} m\overline{u^2} = N_A \times \frac{3}{2} \frac{R}{N_A} T = \frac{3}{2} RT \tag{2.30}$$

となる．

式(2.29)は，「気体分子が速く動くほど温度が高い」ことを意味し，また，理想気体分子 1 個あたりの運動エネルギーの平均値が，気体の種類によらず，気体の温度に比例することがわかる．また，式(2.28)より，

$$\sqrt{\overline{u^2}} = \sqrt{\frac{3RT}{N_A m}} = \sqrt{\frac{3RT}{M}} \tag{2.31}$$

となる．M [kg/mol]は気体 1 mol あたりの質量であり，$\sqrt{\overline{u^2}}$ [m/s]は気体分子の二乗平均速度と呼ばれ，気体分子の平均の速さを表す目安となる．

2. 4　熱力学

2. 4. 1　内部エネルギー

第1章で，物体には運動エネルギーと位置エネルギーの両方があることを学んだ．物体を構成している分子や原子も，熱運動による運動エネルギーをもつと同時に，分子間や原子間の力による位置エネルギーをもっている．これらをあわせて内部エネルギーと呼ぶ．したがって，ある物体が力学的エネルギーをもっていない場合でも，その物体は内部エネルギーをもっていることに注意しなければならない．気体の場合には，分子間の力による位置エネルギーは無視できるので，内部エネルギーは気体分子の熱運動の運動エネルギーである．先に解説した【2. 3. 5　気体の分子運動】から温度が T [K]で n [mol]の気体の内部エネルギー U [J]は

$$U = \frac{3}{2}nRT \tag{2.32}$$

である．

例題12　単原子分子からなる気体1.0 molの，300 Kにおける内部エネルギー [J] はいくらか．ただし，気体定数を8.31 J/(mol·K)とする．

解　式(2.18)から，$U = \frac{3}{2} \times 1.0 \times 8.31 \times 300 = 3.7 \times 10^3$
答　3.7×10^3 J

---

2. 4. 2　熱力学の第1法則

気体などの物質に外部から熱 Q [J]を与えたり，仕事 W [J]を加えると，分子の熱運動が盛んになり，その内部エネルギーは増加する(図2.8)．その増加分を ΔU [J]とすると，

$$\Delta U = Q + W \tag{2.33}$$

の関係が成り立つ．この関係を熱力学の第1法則という．これは熱現象と力学的現象とが同時に起こる場合のエネルギー保存則を表している*．

*熱力学の符号は，もらえばプラス，あげればマイナスである（図2.9）．つまり外から仕事をされた（外からピストンが押されて体積が収縮した）とか，熱を与えられたときはプラスで，外に仕事をした（気体が膨張してピストンを押した）とか，熱を外に出したときはマイナスになる．熱力学は自己中心的な符号の付け方をするのである．

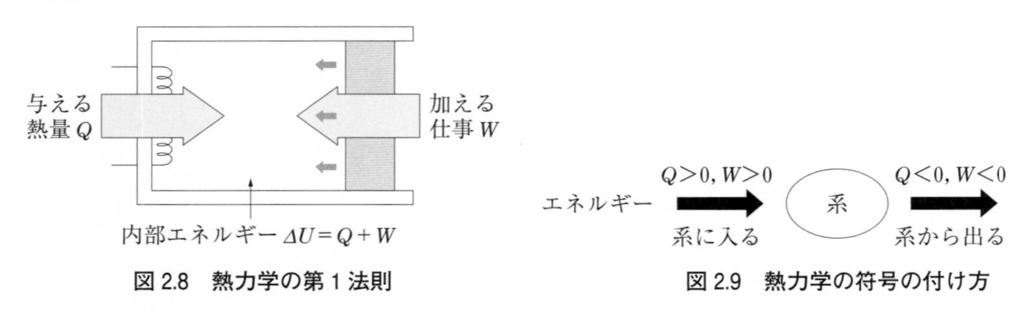

図 2.8　熱力学の第 1 法則

図 2.9　熱力学の符号の付け方

2. 4. 3　気体がする仕事

等温変化と定圧変化については，すでにボイルの法則とシャルルの法則のところで説明した．ここでは断熱変化について説明しよう．熱の出入りが遮断された状態(断熱過程)で起こる圧力や体積の変化を断熱変化という．

熱力学第 1 法則に基づいて次のことを考える．まず，気体を断熱圧縮させる(図 2.10)．圧縮により気体は仕事をされたので $W>0$ となり，$\Delta U=Q+W=0+W>0$ となる．つまり，気体の内部エネルギーは増加し，温度は上がる．自転車のタイヤに空気を入れるとき，そのポンプが大変熱くなっているのは，この断熱圧縮によるものである．

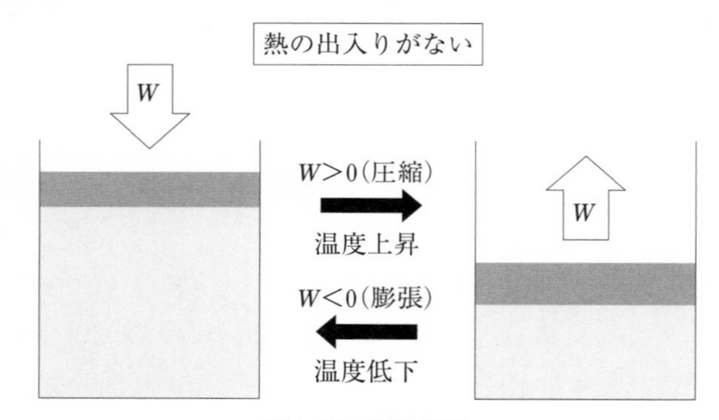

図 2.10　断熱変化

次に，気体を断熱膨張させる．膨張により気体は外に仕事をしたので，$W<0$ となり，$\Delta U=Q+W=0+W<0$ となる．つまり，気体の内部エネルギーは減少し，温度は下がる．

ここで，気体が外部に対してする仕事($W<0$)について述べておく．図 2.11 のように，なめらかに動くことができるピストンが付いた断面積 S [m^2]の円筒容器があり，容器内に気体が封入されているとする．気体の圧力を p [N/m^2，すなわち Pa]とすると，気体がピストンを押す力は pS [N]である．

いま，気体が膨張してピストンを A の位置から B の位置まで Δl [m]押し，体積が ΔV [m^3]だけ増加するとすると，$\Delta V=S(-\Delta l)$ の関係がある．ここで Δl にマイナスを付ける理由は外部に対してする仕事はマイナスにしなければならないからである．膨張により

気体が外部にする仕事 W [J]は

$$W = pS\cdot(-\Delta l) = p\cdot S(-\Delta l) = -p\Delta V < 0 \tag{2.34}$$

と表される．逆に，気体が収縮して体積が ΔV [m^3]だけ減少するときは，気体は外部から $p\Delta V$ [J]の仕事をされたことになる．

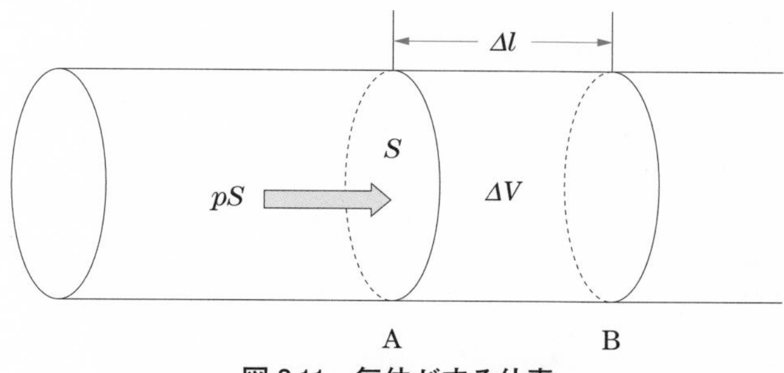

図 2.11　気体がする仕事

例題 13　3.0 mol，550 K の単原子分子の理想気体が体積 2.0 m^3 の断熱性の箱の中に封入されている．体積一定のまま，この気体の温度を 650 K まで加熱した．このとき，気体に加えた熱量 [J] はいくらか．また，気体の内部エネルギー [J] はいくら増加したか．また，気体の圧力 [Pa] はいくら増加したか．ただし，気体定数を 8.31 J/(mol·K)とする．

解　体積が変化しないので，式(2.34)から仕事はゼロ($W=0$)である．さらに，熱力学の第一法則式(2.33)から，$Q=\Delta U$ である．式(2.32)を利用すると，

$$\Delta U = \frac{3}{2}\times 3.0\times 8.31\times(650-550) = 3.7\times 10^3$$

一方，圧力の変化量を ΔP とし，温度の変化量を ΔT すると，気体の状態方程式(2.17)から，

$$\Delta P = \frac{nR}{V}\,\Delta T = \frac{3.0\times 8.31}{2.0}(650-550) = 1.2\times 10^3$$

答　熱量 3.7×10^3 J，内部エネルギーの増加量 3.7×10^3 J，圧力の増加量 1.2×10^3 Pa

例題 14　断熱性の円筒容器に 2.0 mol の単原子分子の理想気体が封入されている．この気体をピストンで圧縮して 300 J の仕事を与えた．気体の内部エネルギー [J] はいくら増加したか．また，気体の温度 [K] はいくら増加したか．ただし，気体定数を 8.31 J/(mol·K)とする．

解　熱を加えない($Q=0$)ので，熱力学の第一法則の式(2.33)から，$\Delta U = W = 300$ J
温度の変化量を ΔT とすると，式(2.32)から，$\Delta U = \frac{3}{2}nR\Delta T$ なので，

$$\Delta T = \frac{2}{3\,nR}\,\Delta U = \frac{2}{3\times 2.0\times 8.31}\times 300 = 12$$

答　300 J，12 K

例題 15　断熱性の円筒容器に 0.20 mol の単原子分子の理想気体が封入されている．この

気体をピストンで圧縮して 200 J の仕事を与え，同時に 100 J の熱エネルギーを与えた．気体の内部エネルギー [J] はいくら増加したか．また，気体の温度 [K] はいくら増加したか．ただし，気体定数を 8.31 J/(mol･K)とする．

解　式(2.33)から

$\Delta U = 200 + 100 = 300$　式(2.18)から，$\Delta U = \frac{3}{2}nR\Delta T$　なので，

$\Delta T = \frac{2}{3nR}\Delta U = \frac{2}{3\times 0.20\times 8.31}\times 300 = 120$

答　300 J，120 K

---

2. 4. 4　気体の比熱

(1)　定積モル比熱

気体 1 mol が体積一定で(すなわち定積状態で)1 K 上昇したときに吸収する熱量を定積モル比熱 C_v [J/(mol･K)]と呼ぶ．いま n [mol]の気体が体積一定のもとで ΔT [K]だけ温度が上昇したとき，気体が吸収する熱量(Q)は

$$Q = nC_v\Delta T \tag{2.35}$$

となる．

熱力学の第 1 法則から，$\Delta U = Q + W = nC_v\Delta T + 0 = nC_v\Delta T$ となり，一方，式(2.32)から $\Delta U = \frac{3}{2}nR\Delta T$ である．この 2 つの式を比べると，定積モル比熱は $C_v = \frac{3}{2}R$ と得られる*．

(2)　定圧モル比熱

気体 1 mol が圧力一定で(すなわち定圧状態で)1 K 上昇したときに吸収する熱量を定圧モル比熱 C_p [J/(mol･K)]と呼ぶ．いま，n [mol]の気体が圧力一定のもとで ΔT [K]だけ温度が上昇したとき，気体が吸収する熱量 Q [J]は

$$Q = nC_p\Delta T \tag{2.36}$$

となる．

ところで，定積過程で熱を与えると熱は内部エネルギーの増加，すなわち温度上昇のみに使われるが，一方，定圧過程では与えられた熱は温度上昇のほかに，気体が膨張するので外部への仕事にも使われる．そのために $C_p > C_v$ となる．

ここで，$W = -P\Delta V = -nR\Delta T$ と $Q = nC_p\Delta T$ を用いて，

---

*ただし，いま論じている定積モル比熱 $C_v = \frac{3}{2}R$ は，単原子分子の理想気体についてだけ成り立つ．すなわち，ヘリウムとかリチウムなどの場合である．これが水素分子や酸素分子のような 2 原子分子になると $\frac{5}{2}R$ になるので注意が必要である．章末問題を参照せよ．

$$\Delta U = Q + W = nC_p\Delta T - nR\Delta T = n(C_p - R)\Delta T = nC_v\Delta T \quad (2.37)$$

を得る(上式の符号に注意)．こうして，マイヤーの関係式

$$C_p - C_v = R \quad (2.38)$$

が得られる．すなわち，定圧モル比熱は $C_p = \frac{5}{2}R$ となることがわかる．このマイヤーの関係式は，定圧モル比熱の場合は外部に仕事をするので，状態方程式 $PV = nRT$ の R だけ定積モル比熱より大きくなる，と考えるとよいであろう*．

コラム：マイヤーの関係式の直感的理解

定圧モル比熱(C_p)の方が定積モル比熱(C_v)よりも大きい理由を直感的に考えてみましょう．いま水が入った鍋を考えます．そこには2種類の鍋があるとしましょう．1つは鍋の上に軽く置かれているだけの蓋でこれをA状態としましょう．もう1つはしっかりと動かないように固定できる蓋で，これをB状態としましょう．

鍋を火にかけてお湯を沸かします．蓋が軽く置かれているAの状態だと，お湯が沸くにつれ蓋が上に動き始めます．つまり，Aの状態は蓋自身の重さと大気の重さで，一定の圧力を鍋の中の水蒸気に掛けていることになります(定圧状態)．一方，Bの方は，お湯が沸いても蓋は上に動くことはありません．つまり鍋の中の水蒸気は一定の体積を保ち続けます(定積状態)．

このように定圧のAの方は，鍋の中の水蒸気は外部に対して「仕事をしてしまう」ので，Bの場合と同じ温度(ΔT)を上昇させるためには，その分だけたくさんの熱量(ΔQ)を必要とするわけです．

2. 4. 5　熱機関と効率

(1)　熱機関と仕事

熱はそのままでは仕事にはならず，仕事に変換するためには熱機関を使う必要がある．熱機関とは，燃料を燃焼させて得た熱を仕事に変換する装置をさす(図2.12)．熱機関では，高熱源から吸収した熱量の一部を仕事に変換し，残りを低熱源に放出する．例えば，ガソリンエンジンでは，ガソリンを燃焼させて高温・高圧の高熱源となる気体をつくる．その燃焼気体がピストンを押してする仕事を外部に取り出したあと，残りの熱を外部の大気中(低熱源)に放出する．

熱機関が高熱源から Q_1 [J]の熱を吸収し，これから仕事 W [J]を取り出したあと，低熱源に Q_2 [J]の熱を放出したとする．エネルギー保存則より，$Q_1 = Q_2 + W$ となり，熱機関で取り出す仕事は $W = Q_1 - Q_2$ であることがわかる．

---

*定圧モル比熱が $C_p = \frac{5}{2}R$ というのは，単原子分子の理想気体の場合にだけ成り立つ．しかし，マイヤーの関係式は，2原子分子や3原子分子についても成立する．章末問題を参照せよ．

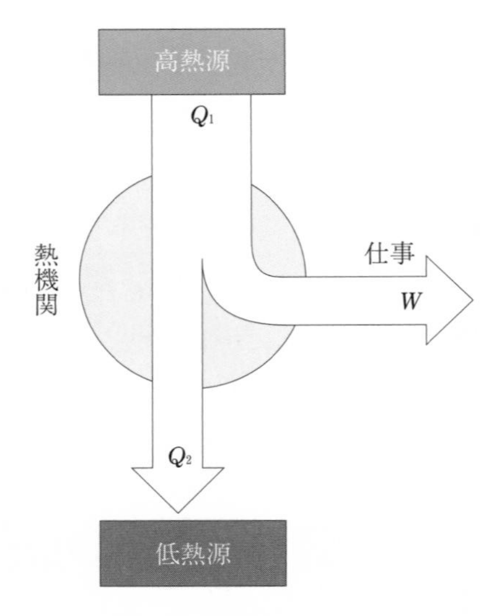

図 2.12　熱機関

(2)　熱機関の効率

熱機関が高熱源から吸収した熱量の何％を仕事に変ることができるかという割合を，熱機関の効率または熱効率という．熱効率 e は

$$e=\frac{W}{Q_1}=\frac{Q_1-Q_2}{Q_1}=1-\frac{Q_2}{Q_1} \tag{2.39}$$

と表される．低熱源の温度が 0 K の場合以外は，$Q_2>0$ となる．よって，$e<1$ となる．熱機関では吸収した熱をすべて仕事に変えることはできない．一般に，仕事をすべて熱に変換することはできるが，逆に，熱エネルギーをすべて仕事に変換することはできない．これは熱効率 100 ％の熱機関は存在しないともいえる．自動車のガソリンエンジンの熱効率は約 30 ％である．

コラム：カルノー・サイクル

等温過程と断熱過程とを組み合わせた熱機関カルノー・サイクルについて説明します．このサイクルは次の4つの過程からなっています．

①気体を高熱源 T_1 に接触させ，Q_1 の熱量を受け取らせて等温膨張させます．このとき熱量 Q_1 を高熱源から奪いますが，熱源は十分大きくその温度は T_1 のままとします．

②気体を熱源から切り離して断熱膨張させます．熱を吸収しないから，内部エネルギーが減少して温度は下がり，低熱源の温度 T_2 に達します．

③気体を低熱源 T_2 に接触させ，等温圧縮させます．このとき熱量 Q_2 を低熱源に与えますが，熱源は十分大きくその温度は T_2 のままとします．

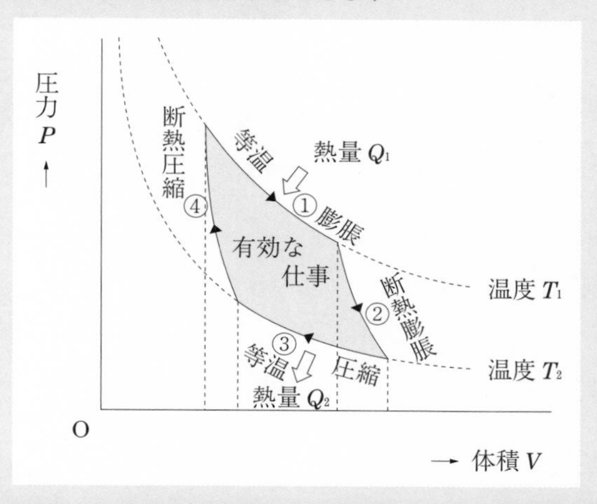

④気体を熱源から切り離して断熱圧縮させます．内部エネルギーが増加し，温度が上昇して T_1 に達し，最初の状態に戻ります．

熱量 Q_1 を熱機関に与え，仕事 W を行わせたときの熱効率は，先に示したとおり，

$$e=\frac{W}{Q_1}=\frac{Q_1-Q_2}{Q_1}$$

となります．

2. 4. 6　熱力学の第2法則

(1)　可逆過程と不可逆過程

エネルギーが変換される過程には，その逆過程が起こる場合と起こらない場合とがある．外界に何の痕跡も残さずに逆過程が存在する過程を可逆過程という．例えば振り子の運動を見てみよう（図2.13）．ただし，摩擦はないものとする．振り子は最高点では運動エネルギーはないが位置エネルギーをもち，最低点ではすべてが運動エネルギーに変化する．そして再び最高点に達すると，位置エネルギーは元に戻っている．

一方，温度の異なる2つの物体を接触させて十分に時間がたつと熱平衡になり2つの物体の温度は同じ温度になる．しかしその後は，これら2つの物体をどれだけ長く接触させ

ておいても，たがいに温度が異なる元の状態には戻らない(図 2.14)．このように逆過程が存在しない過程を不可逆過程という．

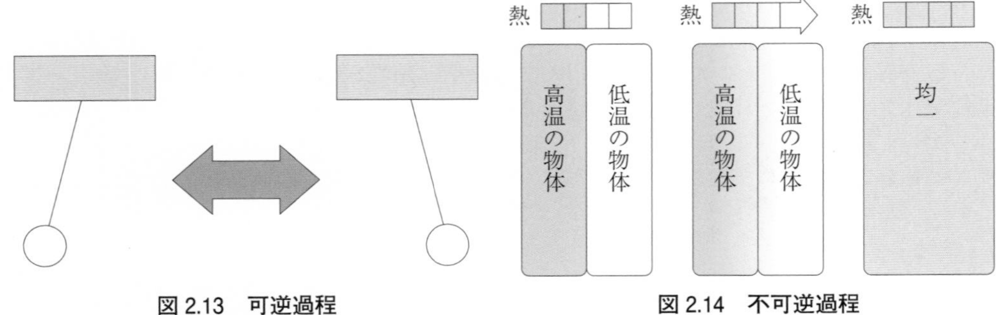

図 2.13　可逆過程

図 2.14　不可逆過程

(2)　熱力学の第 2 法則

熱に関係した現象はすべて不可逆過程である．しかし熱力学の第 1 法則だけでは，熱が高温物質から低温物質へ移動するなど，熱の移動の方向性が決まらない．その方向性を決めるのが熱力学第 2 法則である．「熱はすべて仕事に変換することはできない」というのが，この法則である．先に述べた「熱効率 100 %の熱機関は存在しない」の別の表現になっている．

コラム：熱力学の第 2 法則のいろいろな表現

熱力学の第 2 法則はいくつかの言い表し方があります．しかし，それらはすべて同じ内容であることが知られています．

①クラウジウスの原理：熱が高温物体から低温物体へ移動する現象は不可逆過程である．

②トムソン(プランク，オストヴァルト)の原理：1 つだけの熱源から熱を受け取ってこれをすべて仕事に変えられる熱機関(第 2 種永久機関)は存在しない．

③乱雑さ増大の法則：自然現象は乱雑さが増大する方向へ進む．

最近は，「時間の矢」という概念もこの熱力学第 2 法則で説明されようとしています．つまり，身近に感じるように，時間の流れる向きは一方向に決まっています．われわれは明日を迎えることはできますが，昨日に帰ることはできません．この「時間の矢」を決めているものが何なのか？　いろいろな本が出版されているので，参考にしていただきたいと思います．

余談ですが，②のトムソン William Thomson(イギリス，1824～1907)と，絶対温度で有名なケルビン卿 Lord Kelvin とは同一人物です．

コラム：孤立系，閉じた系，開いた系，それでは生物は？

これまで何となく「系」という言葉を使ってきました．しかし，この系とは反応を考えている容器の中のことだとすれば，外界との関係を明らかにしておく必要があります．ポイントはエネルギーと物質の出入りです．

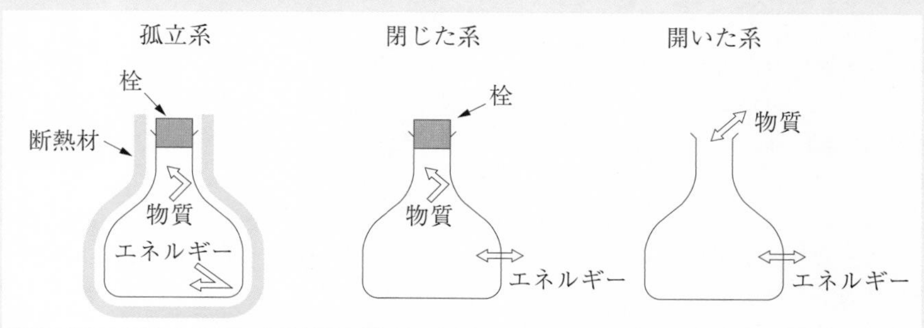

①孤立系：エネルギーも物質も外界と交換できない系を「孤立系」と呼ぶ．
②閉じた系：外界とはエネルギーは交換できるが，物質は交換できない系を「閉じた系」と呼ぶ．
③開いた系：外界とエネルギーも物質も交換できる系を「開いた系」と呼ぶ．

容易に想像されるとおり，孤立系を考えるのがもっとも楽です．逆にいえば，開いた系はもっとも複雑です．「生物は開いた系」であり，したがって，生物を熱力学の視点から眺めることは多くの困難が伴います．ここで改めて断るまでもないことですが，生物も(生命現象も)物理学の法則から逃れることはできません．例えば，生物は成長し，複雑な生体組織として秩序正しい状態をつくっているので，熱力学の第2法則(乱雑さ「エントロピー」増大の法則)に逆らっているように見えるかもしれません．しかし，生物は開いた系であるため，まずは，食物や太陽からエネルギーや物質を取り込んでいます．さらには，生物自身の中で秩序正しい状態をつくった際には，その代償として熱の形でエントロピーを外界に放出し，外界の分子の熱運動を激しくさせて外界の秩序を乱しています．つまり，**生物が秩序正しい状態をつくってエントロピーを減らしているように見えるが，宇宙全体で見るとエントロピーの総量としては確実に増えているわけです．**量子力学をつくったシュレーディンガー(オーストリア，1887〜1961)がその著書『生命とは何か』(岩波新書)で述べているように，生物における「物質代謝の本質は，生物体が生きているときにはどうしてもつくり出さざるをえないエントロピーを全部うまい具合に外へ捨てる」ことにあるわけです．

コラム：エンタルピー，エントロピー，ギブスの自由エネルギー，熱力学の第3法則

少々，化学反応論の領域に入り込むが，ある系の反応が自発的に進むか否かという問題は，われわれがいま学んでいる熱力学で考えることができます．

①エンタルピー

一定圧力下における系の反応熱をエンタルピーの変化量(ΔH)と呼びます．発熱反応ではエンタルピーの変化量は負($\Delta H<0$)であり，吸熱反応では正($\Delta H>0$)です．先に説明したように，熱力学は自己中心的に符号をつけます．外部からもらえればプラスです．

②エントロピー

反応論でのエントロピーは乱雑さの尺度を表すものと考えてよいです．すなわち，秩序正しい状態から無秩序な状態に変化するとき，エントロピーは増大するといいます($\Delta S>0$)．これは熱力学の第2法則です．

③ギブスの自由エネルギー

さて，エンタルピーだけを考えると，熱をもらう(吸熱)よりも，熱をあげる(発熱)方が，反応は進みやすいように見えます．誰も好き好んで，赤の他人が私に熱などくれないからです．一方，エントロピーだけを考えると，秩序正しい状態から無秩序の状態にいく方が，反応は進みやすいように思えます．自分の部屋を考えるとわかりがよいでしょう．放っておけば部屋は散らかる．しかし実際には，これら両方とさらには温度が絡んで，反応の方向性が決まります．そこでギブスの自由エネルギーという概念が必要となります．このギブスの自由エネルギーの変化量(ΔG)は

$$\Delta G = \Delta H - T \cdot \Delta S$$

で与えられます．ここでTは絶対温度です．

$\Delta G<0$であれば，自発的に反応が進む．例えば，発熱して($\Delta H<0$)，乱雑さが増えれば($\Delta S>0$)，$\Delta G<0$となって自発的な反応が起こります．逆に，吸熱して($\Delta H>0$)，乱雑さが減れば($\Delta S<0$)，$\Delta G>0$となって自発的な反応は起こりません．また，$\Delta H<0$で$\Delta S<0$の場合，ならびに$\Delta H>0$で$\Delta S>0$の場合は，ΔGが正になるのか負になるのかは温度に依存することがわかるでしょう．ちなみに，$\Delta G=0$は平衡状態です．

④熱力学の第3法則

熱力学の第2法則においてエントロピーの変化量というものはわかりましたが，エントロピーの基準値はまだわからないわけです．その基準値を決めるのが熱力学の第3法則です．純粋な物質の完全結晶において，絶対零度(0 K)のエントロピーはゼロである(ゼロと決める)．別の表現を用いると，ある温度(0 Kよりも大きい温度)をもった物質を，有限回の操作で絶対零度にすることはできない(ネルンストの定理)．これは，断熱膨張によって内部エネルギーを放出させて温度を下げる方法をとっても，無限に膨張させることはできないので，厳密な意味での絶対零度には到達できないことから理解できるでしょう．

演習問題

[基本問題]

1. 27 °C の気体を加熱したところ，絶対温度での表記は 2 倍にまで上昇した．この気体は何 °C になったか．

2. 20 °C，100 g の水を 35 °C にするのに必要な熱量[J]はいくらか．

3. 2.0 mol，300 K の単原子分子の理想気体が体積 2.0 m^3 の箱の中に封入されている．このときの気体の圧力[N/m^2]と内部エネルギー[J]はそれぞれいくらか．ただし，気体定数 R を 8.31 J/(mol･K)とする．

4. 1.0×10^3 J の熱をもらって 3.0×10^2 J の仕事をする熱機関がある．この熱機関の熱効率は何％か．

5. 次の現象は可逆過程か，不可逆過程か．
   1）コーヒーの中にミルクを入れてかきまぜた．
   2）真空中での振り子の運動．
   3）ヒトが生まれて年老いていった．
   4）高熱源から低熱源に熱が移動した．
   5）摩擦のある面の上を，台車をある初速度で走らせたらやがて静止した．

[応用問題]

6. 質量 100 g のアルミニウム球を 100 °C に熱して，20 °C の水 800 g が入っている熱量計に入れたら，水の温度が 22 °C になった．アルミニウムの比熱[J/(g･K)]はいくらか．ただし，熱量計の熱容量は水 20 g に相当するとする．

7. ある物体は質量が 2.0 kg である．この物体は $\frac{2}{3}$ が銅で，$\frac{1}{3}$ が鉄でできている．この物体の温度を 273 K から 373 K まで上昇させるには何 J の熱が必要か．ただし，銅の比熱は 0.379 J/(g･K)で，鉄の比熱は 0.435 J/(g･K)とする．

8. 水の性質について調べてみよ．表 2.1 の物質の比熱を見てもわかるように，水の比熱は他の物質よりも明らかに大きく，実はこのことがわれわれの生活にも大きく影響を及ぼしている．自分自身で，水の気化熱，融解熱，熱伝導率を調べ，水がどのような性質をもっているのか議論せよ．

9. H_2O の体膨張率は 20 °C で $\beta = 1.5 \times 10^{-4}$/°C である．これは温度を上げると膨張することを意味する．しかしよく知られているように，H_2O は凝固すると（つまり氷になると），液体の H_2O に（つまり水に）浮かぶようになる．すなわち密度が小さくなって膨張している．この現象を体膨張率や密度の観点から説明せよ．

10. この章では熱の伝わり方を学んだ．では，なぜ地球は太陽の光を受けて暖かくなるのか，説明せよ．

11. スキューバダイビングでは，水深 10 m くらいから海面に浮上するときが，もっとも危険であるといわれている．この問題について考えてみよう．
1）水深 10 m では水圧がおよそ 1 気圧（1 atm = 0.1 MPa，M（メガ）は 10^6 の意味）なので大気圧と合わせると，肺には 2 気圧かかることになる．海面（水深 0 m）では大気圧がかかり 1 気圧になる．すなわち，もし水深 10 m から海面まで呼吸を止めて一気に浮上してしまうと，肺は何倍に膨れあがるか．
2）1）と同じ割合で肺が膨れあがるのは，水深 90 m から水深 40 m への浮上だといわれている．水深 90 m の水圧がおよそ 9 気圧（0.9 MPa）だとすると，水深 40 m では大気圧と合わせて肺にかかる圧力は何気圧になるのか．

12. なめらかに動くピストンをもつ容器 A と B を用意して，それらを図のようにつなげる．容器は床に固定しておく．いま，各容器の中には温度 293 K の気体が入っており，容器 A および容器 B の気体の体積はそれぞれ 40 m³ と 30 m³ とする．さて容器 A の温度を一定に保ったまま，容器 B の温度を上昇させたところ，容器 A と容器 B の体積が等しくなった．

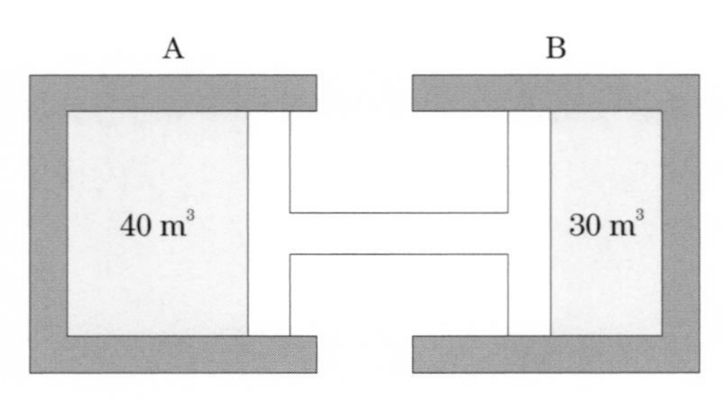

1）容器 B の圧力は最初の何倍になったか.

2）容器 B の気体の温度は何 K になったか.

13. 次の(　)の中をうめよ.

気体の状態変化について考えてみる. 温度が一定に保たれる状態変化を(　1　)という. この変化では温度が等しいため(　2　)は変化しない. このとき熱力学の第 1 法則 $\Delta U = Q + W$ を考えると, この式の(　3　) = 0 なので, (　4　) = 0 ということがすぐにわかる. したがって Q = (　5　)となる. このときには(　6　)の法則が成り立つ. 一方で, 体積が一定に保たれる状態変化を(　7　)という. この変化では気体は外部に対して(　8　)をしない. このとき熱力学の第 1 法則において, (　9　) = 0 なので ΔU = (　10　)である.

14. なめらかに動くピストンをもつ容器に, 273 K, 2.0×10^5 Pa で, 1.0×10^{-2} m^3 の単原子分子の理想気体が入っている. ピストンの断面積は 2.0×10^{-2} m^2 として次の問に答えよ.

1）気体がピストンを押す力[N]はいくらか.

2）気体の圧力を一定に保ったまま, 温度を 300 K にすると, ピストンはどれだけ[m]移動するか.

3）2)のピストンの移動によって, 外界にする仕事[J]はいくらか.

4）2)のときに気体に与えられた熱量を Q [J]とすると, 気体の内部エネルギーの増加 ΔU [J]はいくらか.

15. マイヤーの関係式は 2 原子分子の理想気体でも成立する. いま 2 原子分子の定積モル比熱は $C_v = \frac{5}{2}R$ であるとすると, 定圧モル比熱はいくらになるか.

16. なめらかに動くピストンをもつ容器に, 単原子分子の理想気体を入れて, 加熱または冷却しながらピストンを動かした. 図の A では温度 T_1 として, A →(等温変化)→ B → C → A の順で変化させた.

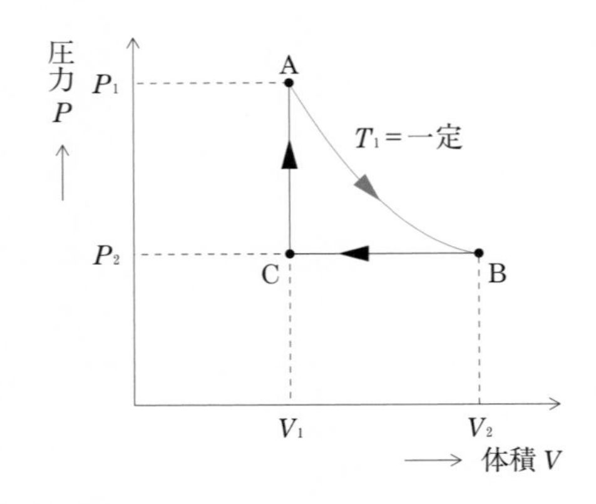

1）気体の物質量[mol]はいくらか.

2）B，C における温度はいくらか.

3）B → C の変化を何というか．また，C → A の変化を何というか.

4）A → B の変化における気体の内部エネルギー変化を求めよ.

5）A → B の変化で気体が外界にする仕事はいくらか．熱力学の第 1 法則を考えて答えよ.

6）A → B → C → A の変化で気体が外界にする仕事はいくらか.

17. 熱機関は熱を高熱源から低熱源に移動させる際に，その一部を仕事として外に取り出す装置，ということができる．それでは「冷房機(エアコンの冷房)」はどのように考えればよいのか，説明せよ.

第３章　波と光

水面を伝わる波

1点を中心に波紋は広がりますが，水は波とともに進まず，上下に振動するだけです．

<学習目標>

□　波の基本となる波長，振動数，速さの関係を理解する．

□　波の重ね合せについて学ぶ．

□　うなり，気柱の共鳴について学ぶ．

□　ドップラー効果について理解する．

□　光の屈折，干渉を理解する．

静かな水面に石を投げ込むと，そこを中心に水面は振動を始め，石が落ちた点を中心とする同心円状の波紋が広がっていきます（図）．このように，振動が次々と周囲に伝わる現象を**波動**あるいは**波**といいます．水のように振動を伝える物質を**媒質**といい，石が落ちた点のように振動の発生場所を**波源**といいます．音や光，地震や津波などは波動現象です．水面に伝わる波が水面上に浮かぶ落葉を動かしたり，地震波が建物を破壊したりするように，波はエネルギーを伝えることができます．

3. 1　波

3. 1. 1　波の発生

水平に張ったひもの中央にリボンをつけ，ひもの一端を上下に連続的に動かすと，図3.1のように連続的な波が生じる．このとき，リボンは上下に振動しているだけで，リボンは左から右へ，あるいは左から右へ移動しない．一方，図3.2のように，ばねとおもりを交互に1列につなぎ，1つのおもりをばねの方向に沿ってゆっくりと振動させると，その動きは左右に次々と伝わって，やがて離れたところにあるおもりにも振動が伝わる．しかし，おもりそのものが移動しているわけではない．つまり，波とは，媒質(振動を伝える物質)そのものは移動せずに，その振動だけが遠方に伝わる現象である．

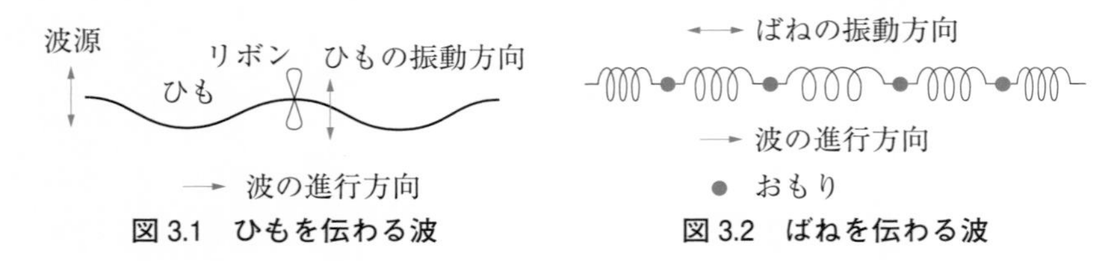

図3.1　ひもを伝わる波　　図3.2　ばねを伝わる波

3. 1. 2　波の種類と表し方

(1)　縦波と横波

図3.3のように，長いひもを水平にして一端を固定し，他端をひもに垂直な方向に振動させると，ひもの端に生じた振動は隣の部分に伝わっていく．このように，媒質(ひも)の振動方向が波の進む方向と垂直になっている波を横波という．横波の代表例としては，水面上の表面波や電波，光，地震波のS波などである．また，図3.4のように，長いつるま

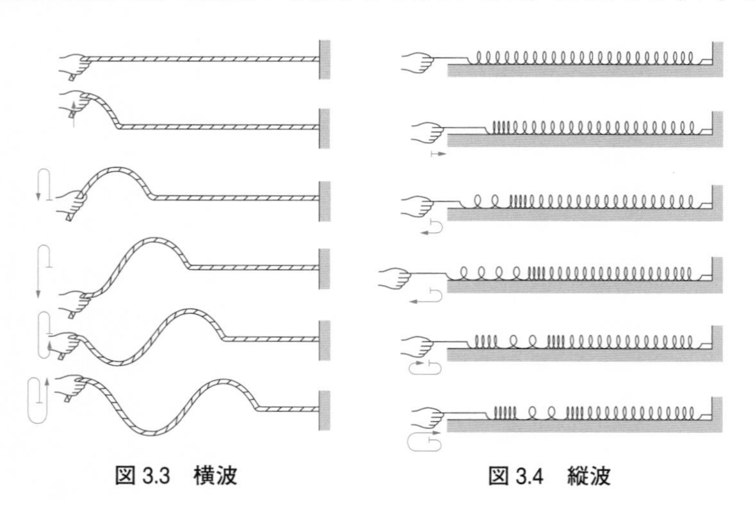

図3.3　横波　　図3.4　縦波

きばねの一端を固定し，他端をばねの方向に往復振動させると，ばねの中を振動が伝わっていく．このように，媒質(ばね)の振動方向と波の進行方向が一致する波を**縦波**という．縦波の代表例は空気中を伝わる音波や地震波のP波である．

(2) 波の表し方

波の振動をグラフで表すには，横軸に媒質の元々の位置，縦軸に媒質の変位(ずれ)を選んで，媒質の各点の変位を連ねた曲線を描けばよい．この曲線を**波の形**あるいは**波形**という．図3.5は水平に張ったひもの一端を上下に連続的に振動させて発生したある時刻の横波を表した図である．波形の一番高いところを**山**といい，低いところを**谷**という．波形が正弦(サイン)曲線で表されるとき，この波を**正弦波**という．媒質の変位の最大値を**振幅**という．

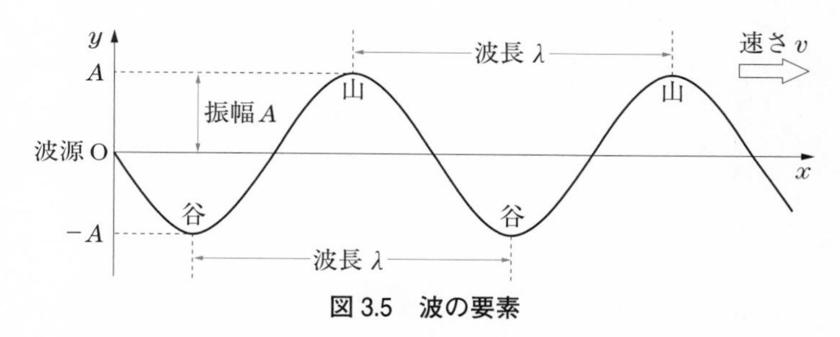

図3.5　波の要素

つぎに，縦波の表し方として，つるまきばねを伝わる縦波を考えてみよう．おもりがばねに等間隔につけられたときのつりあいの位置を表した図3.6(a)において，図3.6(b)のように，ばねに振動を加えると，発生した縦波はx軸の正方向に進む．このとき，おもりの振動をみると，ばねが縮められておもり同士が集まった**密**の部分と，ばねが伸ばされたように**疎**になっている部分とが，交互に繰り返すので，この波を**疎密波**ともいう．図3.6(b)

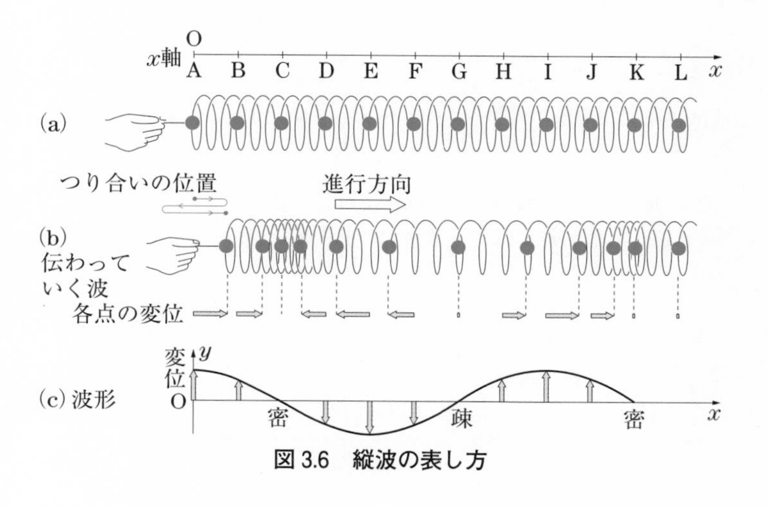

図3.6　縦波の表し方

において，それぞれのおもりの元の位置（図 3.6(a)のつりあいの位置）からの右方向の変位を図 3.6(c)のように y 軸上向きに，左方向の向きの変位を y 軸下向きに置き換えると，正弦波のように表すことができる．つまり，縦波も図 3.5 のように表すことができる．

3. 1. 3　波長・振動数・波の速さ

波源が 1 回の振動で発生させる波の山から次の山（波の谷から次の谷）までの距離を波長といい，λ [m]で表す（図 3.5）．つまり，山と谷 1 組の長さが波長である．波源が 1 回振動するのにかかる時間を周期といい，T [s]で表す．1 秒間に波源が振動する回数を振動数あるいは周波数といい，f [Hz]で表す．振動数の単位は Hz（ヘルツ）であり，1 Hz＝1 /s である．周期と振動数は反比例の関係であるので，次の関係がある．

$$T=\frac{1}{f} \qquad \text{あるいは} \qquad f=\frac{1}{T} \tag{3.1}$$

波源が 1 秒間に f 回振動すると，長さが λ [m]の山と谷の組が f 個発生するので，1 秒間に $f\lambda$ [m]の波が発生する．これは 1 秒間に山あるいは谷が進む距離であるので，波の速さである．すなわち，波の速さ v [m/s]は

$$v=f\lambda \tag{3.2}$$

である．式(3.1)を使うと，速さ v [m/s]，波長 λ [m]，振動数 f [Hz]，周期 T [s]には次の関係がある．

$$v=f\lambda=\frac{\lambda}{T} \tag{3.3}$$

例題 1　波長が 1.0 m で振動数 10 Hz の波が媒体中を伝わるときの速さ [m/s] はいくらか．また，周期 [s] はいくらか．

解　式(3.2)より，波の速さは $v=10\times1.0=10$ m/s

周期は式(3.1)より，$T=\frac{1}{f}=\frac{1}{10}=0.10$ s　　答　10 m/s および 0.10 s

例題 2　人間の耳には 20〜20,000 Hz の振動数の音が聞こえる．音が空気中を伝わる速さを 340 m/s とすると，人間の耳に聞こえる音の波長 [m] の最小値と最大値を求めよ．

解　式(3.2)より，$\lambda=\frac{v}{f}$である．これから，20 Hz の場合の波長は $\lambda=\frac{340}{20}=17$ m，20,000 Hz の場合の波長は $\lambda=\frac{340}{20000}=0.017$ m．従って，波長の最小値は 0.017 m，最大値は 17 m である．　　答　最小値 0.017 m　　最大値 17 m

---

3. 1. 4　正弦波

(1)　正の向きに進む正弦波

図 3.3 のように，長いひもの左端の振動の中心を原点 O とし，右向きを x 軸の正方向にとり，振動の変位を y 軸とする．ひもの左端を y 軸にそって振幅 A [m]，振動数 f [Hz]，周期 T [s]の単振動をさせると，原点 O での時刻 t [s]における振動の変位 y [m]は

$$y = A\sin(2\pi ft) = A\sin\left(\frac{2\pi}{T}t\right) \tag{3.4}$$

となる．この関数をグラフで表わすと，図 3.7 のようになる(横軸：時刻 t [s]，縦軸：変位 y [m])．

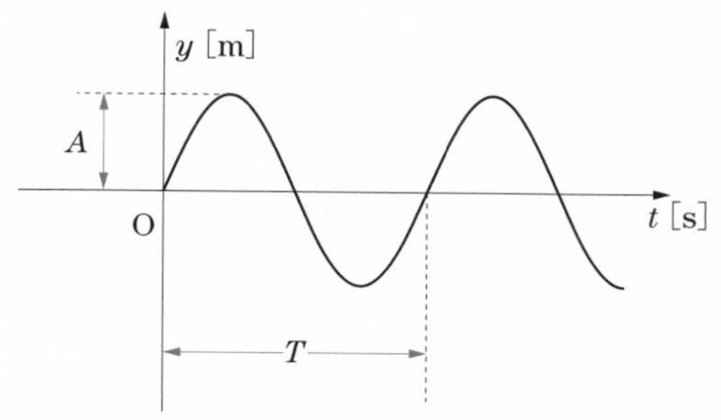

図 3.7　原点 O での時刻 t [s]における振動の変位 y [m]

この原点 O での単振動は図 3.3 のように，式(3.3)の速さ v [m/s]で x 軸の正方向に伝わる．ひもの位置 x [m]には時間 $\frac{x}{v}$ [s]だけ遅れて振動が伝わるので，時刻 t [s]での位置 x [m]における振動の変位は

$$y = A\sin\left[2\pi f\left(t - \frac{x}{v}\right)\right] = A\sin\left[\frac{2\pi}{T}\left(t - \frac{x}{v}\right)\right] = A\sin\left[2\pi\left(\frac{t}{T} - \frac{x}{\lambda}\right)\right] \tag{3.5}$$

となる．これが正弦波を表す式であり，$2\pi\left(\frac{t}{T} - \frac{x}{\lambda}\right)$ の値を，位置 x [m]，時刻 t [s]における波の位相という．図 3.8 の実線は正弦波の式(3.5)において，時刻 $t = 0$ [s]におけるひもの変位を表したグラフ(横軸：位置 x [m]，縦軸：変位 y [m])であり，点線は t [s]後のひもの変位を表したグラフである(横軸：位置 x [m]，縦軸：変位 y [m])．式(3.5)において位置 x [m]の値が λ [m]だけ増加すると，位相は 2π だけ減少するが，正弦(サイ

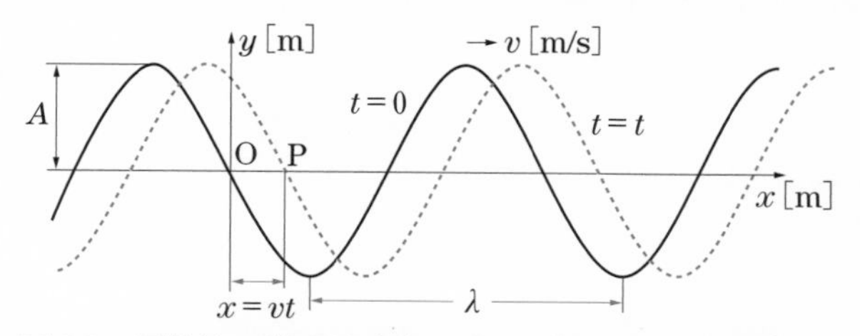

図 3.8　正弦波 x 軸の正方向に速さ v [m/s] で波が伝わる

ン）関数の性質から y の値は変化しないので，ひもの振動状態は変化しない．このように，位相差が 2π の整数倍のとき，位相が一致するという．

例題 3　下の図は x 軸上を正の方向に進行する正弦波を表し，実線の波形は時刻 $t=0$ s における ものである．山 P が山 P′ まで進んで，点線の波形になるまでに，0.15 s の時間を要した．この波の，① 振幅[m]，② 波長[m]，③ 速さ[m/s]，④ 振動数[Hz]，⑤ 周期[s]はいくらか．さらに，⑥時刻 t[s] での位置 x[m] における正弦波の式を表しなさい．ただし，山 P の頂点の座標を $(x,\ y)=(0.20\ \mathrm{m},\ 0.30\ \mathrm{m})$，山 P′ の頂点の座標を $(x,\ y)=(0.50\ \mathrm{m},\ 0.30\ \mathrm{m})$ とする．

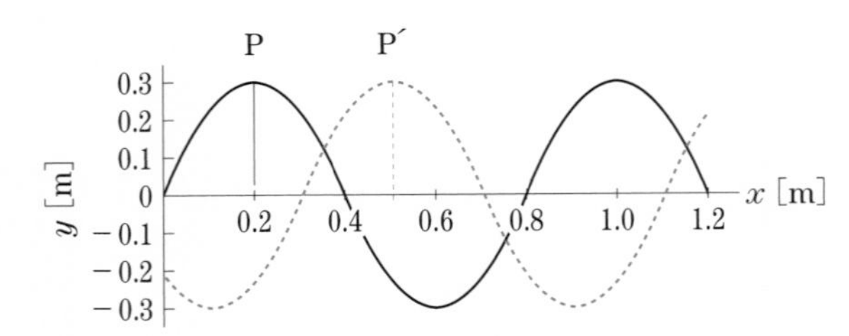

解　① 振幅 = 0.30 m，② 波長 $\lambda=0.80$ m，③ 0.15 秒間で点 P の山が点 P′ に移動したので，速さ $v=2.0$ m/s，④ 振動数 $f=\dfrac{v}{\lambda}=\dfrac{2.0}{0.80}=2.5$ Hz，⑤ 周期 $T=\dfrac{1}{f}=\dfrac{1}{2.5}=0.40$ s，

⑥ $y=-0.30\sin\left[2\pi\left(\dfrac{t}{0.40}-\dfrac{x}{0.80}\right)\right]$ [m]

---

(2)　負の向きに進む正弦波

原点 O の時刻 t [s] における振動の変位 y [m] が式(3.4)に表され，正弦波が速さ v [m/s] で x 軸の負の向きに移動する場合，位置 x [m] の時刻 t [s] における変位は $\dfrac{x}{v}$ [s] 後の原点 O における変位と等しい．つまり，式(3.4)において，t を $t+\dfrac{x}{v}$ で置き換えたものになる．従って，負の向きに進む正弦波の位置 x [m] の時刻 t [s] における変位は

$$y=A\sin\left[\frac{2\pi}{T}\left(t+\frac{x}{v}\right)\right]=A\sin\left[2\pi\left(\frac{t}{T}+\frac{x}{\lambda}\right)\right] \tag{3.6}$$

である．この式は，式(3.5)において，−（マイナス）を +（プラス）に置き換えた式になっている．

3. 2　波の重ね合わせ

3. 2. 1　波の重ね合わせの原理

水面に2つの石を落とすと，2つの波が発生するが，波どうしがぶつかり合っても，互いに通過してしまえば何事もなかったように進んでいく．また，図3.9のような波動実験装置を用いて右端と左端からパルス波を送ると，図3.10のように，2つの波が出会うところで重なり合い，別の波形をつくる．その後，重なり合うところを過ぎると，2つの波はそれぞれ元の波形で進行する．このように波が他の波の影響を受けない性質を波の独立性という．

2つの波ⅠとⅡが重なるときは，図3.9のように，そのどちらの波形でもない別の波形が発生する．このとき実際に現れる波の変位 y [m]は，図3.10のようにそれぞれの波が単独に伝わるときの変位 y_1 [m]と y_2 [m]の和になっている．

$$y = y_1 + y_2 \tag{3.7}$$

これを波の重ね合わせの原理といい，このように重ね合わせでできる波を合成波という．

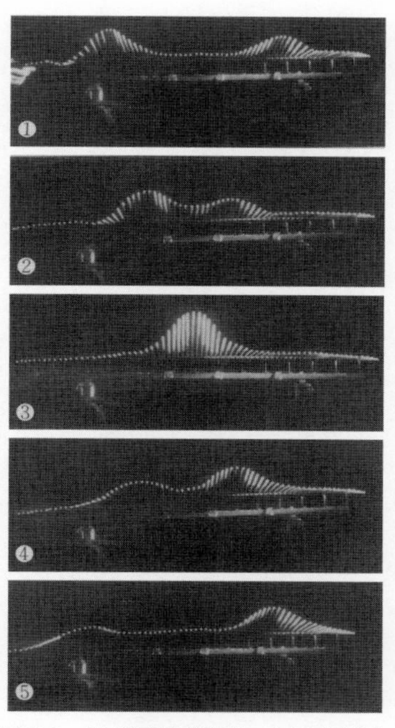

図3.9　波動実験装置により左端と右端よりパルス波を送ったときの波形の時間的変化

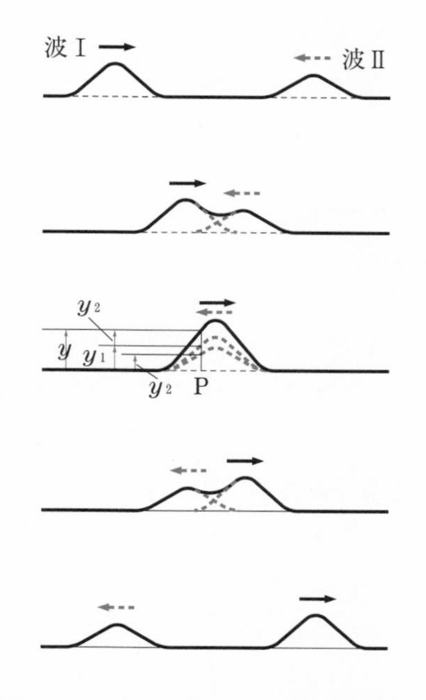

図3.10　パルス波ⅠとⅡの重ね合わせ

例題4　図のように，二等辺三角形の形をした2つのパルス波AとBが速さ1 cm/sでx軸上をお互いに反対方向から進行している．左上の図は時刻$t=0$ sにおける2つの波の状態を表しており，A波の振幅とB波の振幅は同じである．$t=1.0$ s，1.5 sおよび3.0 sの時の波の形を作図しなさい．

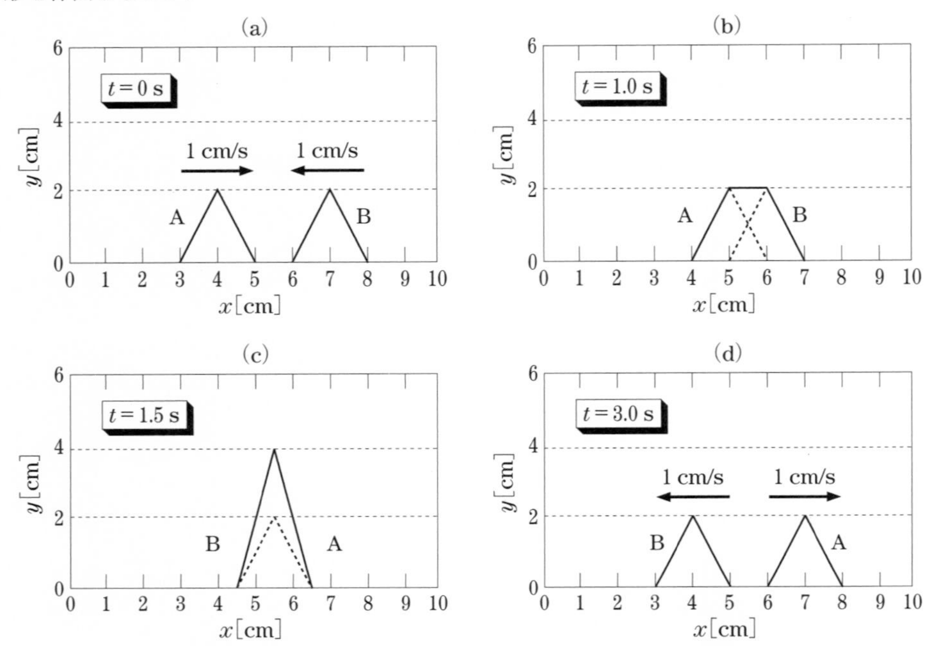

解　$t=1.0$ s，1.5 sおよび3.0 sの時の波の形はそれぞれ，図 (b)，(c)，(d) に実線で描かれている．

3. 2. 2　波の干渉と定常波

(1)　波の干渉

水面上の2点PとQを同時に振動させると，これらの点を波源とする波が図3.11のように広がる．このとき，山と山(谷と谷)が重なりあう場所は振幅が大きくなる．また，山と谷が重なりあう場所は，打ち消しあって動かない．このように，波が重なって振動を強めあったり，弱めあったりする現象を波の干渉という．

波源PとQから水面上の1点までの距離をそれぞれl_1 [m]，l_2 [m]とし，波の波長をλ [m]とすると，図3.11の点Aのように振動が強め合っている場所では，2つの波源からの距離の差が波長の整数倍(半波長の偶数倍)となっている．

$$|l_1 - l_2| = m\lambda \tag{3.8}$$

一方，図3.11の点Bのように振動が打ち消しあっている場所では，両波源からの距離の差が半波長の奇数倍になっている．

$$|l_1 - l_2| = (2m+1)\frac{\lambda}{2} = \left(m + \frac{1}{2}\right)\lambda \tag{3.9}$$

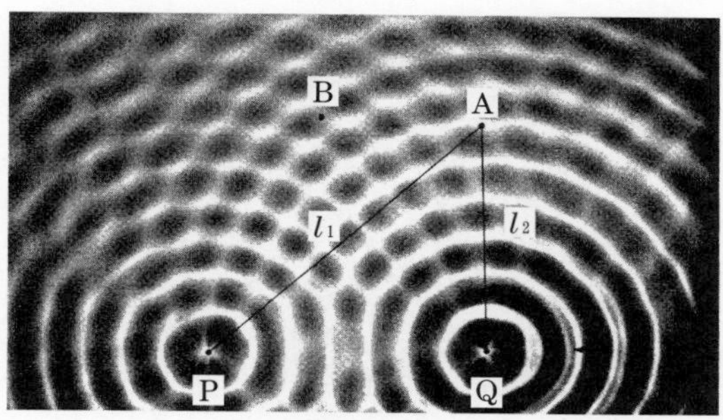

図 3.11　水面上の 2 点 P と Q を同時に振動させた時に生じる水面波の重なり合い

例題 5　水面上で 6.0 cm 離れた 2 点 P と Q から，波長 2.0 cm の等しい波が出ている．図の点 A と B は強めあう点か，弱めあう点か．ただし，図の実線は波の山を表し，点線は波の谷を表す．

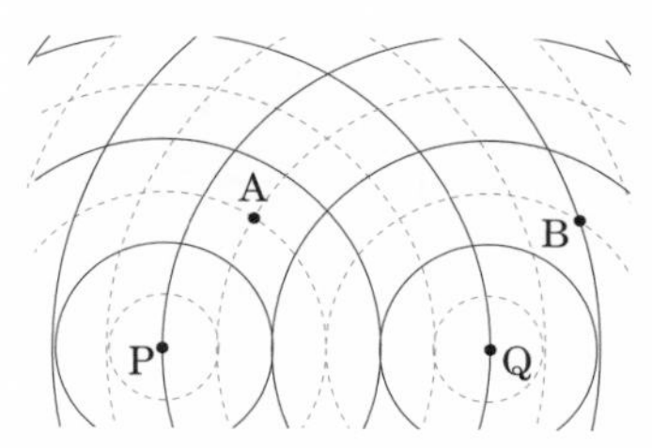

解　点 A は強めあう点であり，点 B は弱めあう点である．

---

(2)　固有振動

物体にはそれぞれ振動しやすい固有の振動数があり，その物体に衝撃を与えて放っておくとその振動数で振動を続ける．これを**固有振動**といい，固有振動しているときの振動数を**固有振動数**という．例えば，石をハンマーで叩くと石によって色々な高さの音を発するが，そのときの音の高さがその石の固有振動数である．また，ピンと張った弦はその長さや張力や材質によって固有振動数が決まる．

(3)　定常波

長いひもの一端を壁に固定し，他端を手にもって水平に張り，手を適当な周期で上下に振動させる．このとき，図 3.12 のように，ひもには大きく振動する場所と，ほとんど振動しない場所が交互に並び，どちらにも進まない波ができる．この波を**定常波**という．この定常波は手でひもを振動させて右に進む波と，右に進んだ波が壁に反射して左側に進む波とが互いに干渉して発生する．図3.12のa，c，e，gのようにまったく振動していない点を節(ふし)という．節を除く点は振動しているが，点b，d，fのように振幅が最も大きい点を腹(はら)という．

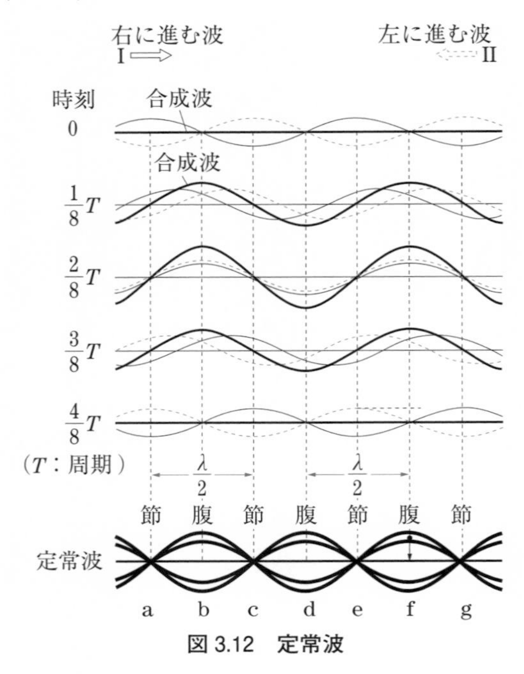

図3.12　定常波

(4)　弦を伝わる横波の速さ

波が媒質を伝わる速さは，媒質の変形をもとにもどそうとする復元力と，状態をそのまま保持しようとする慣性(媒質の密度)で決まる．一般的に，波の速さは復元力が強いほど速く，密度が小さいほど速い．ギターやピアノなどの弦のように，張力S[N]で引っ張られている弦を伝わる横波の速さv[m/s]は，弦の質量の線密度(単位長さあたりの質量)をσ[kg/m]とすると，

$$v=\sqrt{\frac{S}{\sigma}} \tag{3.10}$$

である．

例題6　質量6.00 g，長さ1.20 mの弦に12.5 Nの張力を加える．このとき，弦を伝わる横波の速さ[m/s]はいくらか．

解　線密度は$\sigma=\frac{6.00\times10^{-3}\ \mathrm{kg}}{1.20\ \mathrm{m}}=5.00\times10^{-3}$となるので，式(3.10)より，

$$v=\sqrt{\frac{S}{\sigma}}=\sqrt{\frac{12.5}{5.00\times10^{-3}}}=\sqrt{2500}=50.0$$　　答　50.0 m/s

---

(5) 弦に生じる定常波

ギターの弦のように，両端を固定した弦をはじくと，はじく強さや，はじいた場所によって，図 3.13 のような定常波が発生する．これは，はじいた位置から弦の両端に進む進行波と，固定端で反射した反射波が，それぞれ干渉して生じる．図 3.13(a)は腹が 1 個あり，これを**基本振動**という．また，図 3.13(b)は弦の中央に節があり，2 つの腹をもっているので**2 倍振動**という．さらに，図 3.13(c)は 3 つの腹をもっているので**3 倍振動**という．このように，弦に生じる定常波の振動を弦の**固有振動**という．

弦の長さを L [m]とし，図 3.13(a)，(b)，(c)の波長を λ_1 [m]，λ_2 [m]，λ_3 [m]とすると，一般的に腹が n 個ある定常波の波長[m]は

$$\lambda_n = \frac{2L}{n} \qquad (n = 1,\ 2,\ 3,\ \cdots) \tag{3.11}$$

である．振動数 f [Hz]，波長 λ [m]と速さ v [m/s]との関係の式(3.3)と弦を伝わる波の速さの式(3.10)を使うと，腹が n 個ある定常波の弦の振動数 f_n [Hz]は

$$f_n = \frac{v}{\lambda_n} = \frac{n}{2L}\sqrt{\frac{S}{\sigma}} \qquad (n = 1,\ 2,\ 3, \cdots) \tag{3.12}$$

となる．

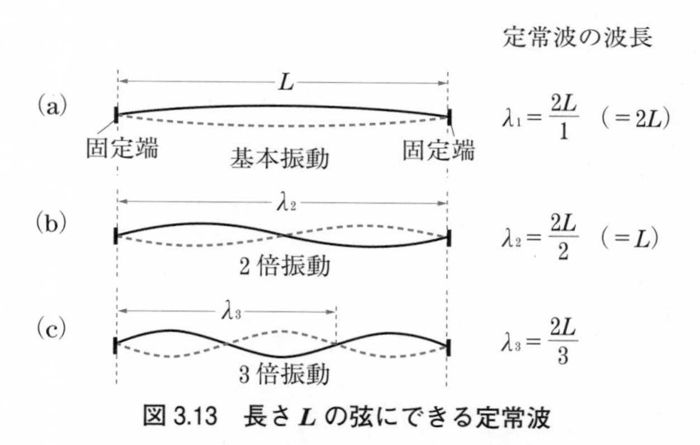

図 3.13　長さ L の弦にできる定常波

例題 7　質量 4.00 g，長さ 80.0 cm の弦に 18.0 N の張力を加えて振動させた．弦に生じる基本振動と 2 倍振動の振動数[Hz]はいくらか．

解　式(3.12)より，基本振動の振動数は $f_1 = \frac{1}{2 \times 0.800} \times \sqrt{\frac{18.0}{4.00 \times 10^{-3} / 0.800}} = 37.5$,

2 倍振動の振動数は $f_2 = 2 \times f_1 = 75.0$ である．　　答　37.5 Hz および 75.0 Hz

---

3. 3 波の伝わり方

3. 3. 1 ホイヘンスの原理

水面上の一点を振動させると，波源を中心に円形の波が広がる．このとき，例えば山の位置を連ねてできた線または面を**波面**という．波面が平面になる波を**平面波**，波面が球面になる波を**球面波**という．

ホイヘンス(オランダ，1629～1695)は，波の進み方について次のような考えで説明した．図 3.14 のように，波面は無数の波源の集まりであり，その各点から波の進む方法に無数の球面波が出る．これを素元波という．この素元波に共通に接する面が，次の瞬間の波面になる．これを**ホイヘンスの原理**という．この原理によって，波の反射，屈折などの現象を説明することができる．

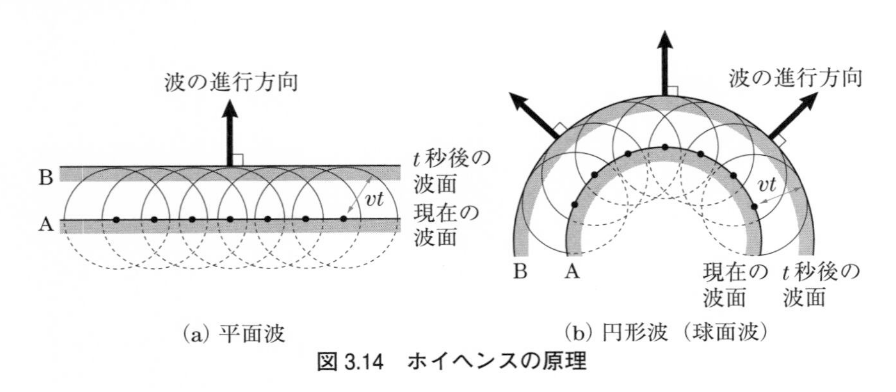

図 3.14　ホイヘンスの原理

3. 3. 2 波の反射・屈折・回折

(1) 波の反射

プールの水面を伝わる波は，プールの壁にぶつかると反射する．この壁(境界面)に入射する波を**入射波**といい，壁に反射して生じる波を**反射波**という．また，境界面に垂直な直線(境界面の法線)と入射波の進行方向のなす角 θ_1 を**入射角**という．また，境界面の法線と反射波の進行方向のなす角 θ_1' を**反射角**という．波の反射では，図 3.15 において次の**反射の法則**が成り立つ．

$$入射角\ \theta_1 = 反射角\ \theta_1' \tag{3.13}$$

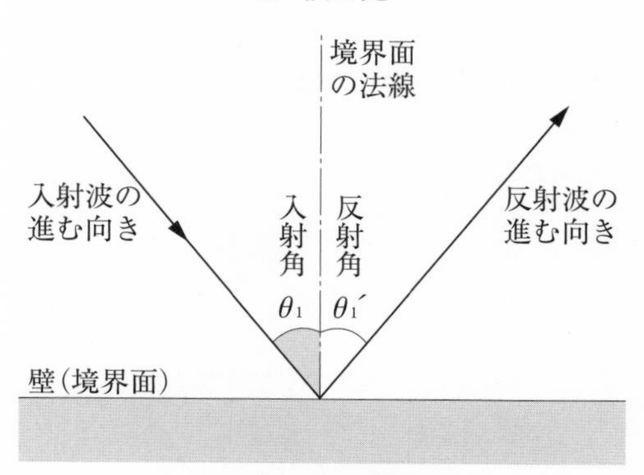

図 3.15 波の反射

(2) 波の屈折

海岸に向かって遠くから斜めに進む波は，岸に近づくと波面は海岸線に平行になってくる．これは，水面を進む波は水深が浅くなるほど遅く進むため，次に説明する屈折の法則により波の進行方向が変化するためである．

図 3.16 のように，波の速さが異なる媒質の境界面に波が斜めに入射すると，一部の波は境界面で反射するが，残りの波は境界面を通過するとき屈折する．屈折した波を屈折波といい，境界面の法線と屈折波の進行方向のなす角度 θ_2 を**屈折角**という．波が媒質 1(波の速さ v_1 [m/s]，波長 λ_1 [m])から媒質 2(波の速さ v_2 [m/s]，波長 λ_2 [m])へ進むとき，入射角 θ_1 と屈折角 θ_2 の間に**屈折の法則**が成り立つ．

$$\frac{\sin\theta_1}{\sin\theta_2}=\frac{v_1}{v_2}=\frac{\lambda_1}{\lambda_2}=n_{12}(=\text{一定}) \tag{3.14}$$

ここで，定数 n_{12} を媒質 1 に対する媒質 2 の**屈折率**(相対屈折率)という．

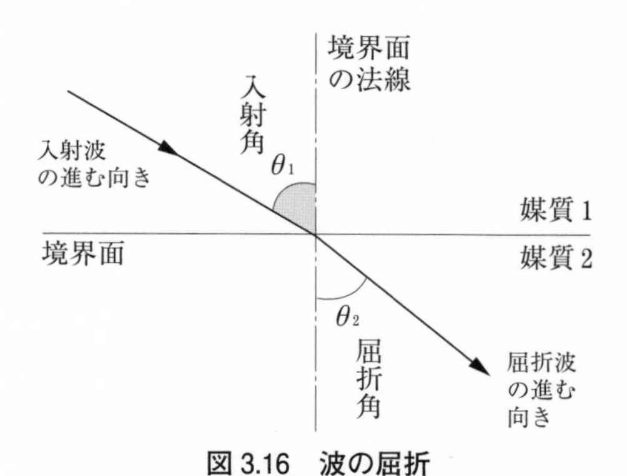

図 3.16 波の屈折

例題8　媒質1と媒質2の境界面に，媒質1から入射角60°で，速さ10.0 m/sの平面波を入射する．媒質1に対する媒質2の屈折率を$\sqrt{3}=1.73$とすると，媒質2を進行する波の速さ[m/s]と屈折角[度]はそれぞれいくらか．

解　式(3.14)より，$\dfrac{\sin 60°}{\sin\theta_2}=\sqrt{3}$，$\sin\theta_2=\dfrac{\sin 60°}{\sqrt{3}}=\dfrac{\sqrt{3}/2}{\sqrt{3}}=\dfrac{1}{2}$，$\theta_2=30°$．同様に，
式(3.14)より，$\dfrac{10.0}{v_2}=\sqrt{3}$，$v_2=\dfrac{10.0}{\sqrt{3}}=\dfrac{10.0\times\sqrt{3}}{3}=\dfrac{17.3}{3}=5.77$．　　答　5.77 m/sおよび30°．

(3)　波の回折

防波堤に向かって進んできた波は，図3.17のように防波堤のすき間を通ってその背後に回り込む．このように，波は波の進行方向にある障害物の背後に回り込む性質をもつ．この現象を回折という．回折は一般的に波長が長いほど著しい．例えば，波長が200～600 mのラジオの電波(中波)は波長が長いので，障害物の影響を受けにくい．しかし，FM放送やテレビの電波(波長は4 m以下)は障害物があると受信しにくい．

波の進行方向

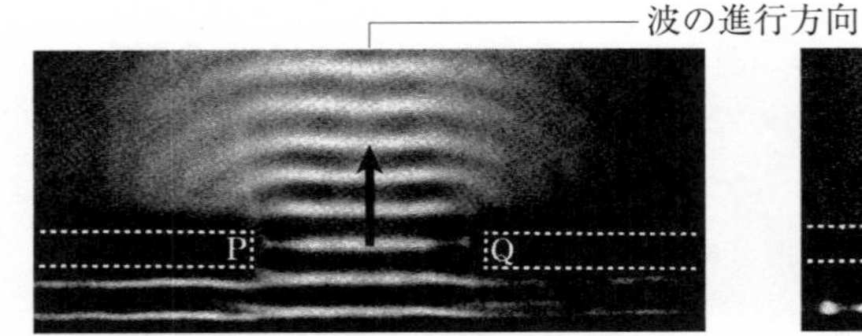

(a)波長に比べてすき間が大きい場合

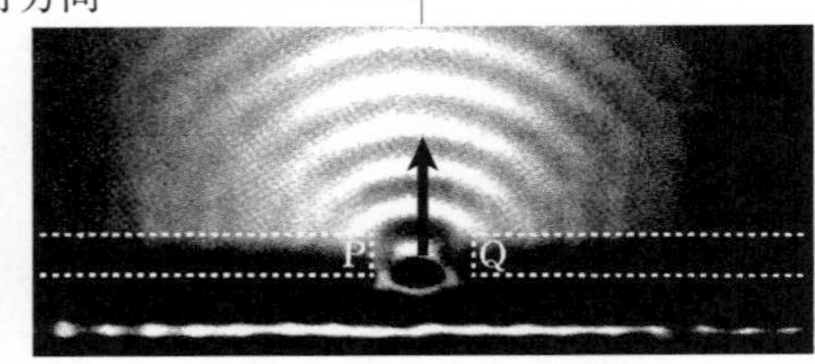

(b)波長と同じくらいのすき間の場合

図3.17　波の回折

PとQは防波堤を表す．防波堤のすき間の幅を変えて実験してみると(a)のように，波長に対してすき間が十分に大きい場合には，ほとんどの波は直進し，回折波は目立たない．しかし，(b)のように，すき間を波長程度にすると，回折波が鮮明に観察できる．このときの回折波は球面波に近くなり，波は障害物の後方に回り込みやすくなる．

3.4 音　波

ピアノの弦や太鼓の皮などの音源が振動すると，まわりの空気が圧縮と膨張を繰り返しながら振動するので，空気中を粗密波(縦波)が伝わる．この波が音波である．

3.4.1 音の三要素と超音波

(1) 音の三要素

音の高さ，音の強さ，音の音色を音の三要素という．振動数の大きな音を高い音，振動数の小さな音を低い音という．人間に聞こえる音(可聴音)の振動数はおよそ 20～20,000 Hz の範囲である．ピアノの鍵盤の中央右よりの A(ラ)の音の振動数は 440 Hz である．1 オクターブ高い音とは振動数が 2 倍の音である．

(2) 超音波

音波の振動数が 20,000 Hz を越えると，人間の耳には聞こえなくなる．このような音波を超音波といい，波長が短くて回折が少ないために，工学や医学の分野などで用いられている．物体の表面から超音波パルスを送り，物体内部の界面や傷などからの反射波を受けて電気信号に変換しモニターで観測すると，物体に損傷を与えないで内部の状態を知ることができる．特に，超音波は X 線などに比べて人体への影響が少ないので，医学の分野では胎児の診断や，身体中の胆石や腫瘍などの発見などに利用されている．

3.4.2 音の速さ

空気中の音の速さは，温度によって異なる．乾燥した空気では，実験によると，0 °C のときの音の速さは 331.5 m/s であり，温度が 1 °C 上昇するごとに 0.6 m/s ずつ速くなる．このため，t [°C]のときの速さ V [m/s]は

$$V = 331.5 + 0.6\,t \tag{3.15}$$

となる．例えば，気温が 14 °C の場合は，音の速さは 340 m/s である．空気中の音の速さは，音の振動数にほとんど影響されない．また，音は，空気中だけではなく，他の気体，液体，固体を媒質として伝わる．例えば，20 °C の海水の中を伝わる音の速さは 1,513 m/s であり，また，鉄の金属の中を伝わる音の速さは 5,950 m/s であり，空気中の速さと比べて速い．

例題 9　振動数 100 Hz の音を出しているスピーカーが温度 25.0 °C の部屋に置かれている．このとき，スピーカーから出ている音の波長[m]はいくらか．また，部屋の空気の温度が 40.0 °C になったとき，スピーカーから出ている音の波長[m]はいくらになるか．

解　温度25.0 °Cの空気中を伝わる音の速さは，式(3.15)より $V=331.5+0.6\times25.0=346.5$，波長 $\lambda=\frac{v}{f}=\frac{346.5}{100}=3.47$ となる．　　答　3.47 m

同様に，40.0 °Cの空気中を伝わる音の速さは，式(3.15)より $V=331.5+0.6\times40.0=355.5$，波長 $\lambda=\frac{v}{f}=\frac{355.5}{100}=3.56$ となる．　　答　3.56 m

3．4．3　うなり

振動数がわずかに異なる2つのおんさ(音叉)を同時にたたくと，ウォーン，ウォーンと音の大小を周期的に繰り返す．この現象をうなりという．うなりは2つの音源から出た音波が重なり合い，その合成された波の振幅が周期的に変化するために起こる．

2つのおんさの振動数を f_1 [Hz]，f_2 [Hz]とする．2つの音波が重なり合うと，合成された音波の振動は図3.18のように周期的に強弱を繰り返す．うなりの周期を T [s]とすると，時間 T [s]の間に2つの音源から出る波の数は，振動数 f_1 [Hz]のおんさの場合は f_1T 個であり，振動数 f_2 [Hz]のおんさの場合は f_2T 個である．この2つの波の数が1つずれると，時間 T [s]の間にうなりが1回起こるので，$|f_1T-f_2T|=1$ となる．1秒間あたりのうなりの回数 f は $f=\frac{1}{T}$ であるので，

$$f=|f_1-f_2| \qquad (3.16)$$

となる．つまり，単位時間あたりのうなりの回数は2つの音の振動数の差に等しい．

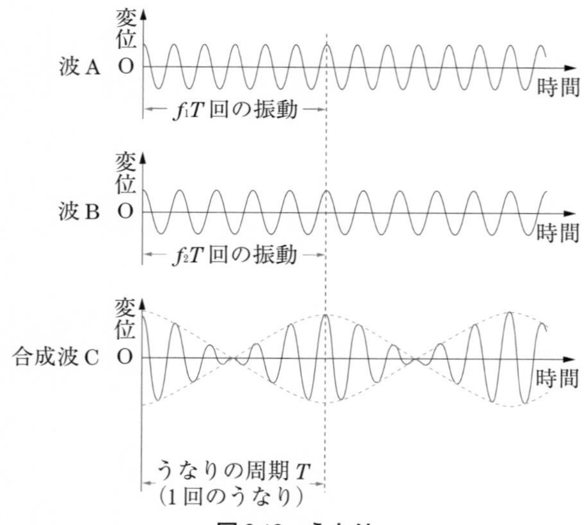

図3.18　うなり

振動数 f_1 の波Aと振動数 f_2 の波Bが合成された波がCである．

例題10　振動数が470 Hzのおんさ A と，振動数のわからないおんさ B を同時に鳴らしたら，毎秒2回のうなりが生じた．また，振動数476 Hzのおんさ C とおんさ B を同時に鳴らしたら，毎秒4回のうなりが生じた．おんさ B の振動数[Hz]を求めよ．

解　おんさ B の振動数を f_B とすると，式(3.16)より，$2=|470-f_B|$，$4=|476-f_B|$，これから，$f_B=472$.　　答　472 Hz

3. 4. 4　気柱の共鳴

図3.19のように，長いガラス管に水を入れて，この管の入口(管口)近くでおんさを鳴らし，空気柱(気柱)の長さを調節すると，ある長さで音が大きく聞こえる．このとき，ガラス管内の気柱には定常波が発生しており，ガラス管内の水面が定常波の節となり，管口付近が腹になっている．この現象を**気柱の共鳴**という．

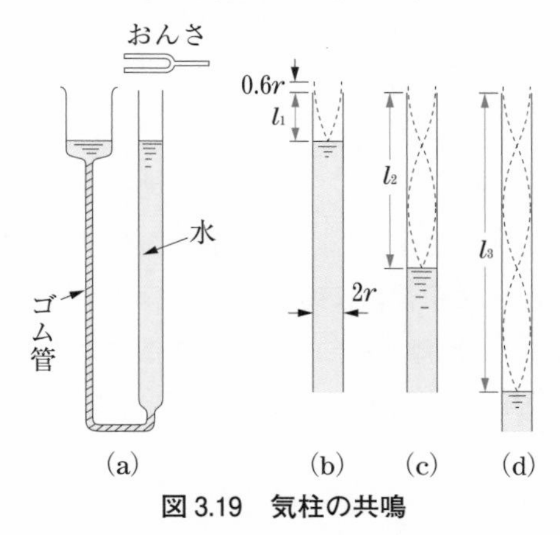

図3.19　気柱の共鳴

おんさの音の波長を λ [m]とし，図3.19において，共鳴状態にある気柱の長さを最も短い方から測って l_1 [m]，l_2 [m]，l_3 [m]，…とすると，$l_1=\frac{1}{4}\lambda$ [m]，$l_2=\frac{3}{4}\lambda$ [m]，$l_3=\frac{5}{4}\lambda$，…となる．実際は，図3.19の(b)，(c)，(d)にあるように管口から少し外側の位置に腹があり，これを開口端の補正という．この補正の長さはガラス管の半径を r [m]とすると，おおよそ $0.6r$ [m]である（図3.19(b)～(d)）．この補正をする必要がないように，例えば，図3.19の(c)と(b)の気柱の長さの差をとって，$\lambda=2(l_2-l_1)$により，波長 λ [m]を測定したほうが正確である．

例題11　長いガラス管の中の水を上下させて気柱の長さを変え，未知のおんさの振動数を測定する実験を行った．おんさを振動させて管の口に近づけ，水面をゆっくり下げていったところ，水面が管口から0.16 mのときに最初に共鳴して音が大きくなり，次に0.50 mのときに音が共鳴した．空気中の音の速さを340 m/sとして，おんさの音の波長[m]と振動数[Hz]はいくらか．

解　おんさの音の波長をλ [m]とすると，$\lambda=2(l_2-l_1)=2(0.50-0.16)=0.68$，振動数は$f=\frac{v}{\lambda}=\frac{340}{0.68}=500$.　　答　0.68 m，500 Hz.

---

3. 4. 5　ドップラー効果

救急車のサイレンや電車に乗って聞く踏切の警報機の音は近づくときは高く，遠ざかるときは低く聞こえる．また，その変化は救急車や電車が速く動くほど大きい．このように，音源や観測者が動くことによって元の振動数(音の高さ)と異なった振動数が観測される現象をドップラー効果という．

(1)　音源が動く場合

観測者が静止していて，音源が動く場合のドップラー効果を考える．この場合，音源から出た音が媒質を伝わる速さ(音速)は変化しない．いま，音速をV [m/s] とし，図 3.20 のように，振動数f [Hz] の音源が直線上を速さv [m/s] で右側に動いており，音源がS_1を通過した後，S_2 → S_3 →……と移動し，1 s の後にS_5の位置にいるとする．この音源がS_1の位置で出た波面は 1 s 後には半径V [m] の球面まで広がる．図 3.20 では，音源の前方では点 B まで，後方では点 A まで広がる．1 波長の波を 1 個と考えると，音源はその間にS_1から距離v [m] だけ離れたS_5の位置に移動しながら 1 s 間にf個の波を出している．音源の前方ではこれらのf個の波が距離$\overline{S_5B}=V-v$ [m] の間に入っているので，音源の前方で観測される音の波長λ' [m] は，音源が静止している場合よりは短くなり，

$$\lambda'=\frac{V-v}{f} \tag{3.17}$$

となる．したがって，音源が観測者に近づくとき，観測者が聞く音の振動数f' [Hz]は

$$f'=\frac{V}{\lambda'}=\frac{V}{V-v}f \tag{3.18}$$

となる．つまり，$f'>f$となり，音源が静止している場合より音が高く聞こえる．

一方，音源が遠ざかるときは，図 3.20 のように音源の後方では 1 s 間に出されるf個の波が距離$\overline{AS_5}=V+v$ [m] の間に入っているので，音源の後方で観測される音の波長λ'' [m] は音源が静止している場合よりは長くなり，

$$\lambda''=\frac{V+v}{f} \tag{3.19}$$

となる．したがって，音源が観測者から遠ざかるとき，観測者が聞く音の振動数f'' [Hz] は

$$f''=\frac{V}{\lambda''}=\frac{V}{V+v}f \tag{3.20}$$

となる．つまり，$f'' < f$ となり，音源が静止している場合より音が低く聞こえる．

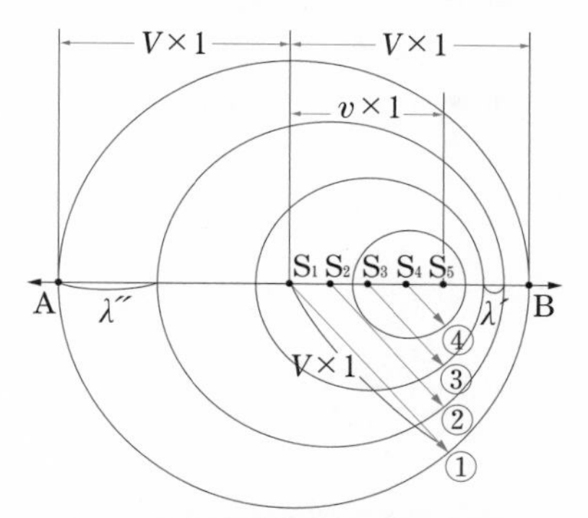

図 3.20 音源の移動と波長の変化

音源が速さ v [m/s] で位置 S_1 から出発し，S_2，S_3，S_4 と移動して，1 s 後に S_5 の位置まできたとき，S_1，S_2，S_3，S_4 から出た波面はそれぞれ①，②，③，④の位置まで進んでいる．なお，S_5 ではまだ波面は出されていない．

(2) 観測者が動く場合

上の(1)のように，音源が動いて観測者が静止している場合は，波長が変化することでドップラー効果が起こる．一方，音源が静止していて，観測者が動く場合は波長の変化はないが，観測者が単位時間あたりに聞く波の数が変化するために，ドップラー効果が起こる．

図 3.21 のように，左側に振動数 f [Hz] の静止した音源があり，音速を V [m/s] とする．この音源から観測者が速さ v [m/s] で遠ざかるとき，観測者が聞く音の振動数を f' [Hz] とする．いま，観測者が音源から遠ざかるとき，時間 t [s] の間に，音波は Vt [m]，観測者は vt [m] 移動する．この間に観測者を通過する波は，距離 $Vt - vt$ [m] の間にあるものだけになる．観測者が移動しても，観測する音波の波長 λ [m] は変化しないので，$\lambda = \dfrac{V}{f}$ [m] であり，時刻 t [s] の間に観測者が観測する波の数は $\dfrac{Vt - vt}{\lambda}$ [個] である．この波の数は動く観測者が t [s] 間に観測する波の個数 $f't$ [個] と等しいので，$f't = \dfrac{Vt - vt}{\lambda}$，したがって

$$f' = \frac{Vt - vt}{\lambda t} = \frac{V - v}{\lambda} = \frac{V - v}{V} f \tag{3.21}$$

となる．つまり，音源から遠ざかっている観測者は静止した観測者より低い音を聞く．

一方，観測者が音源に近づいているときに観測者が聞く音の振動数を f'' [Hz] とすると，この場合は式(3.21)において，観測者の速度の負の向きと考えて，v を $-v$ と置き換えればよく，

$$f'' = \frac{V+v}{V} f \tag{3.22}$$

となる．つまり，音源に近づく観測者は静止した観測者より高い音を聞く．

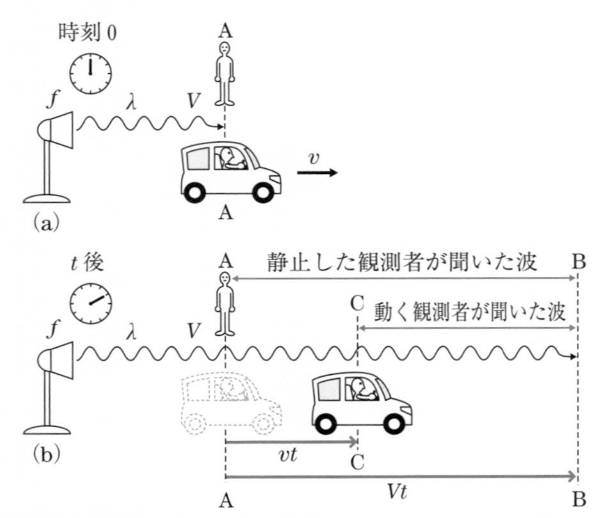

図 3.21　観測者が音源から遠ざかっている場合のドップラー効果

例題 12　500 Hz の音源が静止した観測者に 30 m/s の速さで近づくとき，観測者が聞く音の振動数[Hz] はいくらか．また，観測者から遠ざかるとき，観測者が聞く音の振動数はいくらか．ただし，音速を 340 m/s とする．

解　近づくときの振動数$f' = \frac{V}{V-v} f = \frac{340}{340-30} \times 500 = 548$　　答　548 Hz

遠ざかるときの振動数$f'' = \frac{V}{V+v} f = \frac{340}{340+30} \times 500 = 459$　　答　459 Hz

例題 13　踏切に立つ人が，一定の速度で進行する電車の警笛を聞いたところ，電車が近づくときには振動数 550 Hz の音が聞こえ，遠ざかるときは 450 Hz の音が聞こえた．音速を 340 m/s とすると，警笛の振動数[Hz] と電車の速さ[m/s] はいくらか．

解　警笛の振動数をf [Hz]，電車の速さを v [m/s] とすると，式(3.18) と (3.20) から

$550 = \frac{340}{340-v} f$　… ①，$450 = \frac{340}{340+v} f$　… ②　が導かれる．等式①と②を連立させて解くと，

$f = 495$，$v = 34$．　　答　495 Hz，$v = 34$ m/s.

---

3. 5 光

太陽からくる光や，電灯やテレビなどの人工的な光など，日常生活を営む上で光は欠かせないものである．この光は鏡や水面で反射したり，ガラスや水などの中を通るさいに境界面で屈折するなど，波としての性質をもつ．

いろいろな光のうち，人間の目に感じる光を可視光という．光の色は振動数(波長)により異なる．太陽光はいろいろな波長の光を含んでおり，色合いを感じないので，白色光と呼ばれる．また，1つの波長からなる光を単色光という．光は電波などとともに電磁波の一種であり，水面波や音波などと異なり，媒質のない真空中でも伝わる．

3. 5. 1 光の進み方

(1) 光の速さ

光は1秒間に約30万kmも進むので，日常生活では瞬時に伝わると感じられ，光の速さを測定することは難しかった．初めて光の速さを測定したのはレーマー(デンマーク，1644～1710)であり，木星をまわる衛星の食(木星の背後に衛星が隠れる現象)の観測から，光の速さは有限の値であることを示した．地上での実験で初めて成功したのはフィゾー(フランス，1819～1896)であり，歯車を使った巧妙な実験装置により光の速さを測定した．

その後，いろいろな測定方法が工夫され，非常に高い精度で測定できるようになった．その結果，真空中の光の速さは，光の振動数(波長)や光源の運動，観測者の運動状態に関係なく一定であることがわかり，現在では

$$c = 2.99792458 \times 10^8 \text{ m/s} \tag{3.23}$$

と定められている．また，実験によれば，物質中の光の速さは，真空中の速さより遅い．

一方，時間は原子時計により精密に測定できることから，真空中の光の速さを使って，長さの単位の1mは「光が真空中を1/299792458秒の間に進む距離」と定義されている．

(2) 光の反射と屈折

光は真空中や一様な媒質中では直進するが，1つの媒質から別の媒質に進むときは，反射や屈折の現象を起こす．このとき，光は反射の法則の式(3.13)，屈折の法則の式(3.14)に従う．

図3.22のように，光がある媒質1から別の媒質2へ屈折して進むとき，入射角をθ_1，屈折角をθ_2，それぞれの媒質中の光の速さをc_1 [m/s]，c_2 [m/s]，波長をλ_1 [m]，λ_2 [m]とすると，媒質1に対する媒質2の相対屈折率n_{12}は

$$n_{12} = \frac{\sin\theta_1}{\sin\theta_2} = \frac{c_1}{c_2} = \frac{\lambda_1}{\lambda_2} \tag{3.24}$$

となる．また，反射角を θ_1' とすると，$\theta_1' = \theta_1$ である．

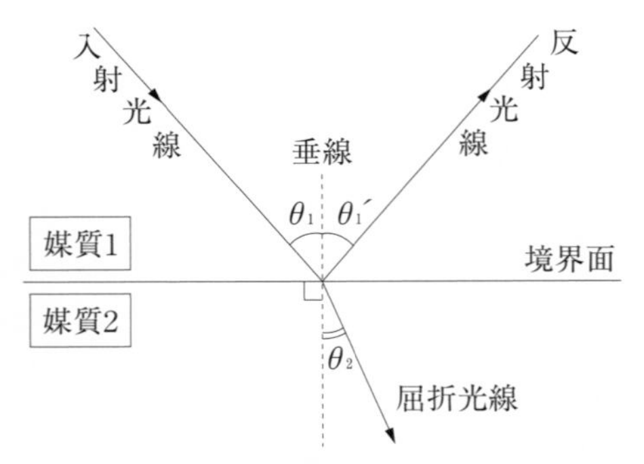

図 3.22　光の反射，屈折

光が真空中から物質に入射するときの屈折率を，その物質の絶対屈折率(単に屈折率)という．真空中の光の速さを c [m/s]，物質中の光の速さを v [m/s]とすると，物質の絶対屈折率(屈折率) n は

$$n = \frac{c}{v} \tag{3.25}$$

となる．真空の屈折率は 1 である．また，物質中での光の速さは真空中の速さより遅いので，物質の屈折率は 1 より大きくなる．表 3.1 にいろいろな物質の屈折率を示す．図 3.22 において，媒質 1，2 の屈折率をそれぞれ n_1，n_2 とすると，式(3.25)から $c_1 = \frac{c}{n_1}$，$c_2 = \frac{c}{n_2}$ となるので，式(3.24)から媒質 1 に対する媒質 2 の相対屈折率 n_{12} は $n_{12} = \frac{n_2}{n_1}$ となる．

表 3.1　物質の屈折率(ナトリウムの黄色い光(波長 5.893×10^{-7}m)に対する値)

気体(0 °C，1 気圧)		液体(20 °C)		固体(20 °C)	
空気	1.000292	水	1.333	ダイヤモンド	2.42
二酸化炭素	1.000450	エタノール	1.362	氷(0 °C)	1.31
ヘリウム	1.000035	パラフィン油	1.48	ガラス	1.5～1.9

例題 14　ある物質に真空中から入射角 60° で光を入射させると，この光は物質中を屈折角 45° で進んだ．この物質の屈折率はいくらか．ただし，$\sqrt{2} = 1.41$，$\sqrt{3} = 1.73$ とする．

解　式(3.24)より，$\frac{\sin 60°}{\sin 45°} = \frac{\sqrt{3}\,/\,2}{\sqrt{2}\,/\,2} = \frac{\sqrt{3}}{\sqrt{2}} = \frac{\sqrt{2} \times \sqrt{3}}{2} = 1.219\cdots \fallingdotseq 1.22$　　答　1.22

例題 15　屈折率 1.5 のガラスに，波長 5.0×10^{-7} m の光が入射したとき，このガラス中での光の速さ[m/s]，振動数[Hz]，波長[m]はいくらか．ただし，真空中の光の速さを 3.0×10^8 m/s とする．

解　式(3.24)より，$\frac{c_1}{c_2}=\frac{3.0\times10^8}{c_2}=1.5$，したがって，$c_2=2.0\times10^8$，同様に式(3.24)より，$\frac{\lambda_1}{\lambda_2}=\frac{5.0\times10^{-7}}{\lambda_2}=1.5$，したがって $\lambda_2=3.3\times10^{-7}$．振動数 $f=\frac{v}{\lambda}=\frac{c_2}{\lambda_2}=\frac{2.0\times10^8}{3.3\times10^{-7}}=6.0\times10^{14}$．

答　光の速さ 2.0×10^8 m/s，振動数 6.0×10^{14} Hz，波長 3.3×10^{-7} m.

3. 5. 2　光の回折と干渉

(1)　スリットによる回折と干渉

光の波長は非常に短いため，音波や水の波と比べて回折や干渉が起こりにくい．しかし，光を 0.1 mm 程度のせまいスリット(すき間)に通すと，回折や干渉が目立つようになる．

図 3.23 のように，光源から出た単色光はスリット S を通って回折する．その後，S から等距離にある 2 つのスリット(二重スリット)S_1，S_2 を通って回折した光は，スクリーン上で強め合ったり，打ち消しあったりして，スクリーン上に明暗の縞ができる．このような実験をヤングの実験という．

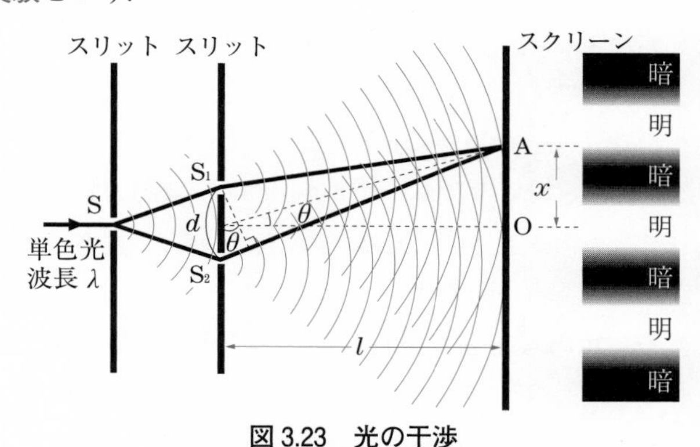

図 3.23　光の干渉

スクリーン上の点 A において明るい線(明線)あるいは暗い線(暗線)が現れる条件は，距離 $\overline{S_1A}$ [m]と距離 $\overline{S_2A}$ [m]の差(光路差という)に関係する．いま，スクリーンの中心 O から点 A までの距離を x [m]，スリットの間隔を d [m]，スリットとスクリーンの距離を l [m](ただし，d は l と比べて非常に小さい)とする．2 つのスリットの中心を P とし，角度 ∠OPA を θ とすると，光路差は，図 3.23 より，

$$|\overline{S_1A}-\overline{S_2A}|\fallingdotseq d\sin\theta\fallingdotseq d\frac{x}{l} \tag{3.26}$$

となる．この場合，θ は非常に小さいので，近似式 $\sin\theta\fallingdotseq\tan\theta=\frac{x}{l}$ を使っている．波の干渉の条件の式(3.8)，(3.9)と光路差の式(3.26)から，明線と暗線の位置は

$$明線の位置：x=\frac{l\lambda}{d}m \qquad (m=0,\ 1,\ 2,\cdots) \tag{3.27}$$

暗線の位置：$x=\frac{l\lambda}{d}\left(m+\frac{1}{2}\right)$　　$(m=0,\ 1,\ 2,\ \cdots)$　　(3.28)

となる．

例題 16　図 3.23 において，$d=3.0\times10^{-4}$ m，$l=1.5$ m としてヤングの実験を行ったとき，スクリーン上の点 O から最初の明線までの距離は 2.0×10^{-3} m であった．用いた単色光の波長を求めよ．

解　点 O からの最初の明線は，式(3.27)において，$m=1$ に対応するので，

$2.0\times10^{-3}=\frac{1.5\times\lambda}{3.0\times10^{-4}}\times1$．これから，$\lambda=4.0\times10^{-7}$．　　答　4.0×10^{-7} m

---

(2)　薄膜の干渉

シャボン玉や水面上の油膜などの薄膜は色づいて見える．これは薄膜の表面で反射した光と，裏面で反射した光が干渉したためである．

屈折率 n の媒質を光が距離 d [m] だけ進む時間は，真空中の光の速さを c [m/s] とすると，$d\div\frac{c}{n}=\frac{nd}{c}$ [s] であるので，同じ時間に，真空中の光は距離 nd [m] だけ進む．この屈折率 n と光が進む距離 d [m] の積 nd [m] を**光路長**(または**光学的距離**)という．薄膜のように，光が 1 つの光源から出て複数の経路に分かれて異なる媒質を通過して，その後に出会うとき，干渉して強め合う条件は，光路長の差(光路差)と真空中の光の波長との関係で決まる．

図 3.24 のように，空気中の点 A から波長 λ [m] の光が厚さ d [m]，屈折率 n の薄い膜に対して垂直に入射する場合，入射した光の一部は膜の表面(点 B)で反射され(光 a)，残りは膜の中に入る．膜の中に進んだ光の一部は膜の裏面(点 C)で反射され，外に出て目に入る(光 b)．このとき，光 a と光 b が干渉して強め合う条件を考えてみる．2 つの光の光路差は $2nd$ [m] であるが，薄膜の表面では反射光の位相が π (半波長分)だけずれる*ので，2 つの光が干渉して強め合う条件は，

$$2nd=m\lambda+\frac{\lambda}{2}=\frac{\lambda}{2}(2m+1),\quad m=0,\ 1,\ 2,\ \cdots \tag{3.29}$$

となる．この式を満たす特定の波長 λ [m] を持つ光のみが強め合って目に入るので，薄膜は色づいて見える．

---

*脚注：屈折率の小さな物質から大きな物質へ向かう境界面での光の反射では，π (半波長分) だけ位相がずれる (固定端反射に相当)．一方，屈折率の大きな物質から小さな物質へ向かう境界面での光の反射では，位相はずれない (自由端反射に相当)．

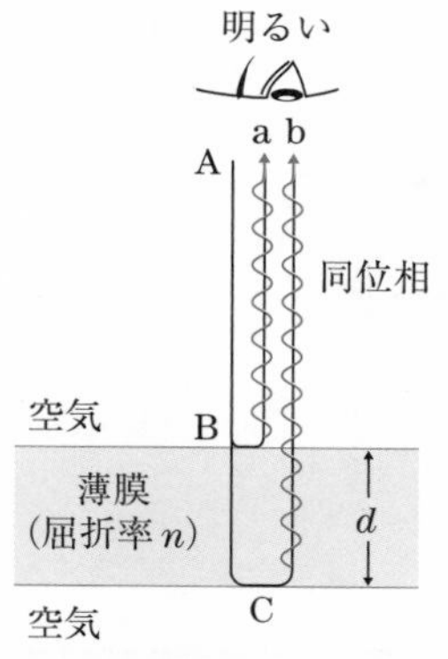

図 3.24 薄膜による干渉

(3) ニュートンリング

図 3.25 のように，平面ガラスと曲面をもつガラスを重ね合わせ，上から波長 λ [m]の単色光を入射させると，図 3.26 のように同心円状の明暗の縞模様ができる．これをニュートンリングという．

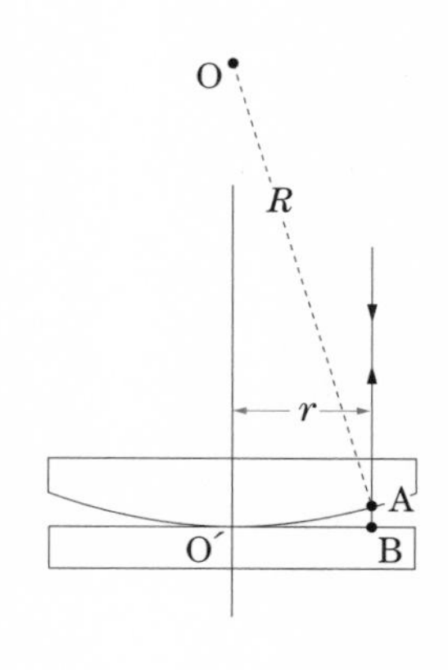

図 3.25 ニュートンリングの原理

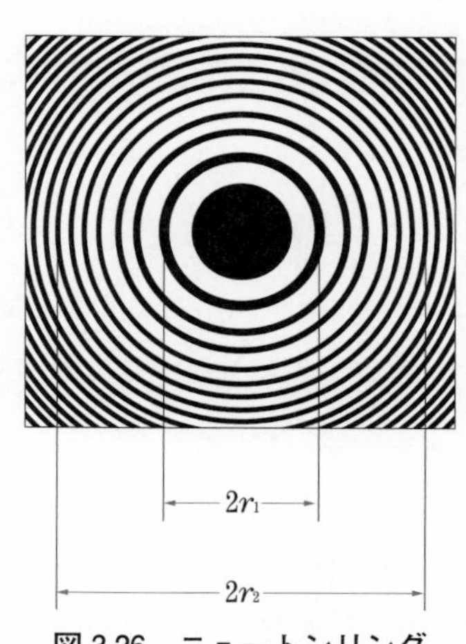

図 3.26 ニュートンリング

これは，図 3.25 の点 A で反射した光と平面ガラスの点 B で反射した光が干渉してできたものである．距離 AB を d [m]とすると，光路差は $2d$ [m]となる．点 B では反射光の位相が π だけずれるので，干渉条件は

明線の位置： $2d=\left(m+\frac{1}{2}\right)\lambda \qquad (m=0,\ 1,\ 2,\cdots)$ (3.30)

暗線の位置： $2d=m\lambda \qquad (m=0,\ 1,\ 2,\cdots)$ (3.31)

である．

曲面ガラスの半径(曲率半径)を R [m]，中心軸から点 A までの距離を r [m] とすれば，$r^2=R^2-(R-d)^2=2Rd-d^2\fallingdotseq 2Rd$ となる．ただし，d^2 は Rd と比べて非常に小さいので無視している．これから，$2d=\dfrac{r^2}{R}$ であるので，式(3.30)と(3.31)から干渉の条件式は，

$$\text{明線の位置：}\frac{r^2}{R}=\left(m+\frac{1}{2}\right)\lambda \qquad (m=0,\ 1,\ 2,\cdots) \tag{3.32}$$

$$\text{暗線の位置：}\frac{r^2}{R}=m\lambda \qquad (m=0,\ 1,\ 2,\cdots) \tag{3.33}$$

となる．ニュートンリングはレンズの曲率半径を調べるために利用されている．

例題 17　図 3.26 のニュートンリングにおいて，内側の暗線の半径は $r_1=0.26$ cm，これより 6 番目の暗線の半径は $r_2=0.36$ cm であった．入射光の波長を 5.9×10^{-5} cm とすると，レンズの曲率半径[cm]はいくらか．

解　式(3.33)において，半径 r_1 に対応する m の値を m_1 とすると，$\dfrac{0.26^2}{R}=m_1\times5.9\times10^{-5}$，
$\dfrac{0.36^2}{R}=(m_1+6)\times5.9\times10^{-5}$ であるので，両辺をそれぞれ引くと，
$\dfrac{0.36^2}{R}-\dfrac{0.26^2}{R}=6\times5.9\times10^{-5}$，よって $R=1.8\times10^2$.　　答　1.8×10^2 cm

---

3. 5. 3　レンズと顕微鏡

(1)　凸レンズと凹レンズ

レンズは光の屈折を利用して光を集めたり発散させたりするはたらきをもち，2 つの球面にはさまれたガラスなどからできている．図 3.27 のように，中心部が周辺部より厚いレンズを凸レンズ，薄いレンズを凹レンズという．また，レンズの 2 つの球面の中心を結ぶ直線を光軸という．

凸レンズは光軸に平行な光線を入射させると，図 3.27(a)のように 1 点(点 F)に集まる．また，凹レンズは光軸に平行な光線を入射させると，図 3.27(b)のように光線は 1 点(点 F′)点から出たように屈折する．このような点を焦点といい，レンズの中心から焦点まで

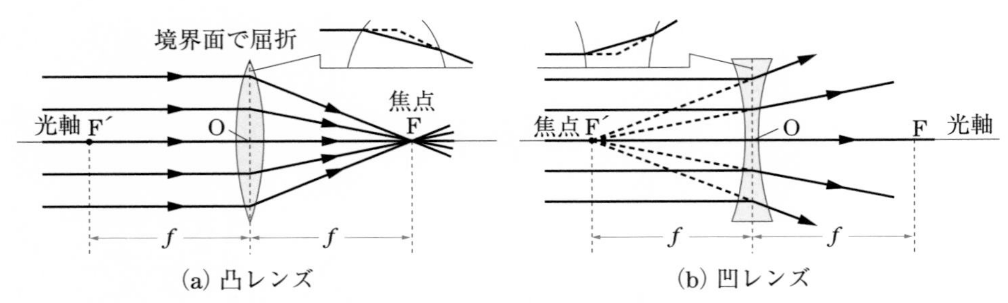

図 3.27　レンズによる光の屈折

の距離 f [m] を焦点距離という．また，レンズの中心 O を通る光線は，その方向によらず直進する．

(2) 凸レンズによる実像

図 3.28 のように，凸レンズの焦点の外側に物体を置くと，後方のスクリーンに物体と相似な像ができる．この像は，実際に物体からの光が集まってできているので，実像という．また，この実像の向きは物体と反対になるので，倒立像という．

凸レンズと物体との距離を a [m]，凸レンズと像までの距離を b [m]，レンズの焦点距離を f [m] とすると，図 3.28 から次のレンズの公式が成立する．

$$\frac{1}{a}+\frac{1}{b}=\frac{1}{f} \tag{3.34}$$

また，物体に対する像の大きさの比を倍率といい，倍率 m は

$$m=\frac{b}{a} \tag{3.35}$$

である．

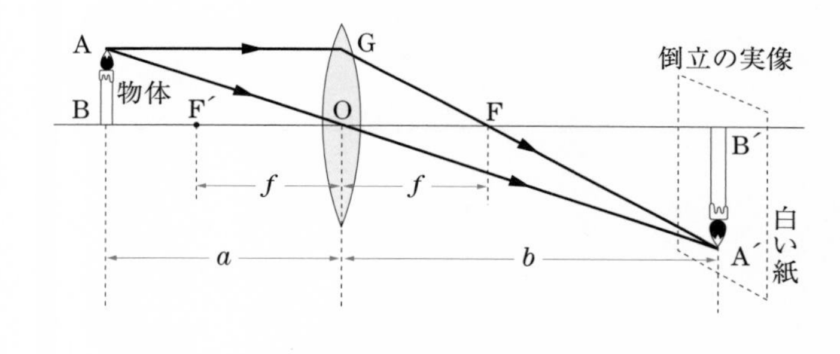

△ABO と△A´B´O は相似であるので

$$\frac{\mathrm{A'B'}}{\mathrm{AB}}=\frac{b}{a}$$

また，△GOF と△A´B´F は相似で AB＝GO であるので

$$\frac{\mathrm{A'B'}}{\mathrm{AB}}=\frac{b-f}{f}$$

となる．この 2 式から

$$\frac{1}{a}+\frac{1}{b}=\frac{1}{f}$$

図 3.28　凸レンズによる実像

例題 18　焦点距離が 15 cm の凸レンズから 60 cm 離れた位置に物体を置いた．この物体の像の種類と像のできる位置を求めよ．

解　式(3.34)から，$\frac{1}{60}+\frac{1}{b}=\frac{1}{15}$，$b=20$ cm.

答　レンズを挟んで物体と反対側 20 cm のところに倒立像ができる．

---

(3) 凸レンズによる虚像(虫めがね)

虫めがねをつかうと物体を拡大して見ることができる．図 3.29 のように凸レンズの焦点の内側に物体 AB をおいて，レンズに対して物体の位置と反対側から見ると，拡大され

た像があたかもA´B´にあるように見える．この像を虚像という．また，この像は倒立していないので，正立像という．図3.29より，a [m]，b [m]およびf [m]の関係は

$$\frac{1}{a}-\frac{1}{b}=\frac{1}{f} \tag{3.36}$$

となり，倍率は式(3.35)と同じ式になる．式(3.36)から，$a<b$が成立するので，倍率は1より大きくなる．

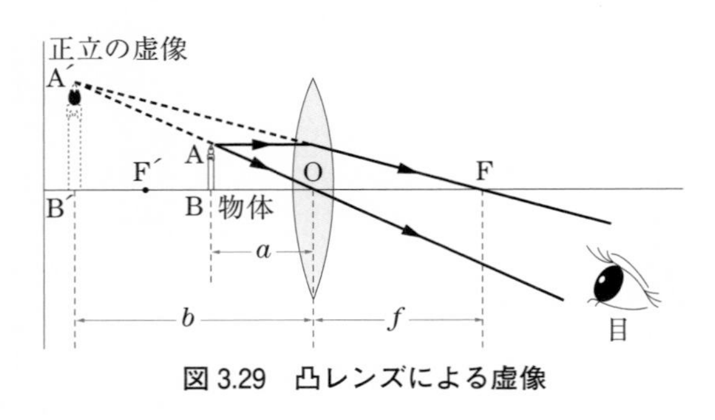

図3.29　凸レンズによる虚像

例題19　焦点距離が6.0 cmの凸レンズから4.0 cmのところに物体ABを置き，凸レンズに目を近づけて見たところ，正立像が見えた．このときの倍率はいくらか．

解　式(3.36)から，$\frac{1}{4.0}-\frac{1}{b}=\frac{1}{6.0}$，$b=12$ cm．式(3.35)から倍率は$m=3.0$　　答　3.0倍．

---

(4)　光学顕微鏡

光学顕微鏡は図3.30のように，2枚の凸レンズL_1(対物レンズ：焦点距離f_1 [m])とL_2(接眼レンズ：焦点距離f_2 [m]，ただし$f_2>f_1$)を使って小さい物体を拡大して見る装置である．この装置の原理は，観察したい物体AA´に対して，1番目のレンズL_1により中間の実像BB´をつくり，これを虫めがねの原理により2番目のレンズL_2で拡大して虚像CC´をつくり，この像を肉眼で観察するものである．図3.30からわかるように，顕微鏡では肉眼で見える物体の向きは実際の物体の向きと反対になっている．

対物レンズの倍率をm_1，接眼レンズの倍率をm_2とすると，顕微鏡の合成倍率は

$$m=m_1m_2 \tag{3.37}$$

となる．このように，顕微鏡の倍率は対物レンズの倍率と接眼レンズの倍率を組み合わせることにより変えることができる．通常は，対物レンズには10倍から100倍の高い倍率を使い，接眼レンズには2倍から10倍の倍率を使っている．

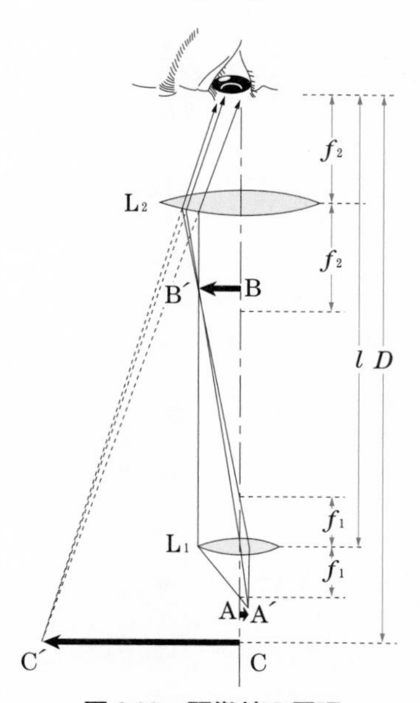

図 3.30 顕微鏡の原理

l は顕微鏡の管の長さ，D は明視の距離である．

コラム：全反射と光ファイバー

光が屈折率の大きい媒質(屈折率 n_1)から小さい媒質(屈折率 n_2)へ入射する場合は，入射角より屈折角の方が大きくなります．このため，図のように，ある入射角 θ_0($\theta_0 < 90°$)で，屈折角が 90° になります．この入射角 θ_0を臨界角といいます．さらに，入射角が θ_0より大きくなると光はすべて反射されます．この現象を**全反射**といいます．式(3.24)の屈折の法則から，$\sin\theta_0 = n_{12} = n_2/n_1$が成立します．

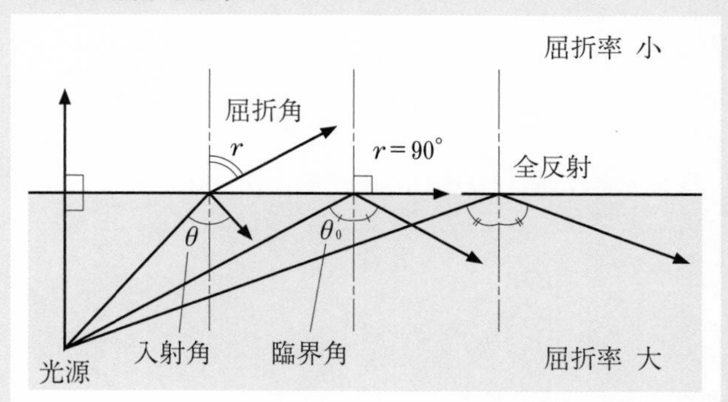

光ファイバーは直径数 μm のガラス繊維であり，屈折率が中心部では大きく，周辺部では小さい材質から構成されています．このため，ガラス繊維の一端から入射された光はガラス繊維を曲げても全反射を繰り返して進み，他端に達します．光通信や医療では光ファイバーを多数束ねた光ファイバーケーブルを使用しています．

コラム：レーザー

レーザー（LASER）は 20 世紀の中頃に登場した新しい光源で，Light Amplification by Simulated Emission of Radiation（誘導放射による光の増幅）の頭文字からつくった略語です．レーザーの特徴は，図に示したように，白熱電灯などの通常の光と異なって，強度の強い単色でかつその波面がきれいにそろっている（位相がそろっている）ために，長い距離を進んでもほとんど広がりません．位相のそろった光はよく干渉し，**コヒーレントな光**といいます．レーザーの応用分野はきわめて広く，身近なところでは CD の読み出しやレーザープリンター，レーザーポインターなど多くの機器や装置に使われています．

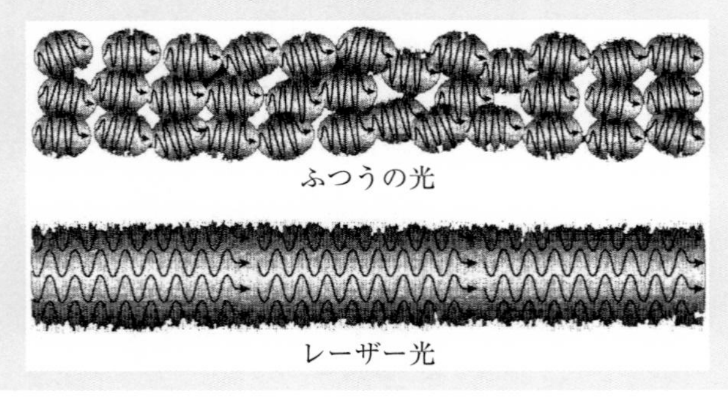

演習問題

[基本問題]

1. 人間の耳には20〜20,000 Hz の振動数の音が聞こえる．音波が空気中を伝わる速さを 340 m/s として，人間の耳に聞こえる音の波長[m]の最小値と最大値を求めよ．

2. 15 m/s の一定の速さで進んでいる船が，進行方向に対して垂直に立っている後方の岸壁に向かって汽笛を鳴らしたところ，4.0 s 後に船上で反射音が聞こえた．反射音を聞いた位置から岸壁までの距離は何 m か．ただし，音速を 340 m/s とし，風速の影響は受けないとする．

3. 図は x 軸上を正の方向に進行する正弦波を表し，実線の波形は時刻 $t=0$ s におけるものである．いま，山 P が山 P′まで進んで，点線の波形になるまでに，0.25 s の時間を要した．この波の，① 振幅[m]，② 波長[m]，③ 速さ[m/s]，④ 振動数[Hz]，⑤ 周期[s]はいくらか．

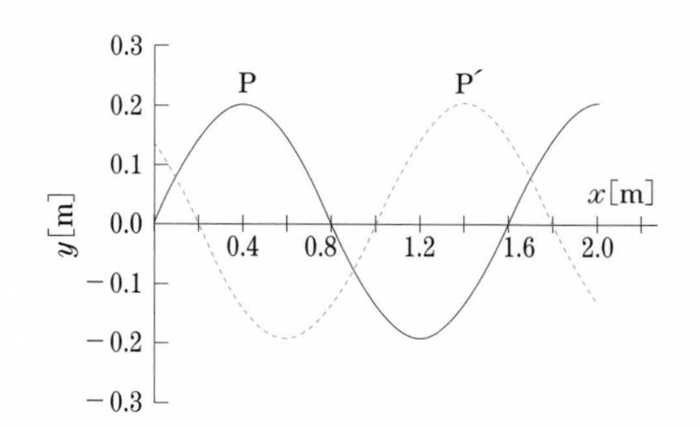

4. 座標 x [m]の点の時刻 t [s]における媒質の変位 y [m]が $y=3\sin\left[\pi\left(t-\dfrac{x}{2}\right)\right]$ で表される波がある．この波の振幅[m]，速さ[m/s]，振動数[Hz]，周期[s]，波長[m]を求めよ．

5. 踏切で，振動数 $f=200$ Hz の音を出す警報機がある．この踏切を電車が速さ 40 m/s で通過した．音速を $v=340$ m/s として次の問に答えよ．
   1) 踏切で電車の通過を待っている人が聞く警報機の振動数[Hz]を求めよ．
   2) この電車に乗っている人が，踏切の手前で聞く警報機の振動数[Hz]を求めよ．
   3) この電車に乗っている人が，踏切を通過した後に聞く警報機の振動数[Hz]を求めよ．

6. 長いガラス管の中の水を上下させて気柱の長さを変え，未知のおんさの振動数を測った．おんさを振動させて管の口に近づけ，水面をゆっくり下げていくと，最初に水面が管の口から 12 cm のときに音が共鳴して大きくなり，次に 48 cm のときに音が共鳴した．次の問に答えよ．ただし，空気中の音速を 340 m/s とする．
 1）ガラス管内に発生している波を何というか．
 2）共鳴音の波長[cm]はいくらか．
 3）48 cm の次に共鳴するときの水面は，管口から何 cm の位置か．
 4）おんさの振動数[Hz]はいくらか．

7. 屈折率の異なる 2 枚のガラス板を重ねて，空気中から光を入射させると，図のような経路で光は進んだ．ガラス 1 と 2 の絶対屈折率をそれぞれ 1.36 と 1.41 として，次の問に答えよ．

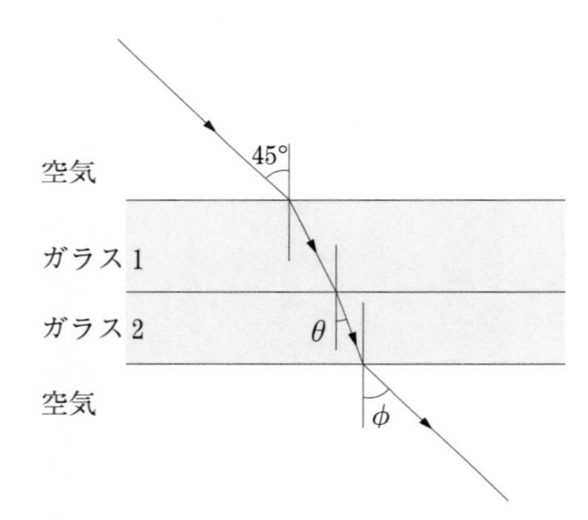

 1）ガラス 1 に対するガラス 2 の屈折率を求めよ．
 2）屈折角 θ を求めよ．
 3）屈折角 ϕ を求めよ．

8. 焦点距離 $f=8.0$ cm の凸レンズがある．この凸レンズの前方 24.0 cm の位置に，高さ 5.0 cm の棒が光軸に垂直に立てられている．この棒の像ができる位置[cm]，像の種類，像の大きさ[cm]を求めよ．

[応用問題]

9. 2つの正弦波 y_1 と y_2 はそれぞれ x 軸の正方向と負方向に進む波であり，波長 λ，速さ v，振幅 A は同じであり，

$$y_1 = A\sin\left[2\pi\left(\frac{t}{T}-\frac{x}{\lambda}\right)\right],\quad y_2 = A\sin\left[2\pi\left(\frac{t}{T}+\frac{x}{\lambda}\right)\right]$$

で表されるとする．ただし，T は周期を表す．この2つの波の合成波が定常波になることを示しなさい．また，この定常波の節と腹の位置を求めなさい．

10. 図のように，2つのスリット S_1 と S_2 を平行にして前方にスクリーンを置く．S_2 の前には屈折率 $n(n>1)$ で厚さが a [m] の透明な板が置かれている．いま，スリットの左側から波長 λ [m] の単色光を S_1 と S_2 に垂直に入射させたら，スクリーン上に明暗の縞ができた．スクリーン上の干渉縞の位置は，透明な板を置く前と比べて，どちらの方向にどれだけ移動したか．ただし，図のようにスクリーン上に x 軸をとり，スクリーンの中心Oから点Aまでの距離を x [m]，スリットの間隔を d [m]，スリットとスクリーンとの距離を l [m]（ただし，d は l と比べて非常に小さい）とする．

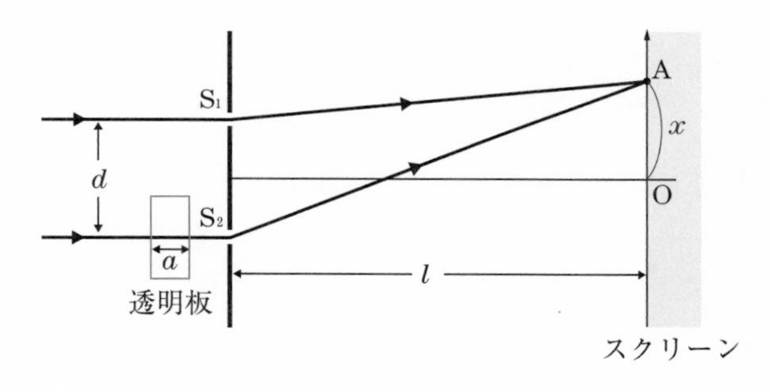

図

11. 図のように，長さ l [m] の2枚のガラス板の一端に厚さ a [m] の薄い紙片を挟んで重ねた．真上から波長 λ [m] の単色光を当てて真上から観測すると，明暗の縞模様が見えた．これは，ガラスに挟まれた空気層が薄膜のはたらきをし，光が干渉するためである．ガラスが重なった点を点Oとし，点Aまでの距離を x [m] とすると，明暗の線の位置は以下のようになることを示しなさい．

(1)　明線の位置：$x=\dfrac{l}{2a}\left(m+\dfrac{1}{2}\right)\lambda$，$m=0,\ 1,\ 2\cdots$

(2)　暗線の位置：$x=\dfrac{l}{2a}m\lambda$，$m=0,\ 1,\ 2,\ \cdots$

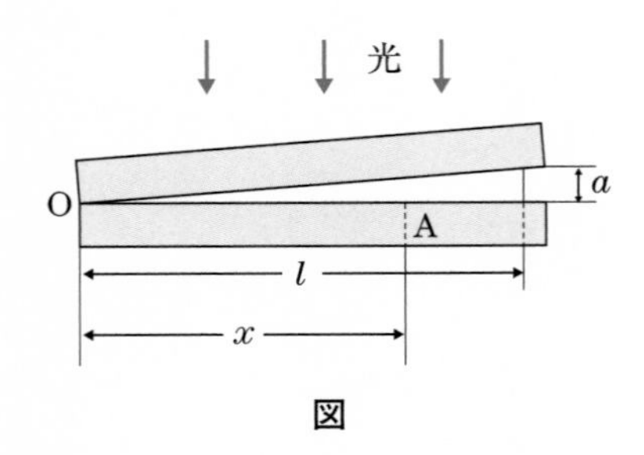

図

第4章　電気と磁気

＜学習目標＞

□　電場および電場中の電荷の振る舞いについて学び，クーロンの法則やガウスの法則について理解する．

□　電位と仕事の関係について学ぶ．

□　コンデンサーの原理，合成容量の計算法，静電エネルギーなどについて学び，コンデンサーの特性について理解する．

□　オームの法則，合成抵抗の計算法，キルヒホッフの法則などについて学び，直流回路の特性について理解する．

□　磁場や磁気力の特性，電流がつくる磁場，電流が磁場から受ける力について学び，電流と磁場の関係について学ぶ．

□　電磁誘導の法則，交流の原理，電磁波の発生について学ぶ．

今や現代社会は停電になると世の中の活動が止まってしまうほど電気に依存しています．そして，電気と磁気に関する法則は，ラジオ，テレビ，携帯電話，パソコン，電気自動車，大型コンピュータ，高エネルギー加速器や医療用電子機器など，さまざまな装置で重要な役割を演じています．ナノテクノロジーという言葉が盛んに使われていますが，それらの分野でもこれらの法則が活躍しています．本章では，このように生活に深く関わっている電気と磁気の現象に関する基礎的な事項を学ぶことにしよう．

4. 1 静電気

4. 1. 1 静電気力と電荷

(1) 原子の構造

すべての物質は原子からできている．原子は正の電気をもつ原子核と負の電荷をもついくつかの電子からなっている．原子核はさらに，いくつかの陽子と中性子からなっており，陽子が正の電荷をもっている．原子に含まれる電子と陽子の個数は互いに等しく，その数は原子の種類によって異なっている．電子がもつ負の電荷の値は陽子がもつ正の電荷の値と符号が異なるだけで絶対値は等しい．そのため，原子は負の電気と正の電気を等量もっており，原子全体として電気的に中性である．

これらの電子は，何らかの原因によって原子から放出されたり，他の原子に吸収されたり，物質中を移動したりすることがある．

(2) 静電気力

物体が電気をもつことを帯電という．電子は負の電気をもっているので，電子を失った(放出した)原子は正に帯電し，電子を得た(吸収した)原子は負に帯電する．物体に帯電して静止している電気を静電気という．したがって，静電気には正と負の2種類あることになる．よく知られているように，同種の電気は互いに反発し合い，異種の電気は引き合う．このときはたらく力を静電気力またはクーロン力という．

(3) 電荷

帯電している物体(帯電体)がもつ電気(ときには帯電体そのもの)を電荷といい，電荷の量を電気量，または単に電荷という．自然界では陽子と電子の電気量の大きさが最小であり，それ以上細かく分割できないという意味で電気素量と呼び，eで表す．

$$e = 1.60 \times 10^{-19}\ \mathrm{C} \tag{4.1}$$

ここで，C(クーロン)は電気量の単位であり，その定義は4.2節で学ぶ．

(4) 静電誘導

物質には，電気をよく通す導体と通しにくい不導体とがある．

導体の代表例は金属である．金属原子に含まれる電子のうちのいくつかは，その原子から離れて金属内を自由に動くことができる．それらの電子を自由電子という．

一方，不導体では，原子中の電子は原子や分子に強く束縛されており，自由電子は存在しない．そのため，電気を通しにくい．不導体のことを**絶縁体**ともいう．

図 4.1 のように，導体 A に正に帯電した物体 B を近づけると，導体 A 中の自由電子は物体 B の正電荷に引かれるので，A の B に近い部分 P に自由電子が移動して P が負に帯電する．同時に，A の B から遠い部分 Q は負電荷が不足して正に帯電する．こうして，A 内の自由電子には，B からの引力と，Q からの引力および P からの斥力がはたらくが，それらがつり合うようになると，自由電子の移動は止まる．物体 B が負に帯電している場合には自由電子の移動方向は逆であるが，同様なことが起こる．この現象を**静電誘導**という．静電誘導により，BP 間の引力の方が BQ 間の反発力よりも大きいので，A と B は引き合うことになる．

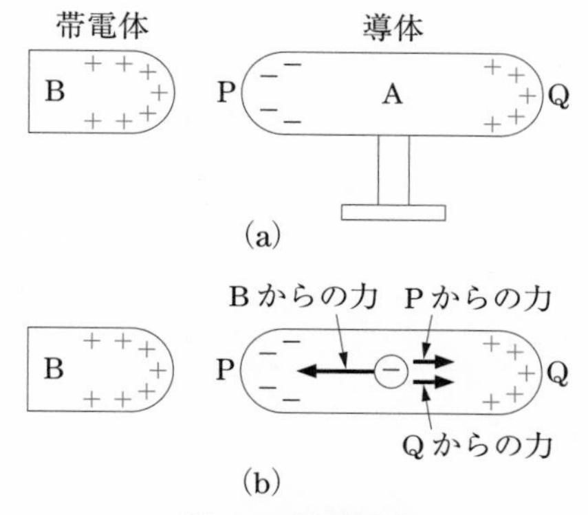

図 4.1　静電誘導

自由電子をもたない不導体に帯電した物体を近づけると，静電気力により原子や分子に含まれる電子がわずかに変位する．そのため，不導体中で正電荷と負電荷の位置がわずかにずれる．そのずれの効果は，不導体の表面に現れる．すなわち，負電荷が表面側にずれた部分では負電荷が現れるので負に帯電する．反対に，表面から内側に向かってずれた部分では正電荷が現れるので，表面が正に帯電する．このような現象を**誘電分極**という．このため，不導体を**誘電体**とも呼ぶ．

(5)　クーロンの法則

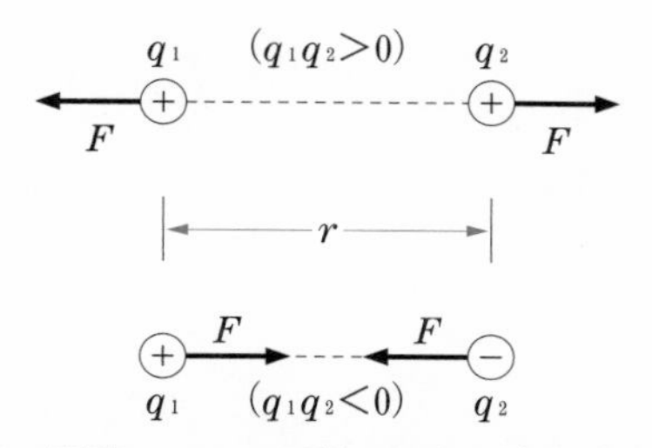

図 4.2　電荷 q_1，q_2 の間にはたらく力 F の向き

2つの静止した点電荷の間にはたらく力(クーロン力)F[N]は，それぞれの電気量q_1[C]，q_2[C]の積に比例し，それらの間の距離r[m]の2乗に反比例する．すなわち，

$$F=k\frac{q_1q_2}{r^2} \tag{4.2}$$

と表される．これを電気力に関するクーロンの法則という．クーロン力Fは2つの点電荷を結ぶ線に沿ってはたらき，同種の電荷の間ではFは正となり斥力を表し，異種の電荷の間ではFは負となり引力を表す(図4.2)．ここで，比例定数kを$k=\frac{1}{4\pi\varepsilon_0}$とおく．ただし，$\varepsilon_0$は真空の誘電率と呼ばれ，

$$\varepsilon_0=8.85\times10^{-12}\,[\mathrm{C^2/N\cdot m^2}] \tag{4.3}$$

である．したがって，

$$k=\frac{1}{4\pi\varepsilon_0}=9.0\times10^9\,[\mathrm{N\cdot m^2/C^2}] \tag{4.4}$$

となる．

例題1　真空中で0.030 m離れた$+2.0\times10^{-7}$ Cの点電荷と$+3.0\times10^{-7}$ Cの点電荷の間にはたらく力[N]はいくらか．また，このときの力は引力か斥力か．ただし，クーロンの法則の比例定数を$k=9.0\times10^9\,\mathrm{N\cdot m^2/C^2}$とする．

解　式(4.2)より，$F=9.0\times10^9\times2.0\times10^{-7}\times3.0\times10^{-7}/0.030^2=0.60$

答　0.60 N，斥力

4.1.2　静電場

帯電体の近くに他の電荷をおくと，これらの間に力を伝える媒体がなくても，電荷に静電気力がはたらく．現在では，帯電体のまわりの空間が電気的な性質を帯びて，電荷に電気力をおよぼすようになると考えられている．電気的な性質を帯びた空間を電場(または電界)という．

(1)　1個の点電荷がつくる静電場

電気量Q[C]の点電荷がまわりの空間につくる静電場$\vec{E}$は，この静電場内に電荷q[C]をおいたときに電荷が受けるクーロン力を$\vec{F}$とすると，

$$\vec{F}=q\vec{E} \tag{4.5}$$

と定義される．したがって，正の単位電気量をもつ点電荷($q=1$ C)をおくと，$\vec{F}=\vec{E}$となり単位電荷の受ける力が$\vec{E}$に等しいことがわかる．また，電場の大きさの単位はN/C(ニ

ュートン毎クーロン)となる.

点電荷 Q [C]から距離 r [m]だけ離れた位置に点電荷 q [C]をおくと，式(4.2)から $F=k\dfrac{Q}{r^2}q$ [N] のクーロン力がはたらくので，電場の大きさ E [N/C] は式(4.5)から

$$E=k\frac{Q}{r^2} \tag{4.6}$$

と求まる.

例題 2　電場の強さ 10 N/C の位置にある +0.20 C の電荷はどのような力を受けるか.

解　式(4.5)より，$F=0.2\times10=2.0$　　答　電場と同じ向きに 2.0 N

例題 3　$+3.0\times10^{-6}$ C の電荷から 0.30 m 離れている位置の電場の強さはいくらか．ただし，クーロンの法則の比例定数を $k=9.0\times10^9\ \mathrm{N\cdot m^2/C^2}$ とする.

解　式(4.6)より，

$$E=9.0\times10^9\times\frac{3.0\times10^{-6}}{0.30^2}=9.0\times10^9\times\frac{3.0\times10^{-6}}{9.0\times10^{-2}}=3.0\times10^5.$$

答　3.0×10^5 N/C

---

(2) 複数の点電荷がつくる静電場

N 個の点電荷 $q_i\,(i=1,\ \cdots,\ N)$ がつくる静電場 $\vec{E}$ [N/C]は各点電荷のつくる静電場 $\vec{E_i}$ [N/C]のベクトル和として与えられる．これを**重ね合わせの原理**という.

$$\vec{E}=\vec{E_1}+\vec{E_2}+\cdots+\vec{E_N} \tag{4.7}$$

図 4.3 に，2 個の点電荷がつくる電場を示した.

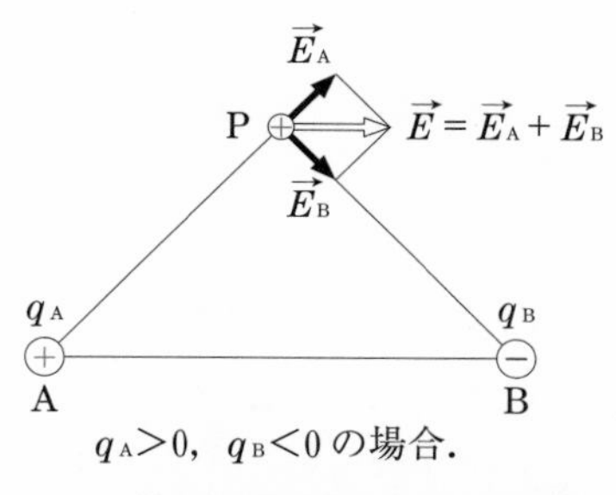

図 4.3　2 個の点電荷がつくる電場

例題 4　30 cm 離れた 2 点 A，B にそれぞれ $+1.0\times10^{-9}$ C，$+4.0\times10^{-9}$ C の点電荷がある．電場の強さが 0 N/C になるのはどのような点か．ただし，クーロンの法則の比例定数を $k=9.0\times10^9\ \mathrm{N\cdot m^2/C^2}$ とする.

解　求める点では2点A，Bにある点電荷がつくる電場 $\vec{E}_A$ [N/C]，$\vec{E}_B$ [N/C]は互いに逆向きで大きさが等しい．$\vec{E}_A$ と $\vec{E}_B$ が逆向きになる点は，2点A，Bを結ぶ線上で，かつAB間にしかない．そこで，この線上で点AからBに向かって x [m]の点における $\vec{E}_A$ と $\vec{E}_B$ の和を $\vec{E}$ [N/C]とおき，その大きさ E が0 N/Cになるときの x を求める．ただし，$\vec{E}_A$ の向きを正とすると，$\vec{E}_B$ の向きは負になることに注意．

$$E = 9.0 \times 10^9 \times \frac{1.0 \times 10^{-9}}{x^2} - 9.0 \times 10^9 \times \frac{4.0 \times 10^{-9}}{(0.30 - x)^2} = 9.0 \times 10^9 \times \left(\frac{1.0}{x^2} - \frac{4.0}{(0.30 - x)^2}\right) \times 10^{-9} = 0$$

すなわち，$\frac{1.0}{x^2} - \frac{4.0}{(0.30 - x)^2} = 0$．整理すると，$4.0x^2 = (0.30 - x)^2$，$2.0x = \pm(0.30 - x)$．よって，$x = 0.10$ または $x = -0.30$．x は正でなければならないので，$x = -0.30$ は不適当である．

答　2点A，Bを結ぶ線上で，点AからBに向かって0.10 mの点．

(3)　電気力線

静電場 $\vec{E}$ の空間分布の様子を表すには電気力線を用いると便利である．電気力線は正電荷から出て負電荷に入る直線または曲線であり，電場の方向は電気力線の接線方向である．また，電場の強さがその点で電場の向きに垂直な単位面積を貫く電気力線の本数に比例するように描かれる．すなわち，電気力線が密集しているほど電場の強さは強い．図4.4は点電荷がつくる静電場 $\vec{E}$ に対して描かれた電気力線である．正電荷または負電荷のみの場合には，反対符号の電荷が無限遠に存在していると考える．すなわち，点電荷を中心として放射状に電気力線が分布し，かつ距離の2乗に反比例して E が減少している．電気力線が交わったり，途中で枝分かれすることはない．

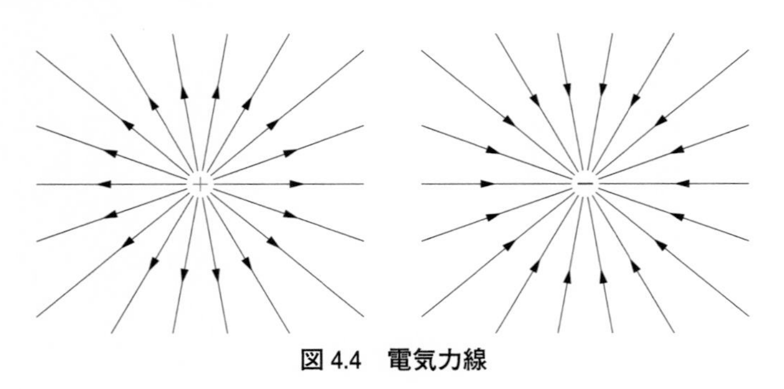

図4.4　電気力線

例題5　大きさの等しい2つの(a)正電荷および(b)正・負電荷のまわりの電気力線を描きなさい．

解　(a) 電気力線はそれぞれの電荷を出て無限遠方に向かう．(b) 電気力線は正電荷から出て負電荷に入る．

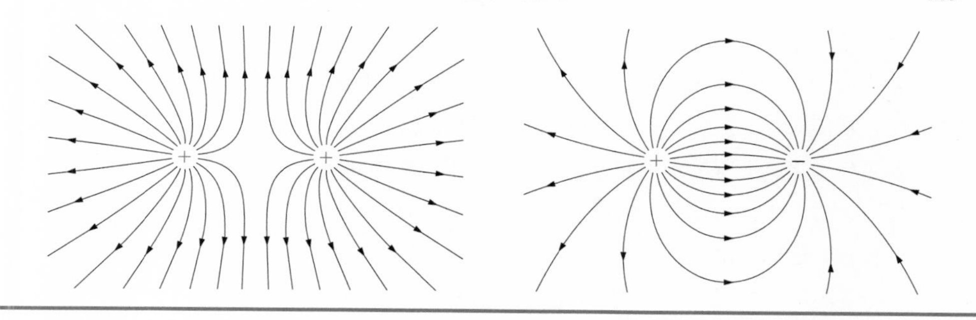

(4) ガウスの法則

電場の強さと電気力線の本数の関係をつぎのように定義する．電場に垂直な面を貫く電気力線の $1\,\mathrm{m}^2$ あたりの本数が E 本のとき，その場所の電場の強さを E [N/C]とする．

つぎに，Q [C]の正電荷から出る電気力線の本数 N を求めてみる．図 4.5 のように電荷を中心とする半径 r [m]の球を考え，球面上の電場の強さを E [N/C]とする．すなわち，球面上の単位面積を E 本の電気力線が貫いている．式(4.6)より，電場の強さは $E=k\dfrac{Q}{r^2}=\dfrac{Q}{4\pi\varepsilon_0 r^2}$ [N/C] である．一方，球面の全面積は $4\pi r^2$ [m^2] であるので，全球面を貫く電気力線の本数 N は

$$N=4\pi r^2\times E=4\pi r^2\times\frac{Q}{4\pi\varepsilon_0 r^2}=\frac{Q}{\varepsilon_0} \tag{4.8}$$

となる．負電荷の場合も同様に，この N 本の電気力線が負電荷に入る．式(4.8)は r を含んでおらず，この関係はどのような閉曲面でも成り立つ．また，閉曲面内に多くの電荷が存在する場合にも成り立つ．すなわち，一般に，**任意の閉曲面内に分布する全電荷が Q [C]であるとき，その閉曲面から出て行く電気力線の本数は $\dfrac{Q}{\varepsilon_0}$ である**．ただし，閉曲面に入る場合の電気力線の本数は負とする．これをガウスの法則という．

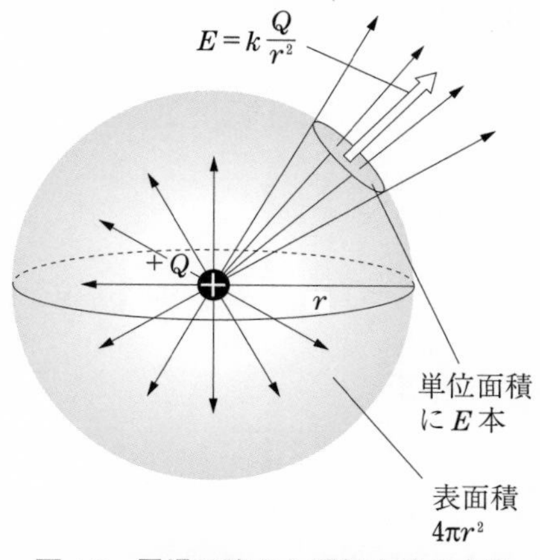

図 4.5 電場の強さと電気力線の本数

(5) 一様な電場

図4.6のように，2枚の金属板の片方に正の電荷を，他方に負の電荷をそれぞれ等量帯電させて平行に置くと，それらの金属板の間には，端の部分を除いて，どこでもほぼ同じ強さで金属板に垂直な電場が生じ，電気力線は平行で等間隔になる．このように，強さと向きが場所によらずにほぼ同じ電場のことを一様な電場という．また，これらの2枚の金属板を，帯電している電荷の正負に応じて正極板および負極板と呼ぶ．

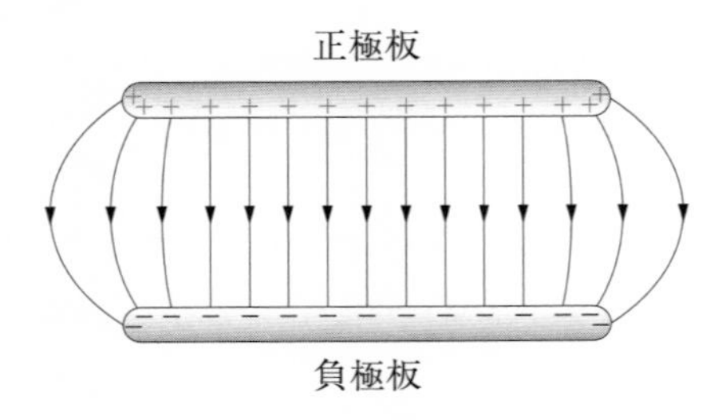

図4.6　一様な電場

4. 1. 3　電　位

(1) 電位

第1章5節で説明したように，物体を移動させる力は物体に対して仕事(= 力の移動方向成分 × 移動距離)をする．例えば，重力にさからって質量 m [kg]の物体を地面から高さ h [m]まで持ち上げるのに必要な仕事は mgh [J]である．このとき，物体の位置エネルギーは mgh [J]である．同様に，静電場中では荷電粒子に静電気力がはたらくので，荷電粒子はその位置に依存した静電気力による位置エネルギーをもっている．特に，+1 C の電荷の静電気力による位置エネルギーを，その点における電位という．

図4.7のように，任意の点Pから他の任意の点Qまで +1 C の電荷を運ぶために必要な仕事が V [J]であるとき，Q点はP点より電位が V [V](ボルト)高いという．そして，2

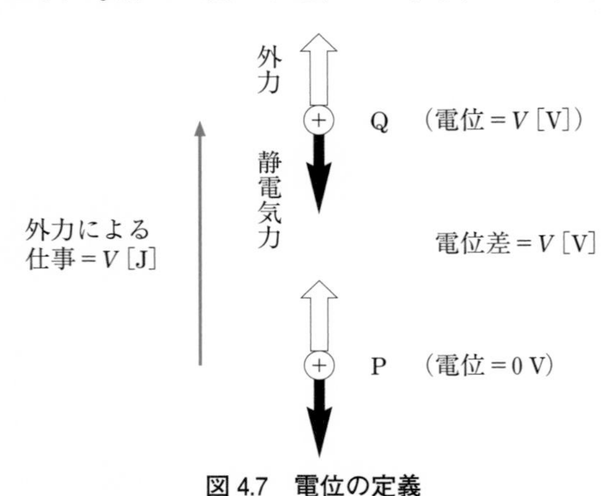

図4.7　電位の定義

点間の電位の差を電位差，または電圧という．特に，点 P が基準のとき(電位が 0 V のとき)は，Q 点の電位は V [V]であるという．また，点 P から点 Q まで q [C]の電荷を移動させる場合に必要な仕事は V [J]の q 倍になるので，求める仕事は

$$W=qV \tag{4.9}$$

となる．

(2) 単位電荷に一様な電場がする仕事と電位

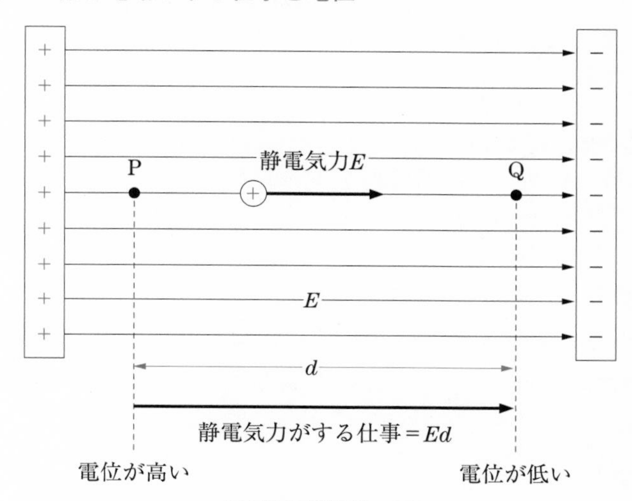

図 4.8 一様な電場がする仕事と電位

一様な電場 $\vec{E}$(大きさ E [N/C])を考える(図 4.8)．＋1 C の電荷を電場の向きに沿って点 P から点 Q まで d [m]だけ移動させるときに電場がする仕事 W [J]は，単位電荷にはたらく力 $\vec{f}$(大きさ f [N])が $f=E$ であるから，

$$W=Ed \tag{4.10}$$

と表せる．したがって，点 P は点 Q より Ed [V]だけ電位が高い．または，PQ 間の電位差(電圧)V [V] は

$$V=Ed \quad (一様な電場の場合) \tag{4.11}$$

であるということができる．式(4.11)より，一様な電場 E [N/C]の中では，電位差と電場の関係は

$$E=\frac{V}{d} \quad (一様な電場の場合) \tag{4.12}$$

で与えられる．こうして，電場の強さの単位[N/C]が[V/m]に等しいことがわかる．

例題6　電位差が4 Vの2点間を静電気力に逆らって2×10^{-6} Cの正電荷を運ぶのに要する仕事[J]はいくらか．

解　電場の向きに電荷が移動する場合に電場は$W=qV$の仕事をする．電場に逆らって外力がする仕事の場合は，力の向きが静電気力と逆向きになるが，仕事は$W=qV$である．$q=2\times10^{-6}$，$V=4$とおいて求める．　　答　8×10^{-6} J

例題7　一様な電場中で，電場の向きに0.15 m離れた2点P，Q間の電位差が30 Vのとき，電場の強さ[V/m]はいくらか．また，2.0×10^{-6} Cの正電荷を点Pから点Qまで移動させるとき，電場がする仕事[J]はいくらか．

解　電場の強さは，式(4.12)より，$E=30\div0.15=200$．電場がする仕事は，式(4.9)より，$\mathrm{W}=2.0\times10^{-6}\times30=6.0\times10^{-5}$．　　答　200 V/m，$6.0\times10^{-5}$ [J]．

---

(3)　点電荷のまわりの電位

点電荷Q [C]から距離r [m]だけ離れた点の電位V [V]は，無限遠を電位の基準(0 V)として，+1 Cの電荷をその点から無限遠まで移動させるときに電場がする仕事として次のように定義される．

$$V=k\frac{Q}{r} \tag{4.13}$$

また，複数の電荷によるある点での電位は，各電荷によるその点での電位の和として表される．

例題8　$+2\times10^{-9}$ Cの電荷から0.3 m離れた位置の電位[V]を求めよ．ただし，クーロンの法則の比例定数を$k=9.0\times10^{9}\ \mathrm{N\cdot m^2/C^2}$とする．

解　式(4.13)に$Q=2\times10^{-9}$ C，$r=0.3$ mを代入する．　　答　60 V

例題9　1.2 m離れた2点A，Bのそれぞれに$+1\times10^{-9}$ Cの電荷がある．2点A，Bを結ぶ線分上でAから0.3 mの点Cの電位[V]はいくらか．ただし，クーロンの法則の比例定数を$k=9.0\times10^{9}\ \mathrm{N\cdot m^2/C^2}$とする．

解　式(4.13)より，2点A，Bのそれぞれの電荷が点Cにつくる電位の和を求める．

$$\text{電位の和}=9\times10^{9}\times\left(\frac{1\times10^{-9}}{0.3}+\frac{1\times10^{-9}}{0.9}\right)=9\times10^{9}\times\frac{(3+1)\times10^{-9}}{0.9}=40$$

答　40 V

例題10　1 m離れた2点A，Bのそれぞれに$+2\times10^{-9}$ C，-3×10^{-9} Cの電荷がある．2

点 A, B を結ぶ直線上で，これらの電荷がつくる電位の和が 0 V になる位置を求めよ．ただし，クーロンの法則の比例定数を $k=9.0\times10^9\ \mathrm{N\cdot m^2/C^2}$ とする．

解　求める点は点 A から点 B に向かって x [m] の位置であるとする．この位置における電位の和 V [V] は 0 である．すなわち，式(4.13)より

$$V=9\times10^9\times\left(\frac{2\times10^{-9}}{x}+\frac{(-3\times10^{-9})}{1-x}\right)=9\times\left(\frac{2}{x}-\frac{3}{1-x}\right)=0,\ \text{すなわち}\ \frac{2}{x}-\frac{3}{1-x}=0.$$

これを整理すると，$2(1-x)-3x=2-5x=0$．よって $x=0.4$ となる．　答　点 A から点 B に向かって 0.4 m 離れた点．

(4) 等電位面

電位の等しい点を連ねてできる曲面を等電位面という．図 4.9 には正の点電荷のまわりの等電位面と電気力線を示してある．図からわかるように，等電位面は同心円状になっている．一定の電位差ごとに等電位面を描くと，それらの間隔が狭いほどそこの電場が強く，間隔が広いほどそこの電場は弱い．

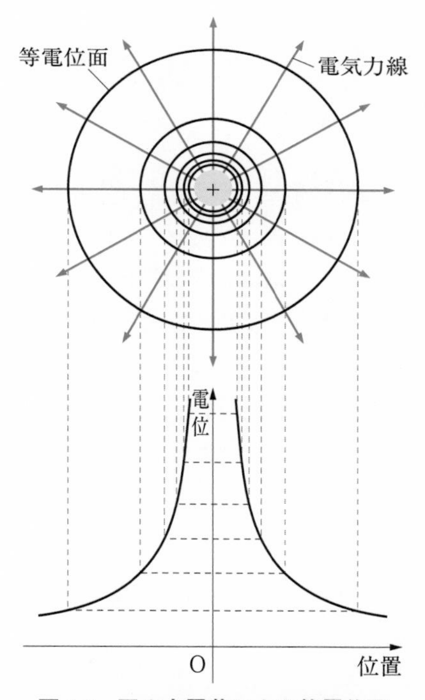

図 4.9　正の点電荷による等電位面

等電位面上では電位差がないので，等電位面に沿って電荷を動かすときの仕事は式(4.9)より 0 である．このとき，静電気力は仕事をしないのである．このことは，静電気力には等電位面の方向の成分がないことを示している．したがって，等電位面と電気力線は直交する．

4. 1. 4　電気容量

(1)　コンデンサーの電気容量

図 4.10 の左側の図のように，2 枚の金属板 A，B をそれぞれ電池の正極と負極につなぐと，自由電子が移動して，金属板 A は正に，B は負に帯電する．A と電池の正極が等電位になると(このときは B と電池の負極も等電位になる)電子の移動は止まる．次に，図 4.10 の右側の図のように，金属板 A と B を近づけると，A の正電荷と B の負電荷の間に引力が作用して，図 4.10 の左の図の場合と比べて，A と B にはそれぞれ正と負の電荷をより多く蓄えることができる．A と B をより接近させると，さらにより多くの電荷を A と B に蓄えることができる．

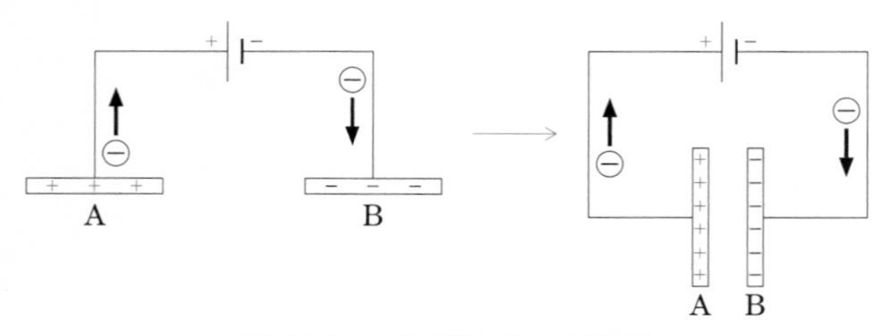

図 4.10　コンデンサーの原理

このように，電圧を加えると電荷を蓄えることができる装置をコンデンサーという．電荷を蓄えることを充電という．充電したコンデンサーの両極板間に導線で小さな電球を接続すると，蓄えられていた自由電子が電球中を移動して，電球が短時間だけ点灯する．このように，極板に蓄えられていた電荷が流出することを放電という．

コンデンサーの片方の極板に $+Q$ [C]の電荷が蓄えられ，他方の極板には $-Q$ [C]の電荷が蓄えられた状態を，コンデンサーに電荷 Q [C]が蓄えられたという．電荷 Q はコンデンサーに加える電圧 V [V]に比例し，比例定数を C とすると，

$$Q=CV \tag{4.14}$$

と表される．比例定数 C は極板間に 1V の電圧を加えた場合に蓄えられる電気量[C]を表し，電気容量または静電容量という．

電気容量の単位は，式(4.14)から C/V(クーロン毎ボルト)となるが，これを F(ファラド)と呼ぶ．身近な電子機器に用いられるコンデンサーの電気容量は非常に小さく，μF(マイクロファラド)や pF(ピコファラド)の単位が用いられている．

$$1\,\mu\mathrm{F}=10^{-6}\,\mathrm{F},\quad 1\,\mathrm{pF}=10^{-12}\,\mathrm{F}$$

コンデンサーの極板間にある限度を超えた高い電圧をかけると，強い電場ができるので，

極板間の絶縁を破壊して電荷が移動してしまい，コンデンサーが破損する．安全な最大電圧をそのコンデンサーの耐電圧という．

例題 11　起電力 1.5 V の電池で，電気容量 2.0 μF のコンデンサーを充電すると，コンデンサーに蓄えられる電気量 [C] はいくらか．

解　$Q=CV=2.0\times10^{-6}\times1.5=3.0\times10^{-6}$

答　3.0×10^{-6} C

---

(2) 平行板コンデンサー

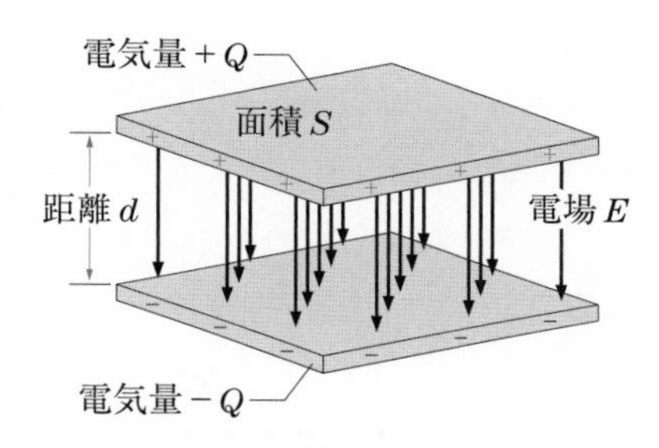

図 4.11　平行板コンデンサー

図 4.11 のように，同じ形をした 2 枚の平行な金属板からなるコンデンサーを平行板コンデンサーという．このようなコンデンサーの電気容量は，極板の面積 S [m²] に比例し，極板の間隔 d [m] に反比例することが実験で確かめられている．極板間が真空のときは，電気容量 C_0 [F] は，比例定数を ε_0 とおいて，次式で表される．

$$C_0=\varepsilon_0\frac{S}{d} \tag{4.15}$$

上式はガウスの法則の式 (4.8) をもちいて理論的に求めることができる．まず，平行板コンデンサーに電圧 V [V] を加えて，Q [C] の電荷を蓄えたとする (図 4.11) と，極板間の電気力線の本数は式 (4.8) より，$\dfrac{Q}{\varepsilon_0}$ 本である．単位面積あたりの電気力線の本数が電場の強さ E [N/C] に等しいので，$E=\dfrac{Q}{\varepsilon_0 S}$ となる．一方，極板間は一様な電場と見なせるので，式 (4.12) より，$E=\dfrac{V}{d}=\dfrac{Q}{\varepsilon_0 S}$ となる．したがって，$Q=\varepsilon_0\dfrac{S}{d}V$ であるので，式 (4.15) が得られる．

(3) コンデンサーに蓄えられる静電エネルギー

電気容量 C [F] のコンデンサーを電圧 V [V] の電池につなぎ，コンデンサーを充電するときに電池がする仕事を調べてみよう．コンデンサーを電池につなぐとコンデンサーに電荷が流れ込み電荷が蓄えられ始める．蓄えられる電荷の量 q [C]が増えるとともに両極板間の電位差 v [V]は 0 [V]から次第に増加し，電位差が V [V]になると充電が止まる．このとき蓄えられた電荷を Q [C]とすると，$Q=CV$ である．

図 4.12 に電荷 q [C]と両極板間の電位差 v [V]の関係を示した．図のように，コンデンサーに蓄えられた電荷が q [C]のとき，両極板間の電位差が v [V]であるとする．このとき，微小な電荷 Δq [C]をさらに蓄えるのに必要な仕事 ΔW [J]は，式(4.9)より，$\Delta W=\Delta q\cdot v$ である．これは，図中の斜線の長方形の面積に等しい．したがって，電荷 q が 0 から Q まで増えるのに必要な仕事 W [J]は図中の全ての長方形の面積の和となる．そして，Δq を限りなく微小にすると，長方形の面積の総和は三角形の面積 $\frac{1}{2}QV$ に等しくなる．すなわち，

$$W=\frac{1}{2}QV=\frac{1}{2}CV^2=\frac{1}{2}\frac{Q^2}{C} \tag{4.16}$$

となる．充電されたコンデンサーはこの仕事 W [J]をエネルギーとして蓄えている．これを静電エネルギーという．

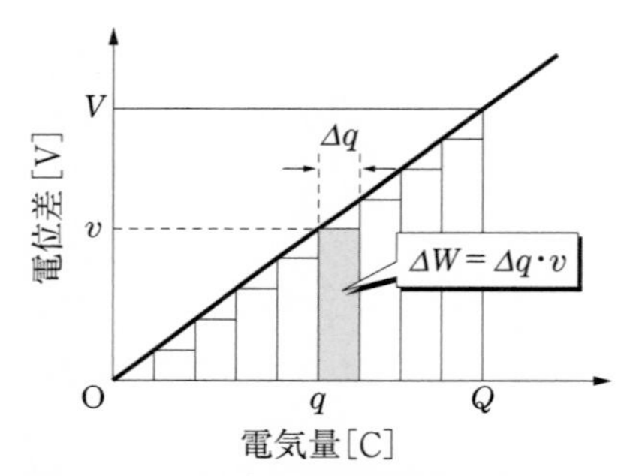

図 4.12　コンデンサーの静電エネルギー

(4)　複数のコンデンサーの合成容量

複数のコンデンサーを組み合わせて接続することにより，全体としての電気容量を変えたり，個々のコンデンサーにかかる電圧を耐電圧以下にすることができる．複数のコンデンサー全体を 1 つのコンデンサーとみなしたときの電気容量を合成容量という．次に，電気容量 C_1 [F]，C_2 [F]の 2 個のコンデンサーを組み合わせて，その合成容量 C [F]を求めてみよう．

①　**直列接続**　　図 4.13 のように，直列に接続した 2 個のコンデンサーの両端に電圧 V [V]をかけると，各コンデンサーの極板には，符号は異なるが，同じ大きさの電荷が蓄えられる．それを Q [C]とする．それぞれのコンデンサーの両極板間の電位差を V_1 [V]，V_2 [V]とすると，

$$V_1=\frac{Q}{C_1},\quad V_2=\frac{Q}{C_2}$$

であるので，

$$V=V_1+V_2=Q\left(\frac{1}{C_1}+\frac{1}{C_2}\right)$$

となる．2個のコンデンサー全体として電荷 Q [C]が蓄えられているので，$V=\dfrac{Q}{C}$ の関係がある．この式と上の式を比較することにより

$$\frac{1}{C}=\frac{1}{C_1}+\frac{1}{C_2}$$

となる．

同様に考えると，電気容量が C_1 [F]，C_2 [F]，C_3 [F]，…の N 個のコンデンサーを直列接続した場合の合成容量 C [F]は

$$\frac{1}{C}=\frac{1}{C_1}+\frac{1}{C_2}+\frac{1}{C_3}+\cdots \tag{4.17}$$

と表せることがわかる．一般に，複数のコンデンサーを直列接続すると，合成容量は小さくなる．しかし，個々のコンデンサーにかかる電圧は低いので，全体の耐電圧は大きくなることになる．

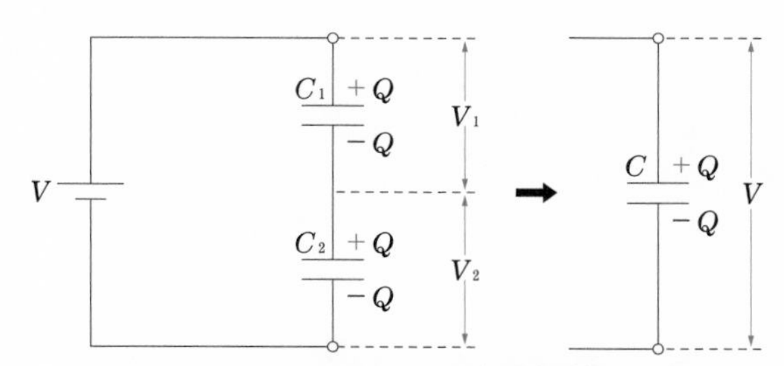

図 4.13　コンデンサーの直列接続

② **並列接続**　図 4.14 のように，並列に接続した2個のコンデンサーの両端に電圧 V [V]をかけると，各コンデンサーの極板間の電位差も V [V]である．各コンデンサーに蓄えられる電荷を Q_1 [C]，Q_2 [C]とすると，

$$Q_1=C_1V,\quad Q_2=C_2V$$

である．2個のコンデンサー全体として電荷 Q [C]が蓄えられているとすると，

$$Q=Q_1+Q_2=(C_1+C_2)V$$

となる．一方，$Q=CV$ の関係があるので，この式と上の式を比較することにより

$$C = C_1 + C_2$$

となる.

同様に考えると，電気容量が C_1 [F]，C_2 [F]，C_3 [F]，…の N 個のコンデンサーを並列接続した場合の合成容量 C [F]は

$$C = C_1 + C_2 + C_3 \cdots \tag{4.18}$$

と表せることがわかる．一般に，複数のコンデンサーを並列接続すると，合成容量は大きくなる．しかし，個々のコンデンサーに電池の電圧が直接かかるので，耐電圧は変わらない．

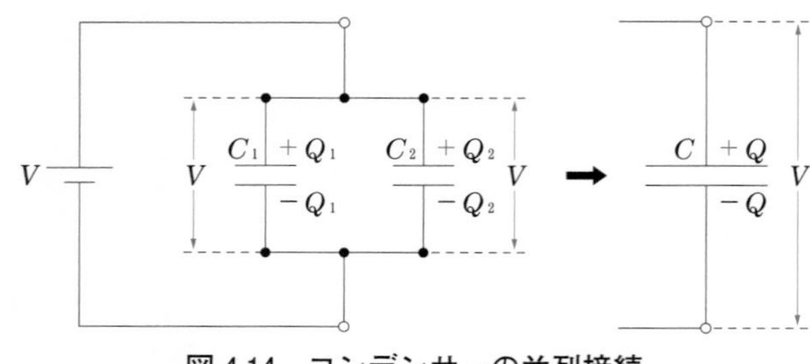

図 4.14　コンデンサーの並列接続

例題 12　電気容量がそれぞれ 1.0 μF と 3.0 μF の 2 つのコンデンサー A，B を直列につなぎ，その両端に 100 V の電圧をかける．次の量を求めよ．①合成容量[μF]，②コンデンサーの極板にたまる電気量[C]，③コンデンサー A，B にかかる電圧[V].

解　①合成容量を C [μF]とする．$1/C = 1/1.0 + 1/3.0 = 4/3$ より $C = 0.75$．②電気量 $= 0.75 \times 10^{-6} \times 100 = 75 \times 10^{-6}$．③ A，$V_A = = 75 \times 10^{-6}/(1.0 \times 10^{-6}) = 75$；B，$V_B = 75 \times 10^{-6}/(3.0 \times 10^{-6}) = 25$.
答　① 0.75 μF，② 75×10^{-6} C，③ A　75 V，B　25 V.

例題 13　電気容量 4 μF，耐電圧 500 V の 2 個のコンデンサーを直列に接続したものを 3 組つくり，それらを並列に接続する．合成容量[μF]と全体の耐電圧[V]はいくらか.

解　直列に接続した 1 組の合成容量 C_1 [μF]は，式 (4.17) より，$1/C_1 = 1/4 + 1/4 = 1/2$ であるので，$C_1 = 2$．耐電圧は $500 + 500 = 1000$ より，1000 V．3 組を並列接続すると，合成容量 C_2 [μF]は，式 (4.18) より，$C_2 = 2 + 2 + 2 = 6$．耐電圧は変わらず，1000 V.　　答　合成容量は 6 μF，耐電圧は 1000 V.

---

(5)　誘電体を挿入したコンデンサーの電気容量

まず，電気容量 C_0 [F]，極板間の距離 d [m]の平行板コンデンサーを起電力 V_0 [V]の電池に接続して十分に充電し，電荷 Q [C] を蓄える(図 4.15(a))．次に，誘電体を極板間

に挿入し(図4.15(b)), このときのコンデンサーの電気容量を C [F]とする. 極板間の電場により誘電体は誘電分極し, コンデンサーの正極板側の誘電体の表面に負電荷が誘起され, 負極板側の表面には正電荷が現れる. これらの表面に誘起された電荷が誘電体内につくる電場 $\vec{E}_{\mathrm{P}}$(大きさ E_{P} [V/m])は, コンデンサーの極板に蓄えられた電荷(真電荷という)がつくる電場 $\vec{E}$(大きさ E [V/m])とは逆向きである. そのため, 誘電体内の電場の大きさ E_0 [V/m]は $E_0=E-E_{\mathrm{P}}$ となる. 誘電体を挿入する前後で $E_0\left(=\dfrac{V_0}{d}\right)$ は変わらないので, E は E_0 よりも大きくなる. すなわち, 誘電体の挿入によりコンデンサーにはより多くの電荷が蓄えられ, その容量は大きくなることがわかる.

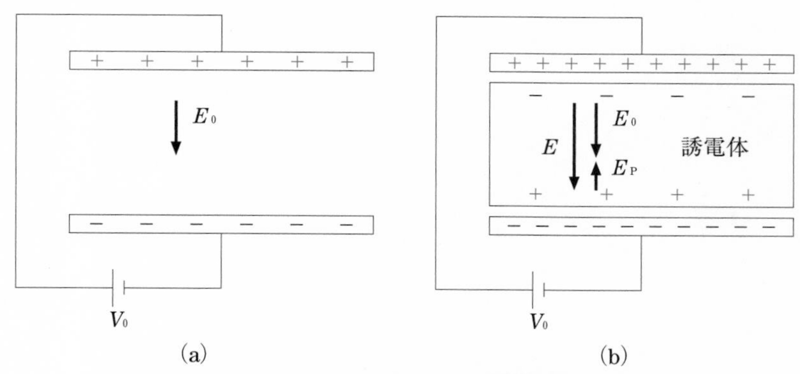

図 4.15 コンデンサーにおける誘電体のはたらき

C が C_0 の ε_{r} 倍のとき, ε_{r} をその物質の**比誘電率**という. すなわち, 平行板コンデンサーの極板の面積を S [m²], 極板間の距離を d [m]とすると,

$$C=\varepsilon_{\mathrm{r}}C_0=\varepsilon_{\mathrm{r}}\varepsilon_0\frac{S}{d} \quad \text{(平行板コンデンサーの場合)}$$

である. ここで

$$\varepsilon=\varepsilon_{\mathrm{r}}\varepsilon_0 \tag{4.19}$$

とおくと,

$$C=\varepsilon\frac{S}{d} \quad \text{(平行板コンデンサーの場合)} \tag{4.20}$$

となる. この ε を物質の**誘電率**という. この式から, 誘電率 ε と極板の面積 S が大きいほど, また極板間の間隔 d が狭いほど, コンデンサーの電気容量 C が大きいことがわかる.

例題 14　平行板コンデンサーの極板の間隔を2倍にし，極板間を比誘電率8のガラスで満たすと，電気容量は何倍になるか．

解　式(4.19)と(4.20)に，極板の間隔を元の間隔 d の代わりに2倍の $2d$ を，また $\varepsilon_r = 8$ を代入すると，$C = 8\varepsilon_0 S/(2d) = 4\varepsilon_0 S/d = 4C_0$ となる．　答　4倍

4. 2 電　流

4. 2. 1 電流とオームの法則

(1) 電流の定義

導線の両端に静電場を加えると，静電誘導により導線内の電場を打ち消すように自由電子がその表面に移動して電位差がなくなる．しかし，図 4.16 のように，導線の両端を電池などにつないで一定の電位差に保つと，自由電子の移動が継続的に起きて電荷の流れが生じる．

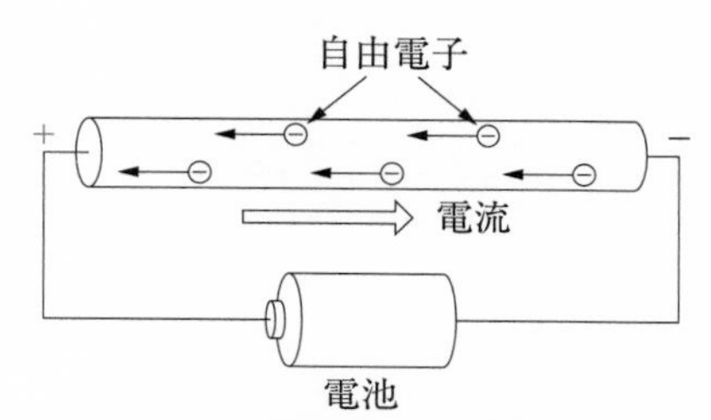

図 4.16　導線を流れる電流

電荷の流れを電流という．正電荷が移動する向きを電流の向きと定める．そのため，負の電荷をもつ自由電子が移動する向きは電流の向きと逆になる．

電流の大きさ(強さ)は，導体の任意の断面を単位時間に通過する電気量で表し，その単位には A(アンペア)を用いる．したがって，導線中を t [s]間に Q [C]の電荷が移動する場合，電流の強さ I [A]は

$$I = \frac{Q}{t} \tag{4.21}$$

で表される．1A の電流では，導体中を 1 秒間に 1 C の電荷が流れるので，1 A＝1 C/s の関係がある．電流の向きが一定で，大きさが時間的にほとんど変化しない電流を直流という．

例題 15　10 s 間に 20 C の電気量が導線中のある断面を通過したときの電流の強さ I [A]を求めよ．

解　式(4.21)から $I = \frac{20}{10} = 2.0$ となる．　　答　2.0 A

---

(2) オームの法則と電気抵抗

導体中を自由電子が流れるとき，陽イオンの熱振動や原子の配列の乱れなど，さまざま

な要因によって自由電子の運動が妨げられる．これが電気抵抗が生じる原因である．

長さと太さがそろったいろいろな金属線を電池に接続し，電圧 V [V]を変えて金属線に流れる電流 I [A]を測定してみると，電圧 V と電流 I は比例関係にあることがわかる．すなわち，比例定数を R とすると

$$V=RI \tag{4.22}$$

という関係が成り立つ．この関係を**オームの法則**という．

同じ電圧を加えても R の値が大きければ電流の値は小さくなり，したがって電流は流れにくいので，R を**電気抵抗**または**抵抗**という．電気抵抗の単位には Ω(オーム)を用いる．1Ω は，導体の両端に 1V の電圧を加えたときに 1A の電流が流れる抵抗の大きさである．式(4.22)より，1Ω＝1V/A の関係がある．

例題 16　導線の両端に起電力 3.0 V の電池をつないだとき 2.0 A の電流が流れた．この導線の電気抵抗 [Ω] を求めよ．

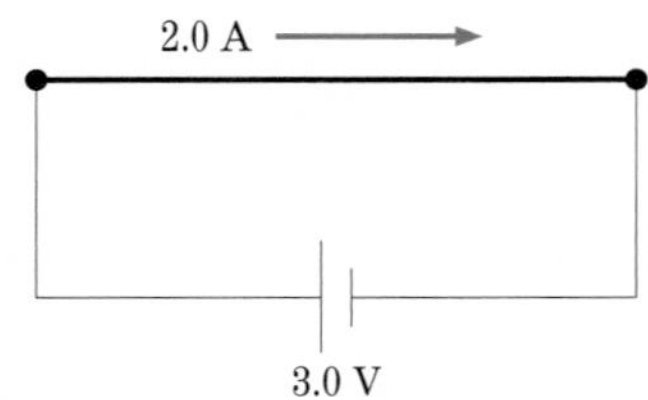

解　式(4.22)を用いて，$R=\frac{V}{I}=\frac{3.0}{2.0}=1.5\ \Omega$ と求まる．電池の**起電力**とは導線の両端に電位差をつくり出して保つ能力のことであり，その単位は電位差と同じ V(ボルト) である．この場合，電池のプラス側につながれた導線の端からマイナス側につながれた端まで電流が流れることで(電池の内部抵抗を無視すれば)電圧は 3.0 V 低下する．

---

(3)　抵抗率

電気抵抗 R [Ω] は，導体の材質，長さ，太さ，温度などによって異なる．材質の一様な導体では，R の値は長さ l [m]に比例し，断面積 S [m^2]に反比例する．すなわち，

$$R=\rho\frac{l}{S} \tag{4.23}$$

の関係がある．ここで，比例定数 ρ は**抵抗率**と呼ばれ，単位は Ω･m(オーム・メートル)である．その値は導体の種類や温度によって異なる(表 4.1 参照)．金属の抵抗率は小さく，誘電体(絶縁体)では大きい．これらの中間の値を示すものを**半導体**という．

物質の抵抗率は温度にも依存している．温度による電気抵抗の変化を温度測定に利用したものに白金抵抗温度計やサーミスタ温度計がある．電子体温計もその例である．

表 4.1 物質の抵抗率

物質	温度 [°C]	抵抗率 [Ω·m]
銀	20	1.62×10^{-8}
銅	20	1.7×10^{-8}
アルミニウム	20	2.75×10^{-8}
タングステン	20	5.5×10^{-8}
鉄	20	10×10^{-8}
ニクロム	20	109×10^{-8}
ゲルマニウム	常温	$\sim10^{-1}$
ケイ素	常温	$10^{-5}\sim10^{4}$
雲母	常温	$10^{12}\sim10^{15}$
ガラス	常温	$>10^{15}$

例題17　長さ 2.0 m で断面積が 1.0×10^{-6} m^2 のニクロム線がある．抵抗率を 1.1×10^{-6} Ω·m とするとき，電気抵抗の大きさ [Ω] を求めよ．

解　式(4.23)を用いる．$R=1.1\times10^{-6}\times\dfrac{2.0}{1.0\times10^{-6}}=2.2$　　答　2.2 Ω

(4) 電位降下

抵抗 R [Ω]の導線 AB に A 端から B 端に向けて電流 I [A]を流すためには，AB 間に $V=RI$ の電圧[V]を加えなければならない．この場合，B 端の電位が A 端の電位よりも V [V]だけ低くなっている．これを抵抗による**電位降下**，または**電圧降下**という．

(5) 抵抗の接続

複数の抵抗を組み合わせて接続することにより，全体としての電気抵抗を変えることができる．全体を 1 つの抵抗とみなしたときの電気抵抗を**合成抵抗**という．次に，電気抵抗 R_1 [Ω]，R_2 [Ω]の 2 個の抵抗を組み合わせて，その合成抵抗 R [Ω]を求めてみよう．

① **直列接続**　図 4.17 のように，直列に接続した 2 個の抵抗の両端に電圧 V [V]をかける．回路にはどの部分にも共通の大きさ I [A]の電流が流れる．抵抗 R_1 [Ω]，R_2 [Ω]にかかる電圧をそれぞれ V_1 [V]，V_2 [V]とすると，オームの法則より，

$$V_1=IR_1,\quad V_2=IR_2,\quad V=RI$$

一方，$V=V_1+V_2$ であるので，これに上の 3 式を代入すると，結果として

$$R=R_1+R_2 \tag{4.24}$$

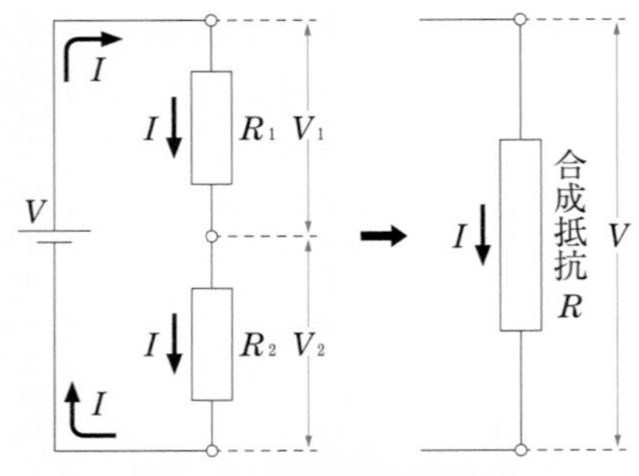

図 4.17　抵抗の直列接続

となる．抵抗を直列接続すると，合成抵抗は各抵抗の和になり，接続する抵抗の個数が多くなるほど，合成抵抗も大きくなることがわかる．

例題 18　20 Ω と 30 Ω の抵抗を直列に接続する．次の問に答えよ．

1）合成抵抗［Ω］はいくらか．

2）100 V の電圧を加えると，何 A の電流が流れるか．

3）100 V の電圧を加えると，各抵抗にかかる電圧［V］はいくらか．

解　1）式(4.24) より，$20+30=50$　　答　50 Ω

2）オームの法則より，$100/50=2.0$　　答　2.0 A

3）式(4.22) より，$20\times2.0=40$，$30\times2.0=60$　　答　40 V，60 V

---

② **並列接続**　　図 4.18 のように，並列に接続した 2 個の抵抗の両端に電圧 V［V］をかけると，各抵抗の両端にも電圧 V［V］がかかる．電池から流れる電流を I［A］とし，抵抗 R_1［Ω］，R_2［Ω］に流れる電流をそれぞれ I_1［A］，I_2［A］とすると，オームの法則より，

$$V=I_1R_1,\quad V=I_2R_2,\quad V=RI$$

一方，$I=I_1+I_2$ であるので，これに上の 3 式を代入すると，

$$\frac{1}{R}=\frac{1}{R_1}+\frac{1}{R_2} \tag{4.25}$$

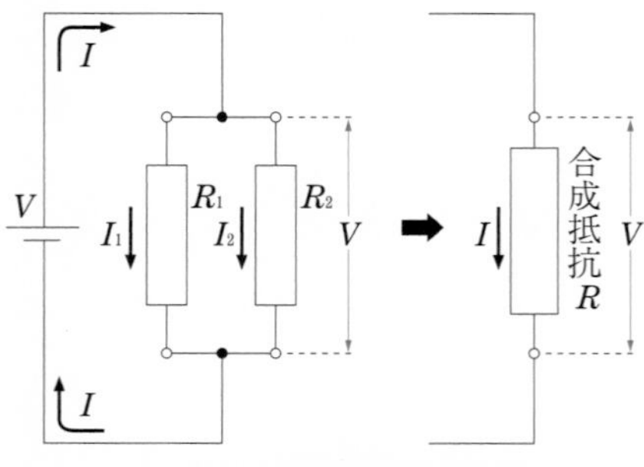

図 4.18　抵抗の並列接続

となる．一般に，複数の抵抗を並列接続すると，合成抵抗の逆数は各抵抗の逆数の和になる．この場合は電流が流れる経路が増えるので，合成抵抗はどの抵抗の値よりも小さくなる．

例題19　図のように，抵抗値がそれぞれ6 Ω，20 Ω，5 Ωの3個の抵抗R_1，R_2，R_3が接続してある．AC間に100 Vの電圧を加える．次の問に答えよ．

1）BC間の合成抵抗[Ω]はいくらか．

2）3つの抵抗を流れるそれぞれの電流［A］はいくらか．

3）AB間およびBC間の電圧[V]はそれぞれいくらか．

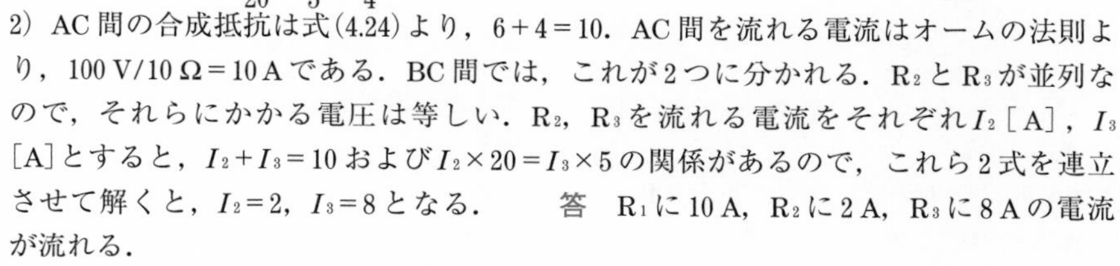

解　1）式(4.25)より，$\frac{1}{20}+\frac{1}{5}=\frac{1}{4}$　　答　4 Ω

2）AC間の合成抵抗は式(4.24)より，6＋4＝10．AC間を流れる電流はオームの法則より，100 V/10 Ω＝10 Aである．BC間では，これが2つに分かれる．R_2とR_3が並列なので，それらにかかる電圧は等しい．R_2，R_3を流れる電流をそれぞれI_2［A］，I_3［A］とすると，$I_2+I_3=10$および$I_2\times20=I_3\times5$の関係があるので，これら2式を連立させて解くと，$I_2=2$，$I_3=8$となる．　　答　R_1に10 A，R_2に2 A，R_3に8 Aの電流が流れる．

3）オームの法則より，AB間は10 A×6 Ω＝60 V，BC間は2 A×20 Ω＝40 Vとなる．
　答　AB間は60 V，BC間は40 V.

---

4. 2. 2　電流のする仕事とジュール熱

抵抗線に電流が流れると発熱する．その理由を考えてみる．抵抗線に電流を流すために電圧を加えると電場が生じる．すると，抵抗線内の自由電子は電場の作用を受けて加速され，運動エネルギーを得るが，抵抗線を構成している陽イオンと衝突して運動エネルギーを失う．自由電子は電場によって再び加速されるが，また陽イオンと衝突して運動エネルギーを失う．このように，抵抗線内で自由電子は電場による加速と陽イオンとの衝突を繰り返しながら，平均して一定の速さで抵抗線内を移動するとみなすことができる．すなわち，自由電子が電場から得たエネルギー(運動エネルギー)は，陽イオンとの衝突によって陽イオンを激しく振動させ，熱エネルギーに変わるのである．この熱エネルギーをジュール熱という．

いま，R［Ω]の抵抗線の両端にV［V]の電圧をかけて，I［A]の電流が流れたとする．時間t［s]の間に移動する電荷Q［C]は$Q=It$であるので，電荷が電場から受け取るエネルギー[J]は，式(4.9)を用いると，

$$W=QV=VIt=I^2Rt=\frac{V^2}{R}t \tag{4.26}$$

となる．このエネルギーが熱エネルギーに変わるとき，抵抗線で発生するジュール熱[J]は式(4.26)で表される．

ところで，式(4.26)のW［J］を電力量という．また，単位時間あたりに電流がする仕事を電力という．電力は電力量の仕事率を表す．電力をPとすると，

$$P = \frac{W}{t} = VI = I^2R = \frac{V^2}{R} \tag{4.27}$$

である．電力の単位は J/s または V･A である．これらの単位を W(ワット)という．すなわち，1 W = 1 J/s = 1 V･A である．

電力量の単位は J であるが，ほかに身近に用いられている単位として，1 kW の電力が 1 時間にする仕事量である 1 kWh(キロワット時)がある．なお，1 kWh は

$$1\ \mathrm{kWh} = 1\ \mathrm{kW} \times 1\ \mathrm{h} = 1000\ \mathrm{J/s} \times (60 \times 60)\ \mathrm{s} = 3.6 \times 10^6\ \mathrm{J}$$

である．

例題 20　100 V 用 500 W の電熱器について，以下の問に答えよ．

1) 抵抗[Ω]はいくらか．

2) 1 分間に発生するジュール熱[J]はいくらか．

3) 80 V の電圧で用いると消費する電力[W]はいくらか．

解　1) 式(4.27)より，$500 = (100)^2/R$，これから $R = 20$　　答　20 Ω

2) 式(4.26)より，$W = Pt = 500 \times 60 = 30000 = 3 \times 10^4$　　答　3×10^4 J

3) 式(4.27)より，$\mathrm{P} = 80^2/20 = 320$　　答　320 W

例題 21　15 Ω の抵抗を持つ導線に 2.0 A の電流が流れているときの電力[W]を求めよ．

解　式(4.27)より　$P = I^2R = (2.0)^2 \times 15 = 60$　　答　60 W

---

4. 2. 3　直流回路とキルヒホッフの法則

複数の電池と電気抵抗から構成される複雑な電気回路のどの部分にどのような直流電流が流れるのかを計算で求めるときにはキルヒホッフの法則が用いられる．この法則は 2 つの法則からなっている(図 4.19，図 4.20)．

第 1 法則：回路中に任意の交点に流れ込む電流の和は，そこから流れ出る電流の和に等しい．(電流の保存)

第 2 法則：回路中の任意の閉回路に沿って 1 周するとき，電圧降下の和は起電力の和に等しい．

ただし，1 周する向きは任意に決め，その向きに電流を流そうとする起電力と流れる電流を正に，反対向きの場合にはそれらを負にとる．

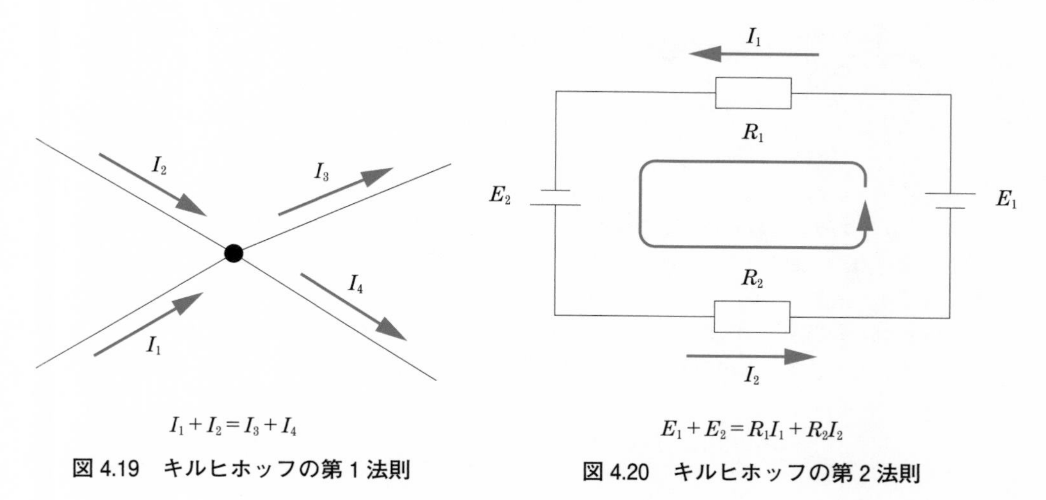

$I_1+I_2=I_3+I_4$

図 4.19　キルヒホッフの第 1 法則

$E_1+E_2=R_1I_1+R_2I_2$

図 4.20　キルヒホッフの第 2 法則

例題 22　図のように，起電力が V_1 [V]，V_2 [V]，V_3 [V] の電池と抵抗値が R_1 [Ω]，R_2 [Ω]，R_3 [Ω] の電気抵抗からなる回路がある.

1) 電流 I_1 [A]，I_2 [A]，I_3 [A] はどのような関係にあるか.

2) 回路の 3 つの閉回路について，キルヒホッフの第 2 法則はどのように表されるか.

3) $V_1=20$ V，$V_2=30$ V，$V_3=10$ V，$R_1=2$ Ω，$R_2=1$ Ω，$R_3=3$ Ω のとき，I_1 [A]，I_2 [A]，I_3 [A] はいくらか.

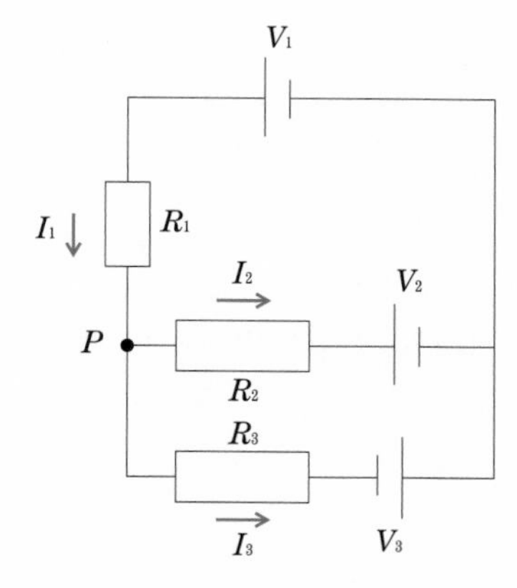

解　1) 点 P において，キルヒホッフの第 1 法則を用いる.　答　$I_1=I_2+I_3$

2) 3 つの閉回路部分に対してキルヒホッフの第 2 法則を用いる.

答　$I_1R_1+I_2R_2=V_1-V_2$.　$I_3R_3-I_2R_2=V_2+V_3$.　$I_1R_1+I_3R_3=V_1+V_3$

3) まず，1) より $I_1=I_2+I_3$.　つぎに，2) の第 1，2 式より，$2I_1+I_2=-10$，$3I_3-I_2=40$ が得られる．これらの 3 つの式を連立させて解くと，$I_1=0$，$I_2=-10$，$I_3=10$ と求まる．ここで，I_2 の負の値は，I_2 が図中の向きとは逆向きに流れることを示している.

答　$I_1=0$ A，$I_2=-10$ A，$I_3=10$ A

コラム：半導体とトランジスタ

【4. 2. 1(3)抵抗率】で学んだように，導体と不導体の中間の抵抗率をもつ物質は半導体と呼ばれます．また，ゲルマニウム(Ge)やシリコン(Si)などの単結晶からなる半導体を真性半導体，微量の不純物を含むものを不純物半導体といいます．不純物半導体にはn型半導体とp型半導体の2種類があり，n型半導体では電子がキャリア(電流の担い手)としてはたらき，p型半導体では電子が不足した部分であるホール(正孔)がキャリアとしてはたらきます．SiやGeの原子は，最も外側の電子殻に4個の価電子をもち，共有結合により結晶をつくります．n型半導体では，5個の価電子をもつリンやアンチモンを微量に結晶中に入れて，1個の価電子が余った状態をつくります．この余った電子は結晶内を動き回ることができるため，キャリアとしてはたらくことになります．p型半導体の場合，3個の価電子をもつアルミニウムやインジウムを微量に混ぜて電子が1個不足した状態をつくります．電場を与えると電子が移動してホールが埋まりますが，電子が元々あったところが新たなホールとなります．このように，ホールは電場の向きに移動していくことになり，正の電気をもつ粒子のように振る舞うことでキャリアとなります．

半導体を利用した素子には，一方向にのみ電流を流す整流作用をもつダイオード，太陽からの光エネルギーを電気エネルギーに変換できる太陽電池，微弱な電流や電圧信号を増幅できるトランジスタがあります．特にトランジスタは，その発明の業績で3名の研究者，ジョン・バーディーン(1908～1991：アメリカ)，ウォルター・ブラッテン(1902～1987：アメリカ)，ウィリアム・ショックレー(1910～1989：アメリカ)が1956年のノーベル物理学賞を受賞しており，今日の電子工学の発展に不可欠なものとなっています．

トランジスタはn型半導体とp型半導体を組み合わせてつくられますが，n型半導体でp型半導体を挟んだものをnpn型トランジスタ，p型半導体でn型半導体を挟んだものをpnp型トランジスタといいます．トランジスタにはエミッタ，ベース，コレクタと呼ばれる3つの端子があり，エミッタとベースの間に電圧をかけ，微弱な信号電流を流すと，エミッタとコレクタの間に大きな電流が流れます(増幅作用)．

Si単結晶の基板表面に不純物を拡散させることで，トランジスタ，電気抵抗やコンデンサーの機能をもつ構造を多数個形成したものを集積回路(IC)と呼びます．回路の高集積化は時代と共に進み，現在ではより高度な機能をもつ大規模集積回路(LSI)，超大規模集積回路(VLSI)などがコンピュータの中央処理装置(CPU)やメモリ(記憶素子)に利用されています．なお，ICの発明者であるジャック・キルビー(1923～1926：アメリカ)は2000年のノーベル物理学賞を受賞しています．

4. 3 電流と磁場

4. 3. 1 磁気力

2つの棒磁石があるとき，1つのN極ともう1つのS極を近づけると磁石間に引力がはたらき，N極同士あるいはS極同士を近づけると斥力がはたらく．この力を**磁気力**という．磁気力は棒磁石の中央部分よりも端の部分で強くはたらく．この部分を磁極と呼び，両端の磁極のうち，磁石を紐でぶら下げたときに北を向く方をN極，南を向く方をS極と呼んでいる．磁極における磁気力の大きさを決める量を磁荷と呼び，その強さの単位としてウェーバー[Wb]を用いる．磁荷 b_1 [Wb]と b_2 [Wb]の2つの磁極が距離 r [m]だけ離れているとき，磁極間にはたらく磁気力の大きさ F [N]は，

$$F = k\frac{b_1 b_2}{r^2} \tag{4.28}$$

となる(k は比例定数)．これは点電荷の間にはたらくクーロン力とよく似ており，**磁気力に関するクーロンの法則**という．正電荷と負電荷が存在していたように，一般にはN極に存在する磁荷を正の値，S極に存在する磁荷を負の値にとる．同種の磁極間には斥力が，異種の磁極間には引力がはたらく．

磁気力はクーロン力とよく似ているが，異なる点もある．電荷は単一で存在できるが，それに対して磁荷は必ず一対で存在する．実際，図4.21のように棒磁石を分割すると，その端の片側がN極，もう片側がS極となるように磁極があらわれる．これは磁荷が単一では存在し得ないことを意味する*.

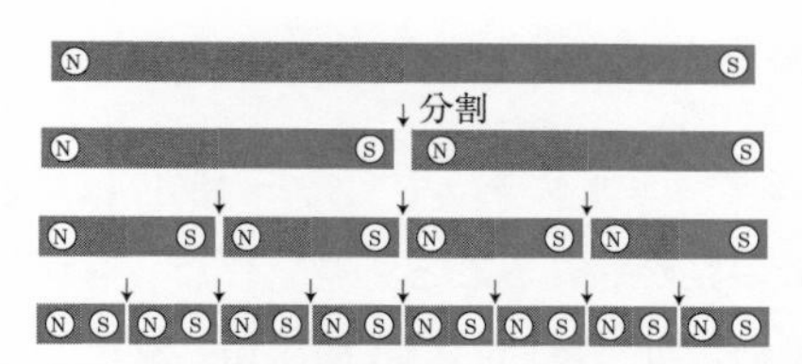

図4.21 一本の棒磁石を分割したときの様子

電荷がその周囲にある種の空間の歪みである電場をつくっていたように，磁極もその周囲に**磁場(または磁界)**B をつくる．また，磁石の磁極だけでなく電流や運動する電荷もまた磁場をつくる．そして，この磁場 B は磁極や電流，運動する電荷に磁気力を作用する．†磁場の単位はテスラ[T]で，[T]＝[N/(A・m)]であるが，その詳細な説明は4. 3. 7節で

*クーロンの法則と磁気力に関するクーロンの法則を対応させるために便宜上磁荷を導入したが，実際には物質の磁気的な性質の源は，物質を構成している原子の内部を流れる電流(ミクロな電流)である．
†本書では真空中における電流と磁場の現象のみを取り扱うので，B を磁場と呼んでいる．なお，B を磁束密度と呼ぶ場合もある．

後述する．

4. 3. 2　磁力線

電場の向きや強さを視覚的にわかりやすく示す道具として電気力線があった．磁場についても同様に，各点での接線がその場所の磁場 B の向きになるような曲線を用いるのがよい．これを**磁力線**という．ただし，電気力線の場合は正電荷から出て負電荷に入っていったが，磁場の場合は電荷に対応する単一の磁荷が存在しない．磁石の周囲の磁力線は N 極から出て S 極に入る．さらに磁石の内部の磁力線まで考えると，図 4.22 のように磁力線は出ていく場所も入る場所もない閉曲線となる．途中で折れ曲がったり枝分かれしたりしないのは電気力線と同様である．磁力線の密度が磁場の強さ B に比例することも電気力線と同様であり，磁力線の場合，B [T] の磁場の強さをもつ場所では 1 m^2 あたり B 本の磁力線を持つ．

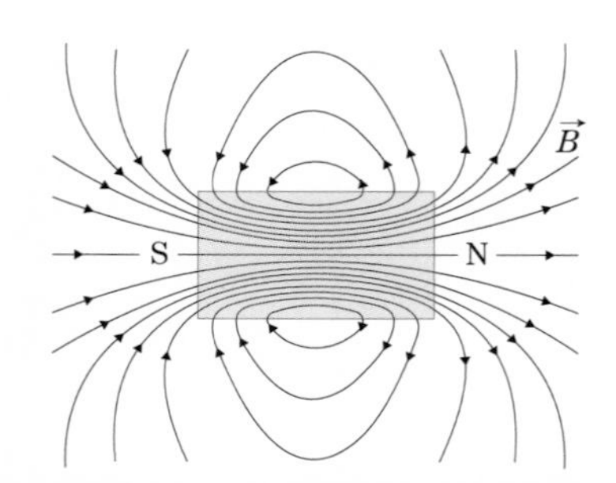

図 4.22　磁石のまわりの磁場 $\boldsymbol{B}$ の磁力線のようす

4. 3. 3　直線電流がつくる磁場

1820 年デンマークの物理学者エルステッド (1777～1851) は，導線に電流を流したとき，その近くにあった方位磁針の針が振れることを発見した．導線と方位磁針の配置を変えながら詳しく調べると，導線の周りには同心円状の**磁場**が発生していることがわかった．方位磁針を電流のまわりにおき N 極がさす向きを調べると，磁場の向きは導線を中心とする同心円状であることが分かった (図 4.23)．この磁場の向きは，電流の流れる向きに進む右ねじの回る向きに等しい．よって，これを**右ねじの法則**という．

磁場の強さ B [T] は，電流の大きさ I [A] に比例し，直線電流からの距離 r [m] に反比例することが分かった．これは

$$B=\frac{\mu_0}{2\pi}\frac{I}{r} \tag{4.29}$$

と表される．ここで比例定数にあらわれる μ_0 は磁気定数あるいは真空の透磁率と呼ばれ，

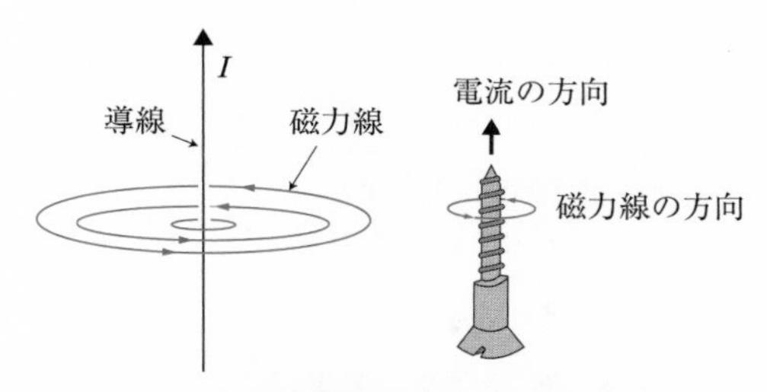

図 4.23　直線電流のまわりの磁場

以下の値と単位を持つ*.

$$\mu_0 = 1.25663706212(19) \times 10^{-6}\ [\mathrm{T \cdot m/A}]\ \text{または}\ [\mathrm{N/A^2}] \tag{4.30}$$

4. 3. 4　直線以外の形状の電流の場合

(1)　円形電流が中心につくる磁場

円形の導線に電流を流すと，図 4.24 左のように導線のまわりに磁場が生じるが，これらの磁場は重ね合わさって図 4.24 右のような磁場ができる．直線電流の場合と異なり，磁場の強さすなわち磁力線の密度は導線からの距離には反比例せず，場所により異なる．半径 R [m]の円の場合，その中心における磁場の強さ B [T]は，電流の強さを I [A]とすると，

$$B = \frac{\mu_0 I}{2R} \tag{4.31}$$

となる．コイルを 1 巻きではなく，N 巻きにすると，磁場の強さは N 倍になる．

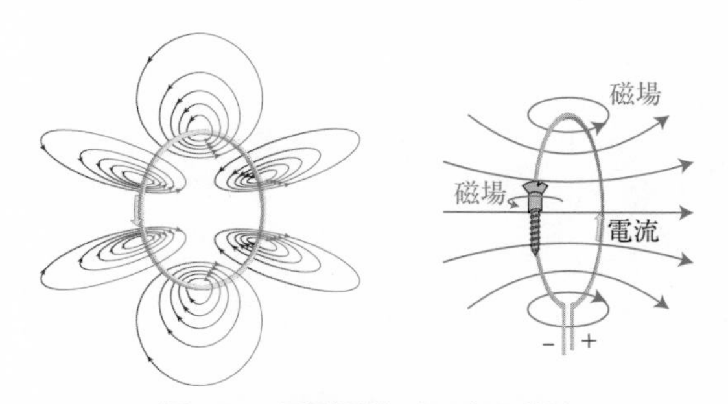

図 4.24　円形電流がつくる磁場

*この磁気定数は，式(4.34)で後述するように，磁場中の電流にはたらくアンペール力の大きさと電流の大きさとの間の比例定数としても現れる．式(4.34)から，磁気定数の単位は[N/A²]とも表されることがわかる．

(2) ソレノイドが中心につくる磁場

図4.25のように導線を円筒形に一様に巻いたコイルをソレノイドという．ソレノイドに電流を流すと，その中心における磁場の強さは，円形電流の場合の磁場がさらに強めあったものになる．十分に長いソレノイドの内部の磁場は，両端付近を除いて，向きと強さが場所によらず一定になる．このとき，ソレノイドの内部における磁場の強さ B [T]は，単位長さ(1 m)あたりの巻数を n，電流の強さを I [A]とすると，

$$B = \mu_0 n I \tag{4.32}$$

であり，その向きは電流の向きに右ねじを回したときにねじの進む向きである．

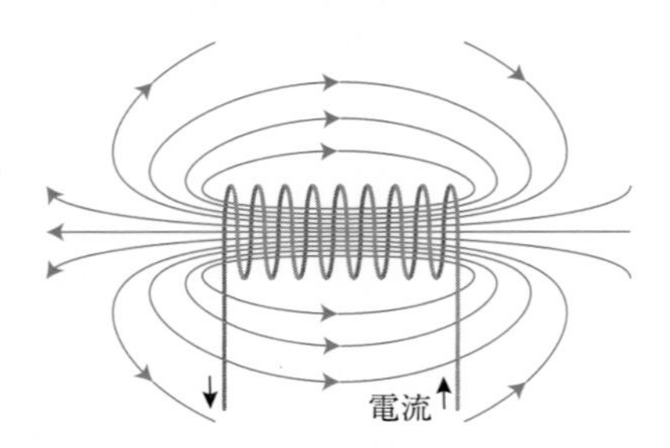

図4.25　ソレノイドがつくる磁場

(3) ビオ・サバールの法則

さまざまな形状の電流について，そのまわりの磁場を説明してきたが，これらは全て，フランスの物理学者ジャン=バティスト・ビオ(1774～1862)とフェリックス・サバール(1791～1841)が1820年に発見した法則(ビオ・サバールの法則という)によって求められる．ビオ・サバールの法則では一般にどのような形状の電流にも用いる事ができ，さらに磁場の向きまで導くことができる*.

例題23　十分に長い直線上の導線に0.50 Aの電流が流れている．この導線から距離0.50 m離れた点での磁場の強さ[T]はいくらか．ただし磁気定数を $\mu_0 = 1.3\times10^{-6}$ N/A^2 とする．

解　式(4.29)より，$B = \dfrac{1.3\times10^{-6}}{2\pi}\,\dfrac{0.50}{0.50} = 0.2069\cdots\times10^{-6} = 2.1\times10^{-7}$

答　2.1×10^{-7} T

例題24　半径0.50 mの円形の導線に0.50 Aの電流を流したとき，円の中心の磁場の強さ[T]はいくらか．

解　式(4.31)より，$B = \dfrac{1.3\times10^{-6}}{2}\,\dfrac{0.50}{0.50} = 6.5\times10^{-7}$　　答　6.5×10^{-7} T

---

*ビオ・サバールの法則の詳細は本書では省略するが，興味ある方は電磁気学の専門書を参考にされたい．

例題 25　1 m あたり 200 回の巻数のソレノイドに 0.20 A の電流を流したとき，ソレノイドの内部にできる磁場の強さ [T] はいくらか．

解　式(4.32)より，$B=1.3\times10^{-6}\times200\times0.20=5.2\times10^{-5}$
答　5.2×10^{-5} T

4. 3. 5　磁束

4. 3. 2 節で学んだように，強さ B [T] の磁場をもつ場所では 1 m² あたり B 本の磁力線を持つ．図 4.26 のように，強さが B [T] で一様な場所において，磁場の向きに垂直な平面を考えたとき，その平面を貫く磁力線の本数を磁束という．平面の面積を S [m²] とすると，磁束 Φ は

$$\Phi=BS \tag{4.33}$$

と表される．磁束の単位は[T·m²]または[Wb]である．

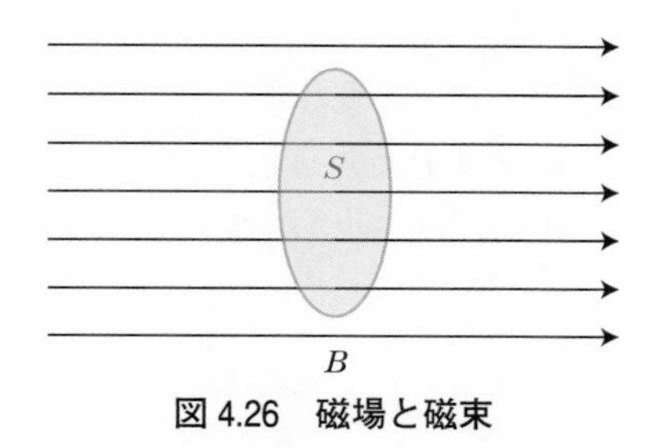

図 4.26　磁場と磁束

4. 3. 6　磁場中の電流にはたらく力(アンペール力)

エルステッドの実験結果を知ったフランスの物理学者アンドレ=マリ・アンペール(1775～1836)は同じ 1820 年，2 本のまっすぐな導線を平行に置いて電流を流した．すると，電流が互いに平行な場合には導線間に引力が加わり(図 4.27)，互いに逆向きにすると斥力がはたらくことを発見した．

2 本の平行導線にはたらく磁気力の大きさは，導線間の距離 r [m] に反比例し，2 本の導線を流れるそれぞれの電流の強さ I_1 [A] および I_2 [A] に比例する．この場合の単位長さ(1 m)あたりの導線に作用する磁気力の大きさ F [N/m] は，

$$F=\frac{\mu_0}{2\pi}\frac{I_1I_2}{r} \tag{4.34}$$

と表される．

この電流間にはたらく磁気力は以下のように解釈できる．

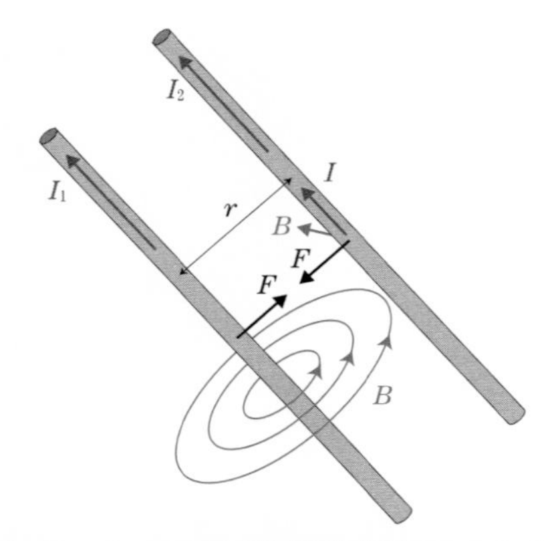

図 4.27　2本の平行直線電流間にはたらく力

・電流はそのまわりの空間に磁場を生じさせる．

・磁場中におかれた電流は磁場から力を受ける．

これは，電場について学んだときの

・電荷はそのまわりの空間に電場を生じさせる．

・電場中におかれた電荷は電場から力を受ける．

に対応させることができる．この考え方に基づくと，図 4.27 において直線電流 I_1 [A]によって直線電流 I_2 [A]の位置に生じている磁場の強さ B [T]は，

$$B = \frac{\mu_0}{2\pi}\frac{I_1}{r} \tag{4.35}$$

であるから，直線電流 I_2 [A]にはたらく力の大きさ F [N]は導線の長さを l [m]とすると，

$$F = I_2 B l \tag{4.36}$$

と表される．

この式(4.36)は，一般に磁場 B [T]の中に電流が流れている場合に成立する．図 4.28 左のように，U 字型磁石の磁極の間にある一様な磁場 B [T]の中を，磁場の向きと垂直な方向に強さ I [A]の直線電流が流れている場合を考える．磁場中の導線の長さを l [m]とすると，直線電流 I にはたらく力の大きさ F [N]は

$$F = IBl \tag{4.37}$$

となる．図 4.28 中央のように，この力の向きは磁場の向きとも直線電流の向きとも垂直である．一方，図 4.28 右のように，磁場と直線電流のなす角が直角でなく θ の角をなす場合，やはり磁場中の導線の長さを l [m]とすると，磁場の向きと垂直な直線電流の成分 $I\sin\theta$ [A]を用いて，

$$F = IBl \sin\theta \tag{4.38}$$

と表される．

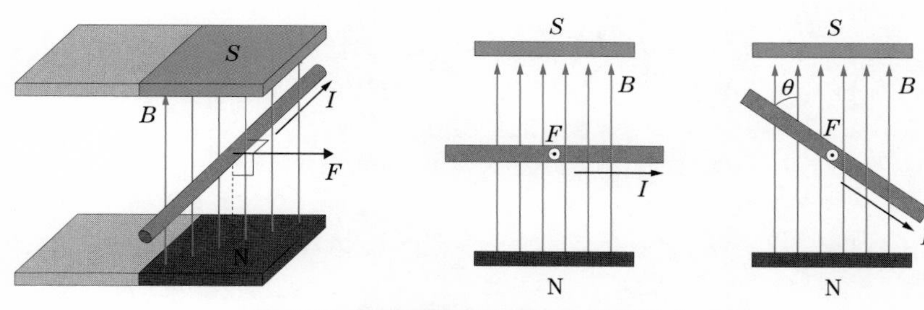

図 4.28　直線電流が磁場から受ける力

図 4.29 にしめすように，左手の人差し指を磁場の向きに，中指を電流の向きに，親指を人差し指と中指の両方に垂直な方向に向けると，電流の受ける力の向きは親指の向きになる．これをフレミングの左手の法則という．図 4.29 を，図 4.27 および図 4.28 と見比べるとよい．

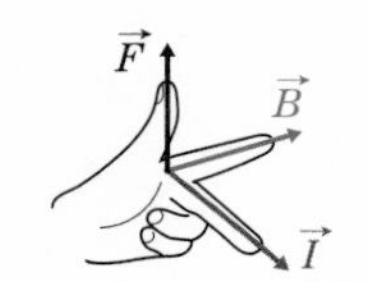

図 4.29　フレミングの左手の法則

例題 26　長さ 0.50 m の導線に電流が 0.40 A 流れている．この導線に垂直に磁場 $B = 0.050$ T がかかっているとき，導線が受ける力[N]はいくらか．

解　式(4.37)より，$F = IBl = 0.40 \times 0.050 \times 0.50$

答　1.0×10^{-2} N

コラム：超伝導

特定の金属や化合物などの物質を冷やすと，ある温度以下で物質の電気抵抗がゼロになる現象を超伝導（超電導とも書く）といいます．この超伝導は，1911年，オランダの物理学者ヘイケ・カメルリング・オンネス（1853～1926）により水銀で最初に発見されました（1913年にノーベル物理学を受賞）．超伝導となる温度（転移温度）は金属の種類によって異なり，例えば，水銀では4.15 K，ニオブは9.22 K，アルミニウムは1.20 Kです．これらの発見では－269 °C（約4 K）で液体になるヘリウムを利用して冷却していましたが，1980年代になると液体窒素の沸点である－196 °C（約77 K）以上で超伝導現象を起こす物質が初めて発見されました（1987年のノーベル物理学賞対象）．この物質を高温超伝導物質といいます．その後の高温超伝導物質の研究は目覚ましく発展し，2020年には267 GPa（ギガパスカル）の高圧の下で炭素質水素化硫黄（CH_8S）が287.7 K（15 °C）で超伝導状態になることが発見され，転移温度が初めて0 °Cを超えたことにより注目されました（常温超伝導物質の発見）．

超伝導状態になった物質は興味深い性質を持ちます．電気抵抗が0となりますので，一度流れ始めた直流電流が電圧降下なしに永続的に流れるという現象が起きます（完全導電性）．回路のすべてを超伝導体で構成すると流れ続ける電流によって永久電磁石となりますし，コイル状の超伝導体回路に大電流を与えれば，他では得られないほど強力な磁場が発生します．これを利用したのが超伝導磁石であり，身近なところでは医療用核磁気共鳴画像撮影（MRI）装置などに使われています．

一方，超伝導状態になると「マイスナー効果」という現象も現れます．これは完全反磁性といわれ，超伝導体内部が外部からの磁場を排除して内部の磁場をゼロにするというものです．図のように，超伝導体を永久磁石の上に置いて徐々に温度を下げていくと，転移温度になった瞬間に超伝導体が浮き上がる「磁気浮上」現象もこの効果によるものです．これは超伝導によって磁場の侵入が排除されたために浮き上がるものであり，この現象は東京と大阪を約70分（東京と名古屋を約40分）で結ぶリニア中央新幹線の走行方式（超伝導リニア）に応用されています．

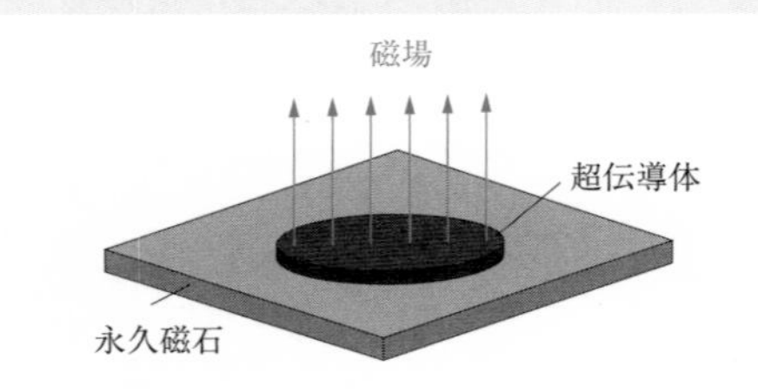

（左図）永久磁石の上に超伝導体を置きます．冷却前では，永久磁石の磁場が超伝導体を貫いています．

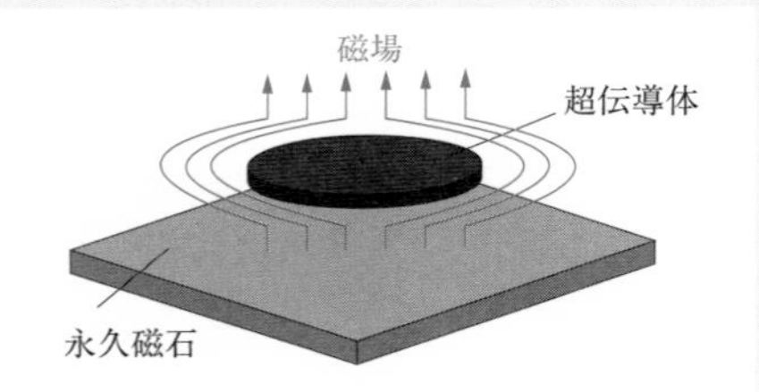

（右図）超伝導体が転移温度以下に冷却されると，超伝導体の内部から磁場を追い出します．この結果，超伝導体が永久磁石の上に浮きます．

4. 3. 7 磁場中を運動する電荷にはたらく力

(1) ローレンツ力

電流の正体は導体内を流れる電子であった．よって，磁場中の電流にはたらくアンペール力の実態は，磁場中を運動する自由電子がうける力に他ならない．自由電子に限らず，運動している荷電粒子が磁場から受ける力をローレンツ力という．

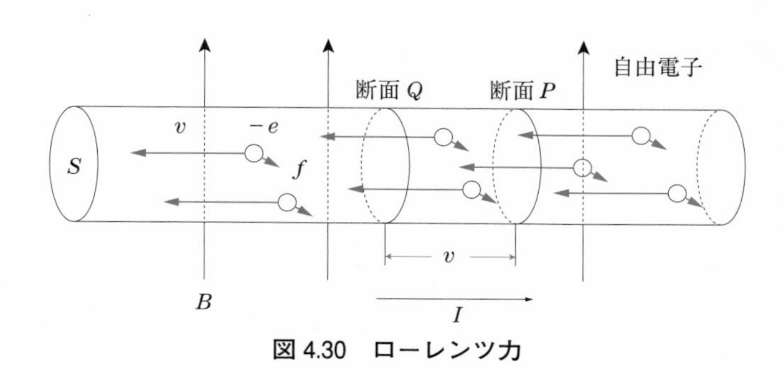

図 4.30　ローレンツ力

図 4.30 のように，強さ B [T] の磁場中に長さ l [m]，断面積 S [m^2] の導線をおき，この導線に電流 I [A] を流す．導線の単位体積に含まれる自由電子の個数を n [1/m^3]，電荷を $-e$ [C]，平均の速さを v [m/s] とする．電流の強さは導線内の任意の断面を単位時間に流れる電気量である．任意の断面 P を通過した電子は単位時間後には v [m/s] だけ進んだところの断面 Q に達している．したがって，この単位時間内に断面 P を通過した電子は 2 つの断面 P と Q の間に存在する．断面 PQ 間の体積は Sv [m^3] であるので，PQ 間に含まれる電子の個数は nSv であり，電気量は $-enSv$ [C] となる．こうして，$I=enSv$ と求められる．

一方，この導線が磁場と θ の角をなすとすると，導線が磁場から受ける力 F [N] は式 (4.38) より $F=IBl\sin\theta$ である．これに上で求めた I を代入すると，$F=enSvBl\sin\theta$ となる，この導線に含まれる電子の個数は nSl であるので，導線内の電子 1 個あたりにはたらくローレンツ力 f [N] は

$$f=evB\sin\theta \tag{4.39}$$

される．この式から，磁場 B の単位であるテスラは，[T] = [N/(C・(m/s)] = [N/(A・m)] である．

(2) 磁場中の荷電粒子の運動

図 4.31 のように，真空中の一様な磁場 B [T]にこれと垂直に電荷 q [C]，質量 m [kg]の荷電粒子を速さ v [m/s]で入射させた場合の荷電粒子の運動について考える．荷電粒子には運動方向に垂直に大きさ qvB [N]のローレンツ力がはたらく．ローレンツ力はつねに速度に垂直にはたらき，運動の向きを変えるだけで速さを変えることはなく，荷電粒子に仕事をすることはない．結局，ローレンツ力が向心力となって，荷電粒子は等速円運動をする．その円の半径を r [m]とすると，半径方向の運動方程式より，

$$m\frac{v^2}{r}=qvB \text{ よって } r=\frac{mv}{qB} \tag{4.40}$$

となる．

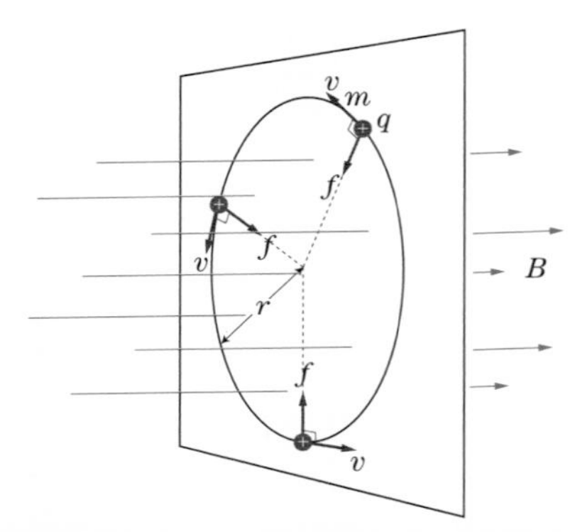

図 4.31　磁場に垂直に入射した荷電粒子の運動（$q>0$ の場合）

4. 3. 8　磁性体

鉄に永久磁石を近づけると吸い寄せられる一方，木片に永久磁石を近づけても全く動かない．このように物質が磁場に反応する性質はさまざまであるが，それをまとめて磁性という．磁性はその物質を構成する原子の内部に流れている電流（ミクロな円形電流）によって決まる．図 4.32 の小さな楕円がミクロな円形電流であり，円形電流の向きに右ねじを回したときにねじの進む向きが，物質内部の磁気的性質の向きを示している．物質が磁場中におかれたときに円形電流の向きが変化し，物質自体が磁気的性質を帯びる．これを磁化という．この磁化の仕方によって物質は 3 種類に分類される．

外部磁場を打ち消す向きに円形電流が誘起される性質を反磁性と呼び，反磁性を示す物質を反磁性体と呼ぶ．上述の木片がその例である．外部磁場がない場合は円形電流の向きがランダムだが，外部磁場によりその向きがある程度そろう性質を常磁性と呼び，常磁性を示す物質を常磁性体と呼ぶ．アルミニウムやマグネシウムなどがその代表例である．隣

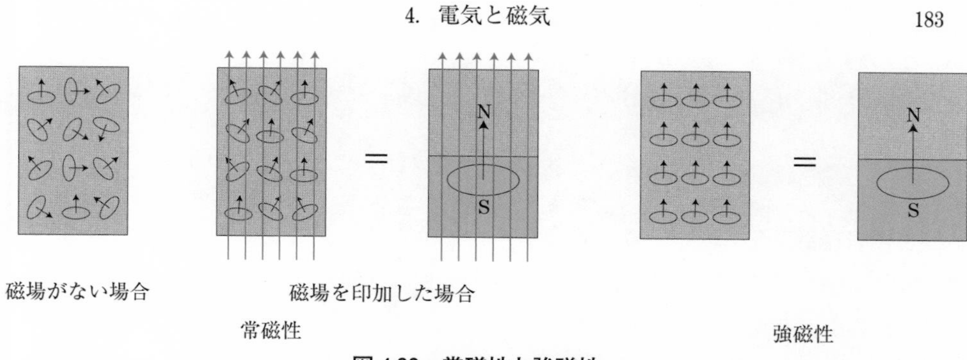

図 4.32　常磁性と強磁性

り合った原子間の相互作用により，円形電流の向きが一定の向きにそろった状態が安定して存在する性質を強磁性と呼ぶ．強磁性体には鉄，コバルト，ニッケルなどがある．

4. 4　電磁誘導と交流

4. 4. 1　電磁誘導

(1)　電磁誘導

4.3.2 で導線に定常電流が流れるとまわりの空間に磁場が生じることを学んだ．それでは逆に，磁場が存在するときに導線中に電流が流れることはないのだろうか．多くの人々がこの問題に挑戦した中で，ファラデーが 1830 年頃に，導線中に電流が流れることを発見した．この現象を電磁誘導といい，発生する電圧を誘導起電力，流れる電流を誘導電流という．

図 4.33 のように，磁石をコイルに近づけるか，またはコイルから遠ざけると，コイルに誘導電流が流れる．コイルの方を動かしてもよい．このとき，コイルを貫く磁石の磁束密度が変化している．しかし，磁束密度が変化しない場合にはコイルに電流は流れない．

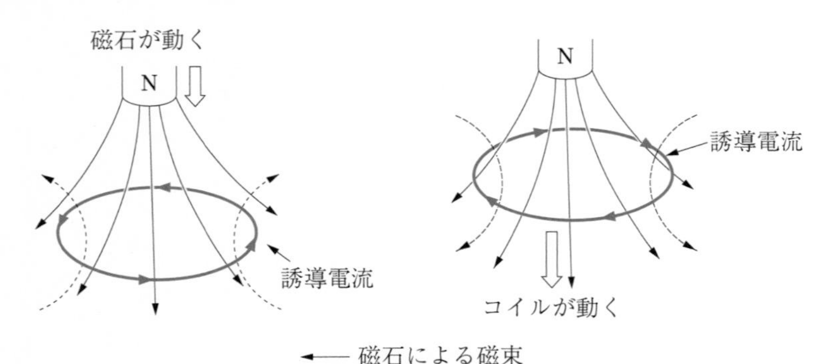

図 4.33　電磁誘導

誘導電流も磁場をつくるが，その向きは，コイルを貫く磁束が増えるときは磁束を減らす向きで，逆に磁束が減るときは磁束を増やす向きである．また，磁石を速く動かして，コイルを貫く磁束を速く変化させるほど，コイルに発生する誘導起電力は大きくなる．

このように，コイルに対して一様な磁束密度が存在するだけではコイルに電流が流れることはないが，磁束密度が変化すれば電流が誘起される．

(2)　ファラデーの電磁誘導の法則

上述の電磁誘導は次のようにまとめることができる．

まず，**コイルに発生する誘導起電力は，誘導電流のつくる磁束密度が外部の**(ここでは磁石の)**磁束の変化を妨げる向きに生じる**．これをレンツの法則という．

また，**誘導起電力の大きさは，コイルを貫く磁束の時間的な変化の割合に比例する**．これをファラデーの電磁誘導の法則という.

電磁誘導の法則を式に表してみよう. 1巻きコイルの場合の誘導起電力 V [V]は, 時間 Δt [s]の間に磁束が $\Delta\Phi$ [Wb]だけ変化するとき,

$$V=-\frac{\Delta\Phi}{\Delta t} \tag{4.41}$$

と表せる. ここで, マイナスの符号はレンツの法則を表している. また, N 回巻きコイルに発生する誘導起電力は, 1巻きあたりの起電力が N 個直列につながっていることになるので, 次式のように表せる.

$$V=-N\frac{\Delta\Phi}{\Delta t} \tag{4.42}$$

例題27 一巻きコイルに磁石のS極側を図のように接近させたとき, 電気抵抗には左右どちら向きの誘導電流が流れるか.

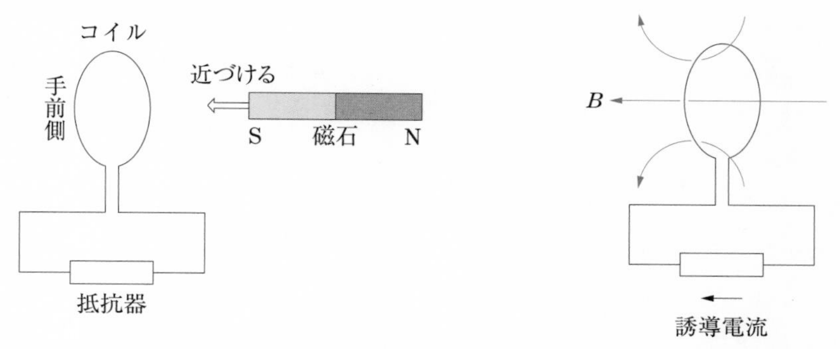

解 磁束密度の変化を妨げるには, 磁石が近づくのを妨げればよい. したがって, コイルの右側がS極となるように誘導電流が流れる. このときコイルに発生する磁力線の向きは図のようになるから, 右ネジの法則を当てはめれば, 抵抗器を流れる誘導電流の向きは左向きとなる.

例題28 断面の直径が4 cmの円形で200回巻きのコイルがある. コイルを貫く磁束密度が0.04 s間に0.2 Tから0.7 Tに増加した. このとき, コイルに生じた誘導起電力の大きさ[V]はいくらか.

解 磁束の変化＝面積×磁束密度の変化である. 式(4.42)に, $N=200$, $\Delta\Phi=(0.7-0.2)\times\pi\times(2\times10^{-2})^2$, $\Delta t=0.04$ を代入する. $V=-3$. 大きさは3 V. 答 3 V

(3) ローレンツ力と誘導起電力

磁束の変化は, それが貫く面積の変化によっても起こる. 図4.34のように, 一様な磁束密度 $\vec{B}$ [T]の磁場中に磁場に垂直に回路ABCDをおく. 辺ABとCDは平行で, 辺BCの長さは l [m]である. そして, 長さ l [m]の導体棒PQを常に辺BCに平行になるように,

辺 AB と CD 上を一定の速さ v [m/s]で動かす．このとき回路に発生する誘導起電力を求めてみよう．

時間 Δt [s]の間に導体棒 PQ は $v\Delta t$ [m]だけ移動して，閉回路 BCPQ の面積は $lv\Delta t$ [m²]だけ増えるので，回路を貫く磁束は $\Delta\Phi = vBl\Delta t$ [Wb]だけ増加する．こうして，式(4.44)より，誘導起電力の大きさ V [V]は

$$V = vBl \tag{4.43}$$

と表される．

この誘導起電力は，ローレンツ力によっても説明することができる．図 4.35 のように，一様な磁束密度 $\vec{B}$ [T]の磁場中を，一定の速さ v [m/s]で動く長さ l [m]の導体棒 PQ について考える．棒の中の自由電子も速さ v [m/s]で動くので，その電荷を $-e$ [C]とすると，大きさ evB [N]のローレンツ力を P から Q の向きに受ける．この力により自由電子は Q 端の方に移動するので，Q 端は電子が過剰になり負に帯電し，P 端は電子が不足して正に帯電する．この両端の電荷により，ローレンツ力とは逆向きに，P から Q に向かって新たに電場が発生する．この電場の強さを E [V/m]とすると，電子は電場から eE [N]の力を受けることになる．こうして，電子にはローレンツ力 evB [N]と電場からの力 eE [N]とがはたらくので，その合力の向きに電子は移動する．この 2 つの力がつり合って $evB = eE$ となると，電子の移動は止まる．このとき，導体棒 PQ に発生する電圧 V [V]は，式(4.11)より，$V = El = vBl$ となり，式(4.43)と一致する．

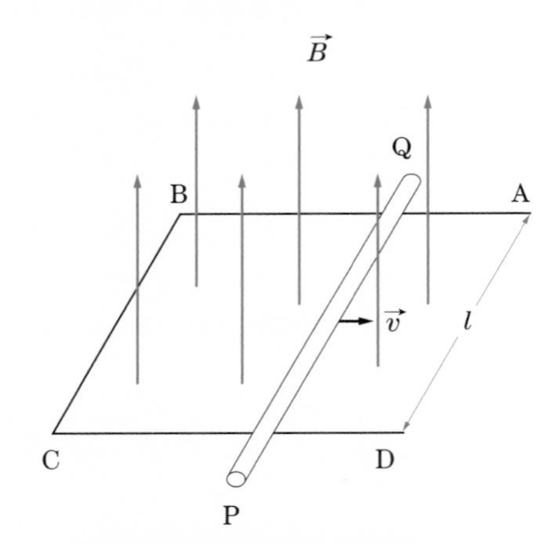

図 4.34　磁場中で面積が変化する閉回路における誘導起電力

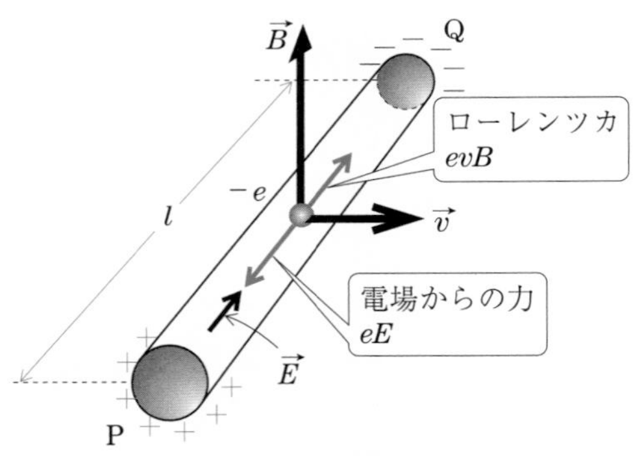

図 4.35　磁場中で運動する導体棒中の自由電子にはたらくローレンツ力

例題 29　縦の長さ a [m]，横の長さ b [m] の長方形の 1 巻きコイルを，図の範囲にある磁束密度 B [T] の一様な磁場(紙面の表から裏の方向)の中で，矢印の向きに一定の速さ v [m/s] で動かす．図の(a)，(b)，(c)に示された位置において，コイルに流れる電流の大きさと向き(時計回り，反時計回り)を測定した．ただし，コイルの電気抵抗を R [Ω] とする．

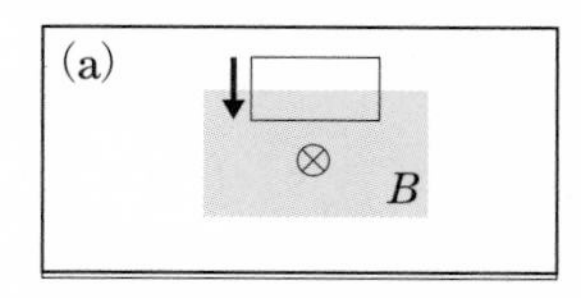

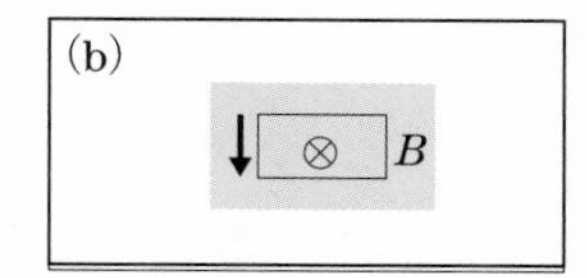

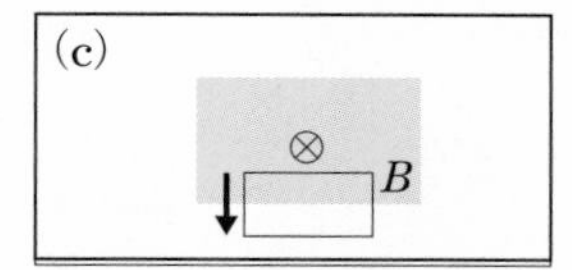

1）図(a)の状態において，コイルに流れる電流の大きさ [A] と向きを答えよ．
2）図(b)の状態において，コイルに流れる電流の大きさ [A] と向きを答えよ．
3）図(c)の状態において，コイルに流れる電流の大きさ [A] と向きを答えよ．

解
1）式(4.43)より，$V=vBb$，$I=V/R=vBb/R$
　答　大きさ $=vBb/R$ [A]，向き＝反時計回り
2）磁束密度は変化しないため，電流は流れない．
　答　大きさ $=0$ [A](流れない)，向き＝無し
3）式(4.43)より，$V=vBb$，$I=V/R=vBb/R$
　答　大きさ $=vBb/R$ [A]，向き＝時計回り

(4) 相互誘導

図 4.33 に示した電磁誘導は，磁石の磁束の変化によってコイルに誘導起電力が発生した場合であるが，他のコイルで発生した磁束の変化によっても電磁誘導は起こる．図 4.36 のように，2 つのコイル 1 と 2 を接近させて置く．コイル 1 に電流 I_1 [A]を流すと，コイル 1 で発生した磁束の一部 Φ_2 [Wb]がコイル 2 を貫く．電流 I_1 [A]が変化すると磁束 Φ_2 [Wb]も変化するので，電磁誘導によりコイル 2 に誘導起電力が生じる．この現象を**相互誘導**という．

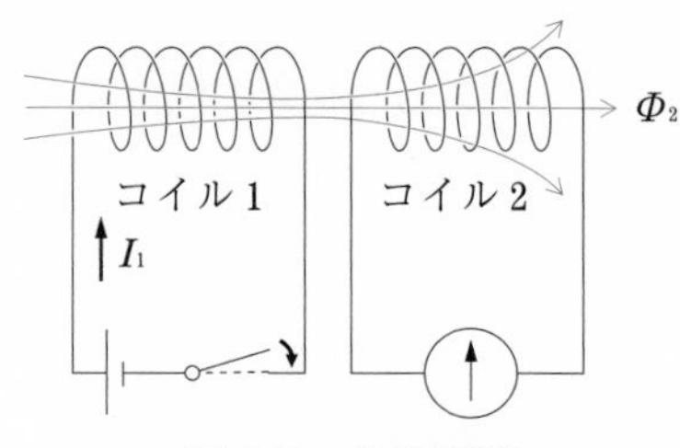

図 4.36　相互誘導

次に，コイル 2 に生じる誘導起電力 V_2 [V]を，式(4.41)を用いて求めてみる．磁束 Φ_2

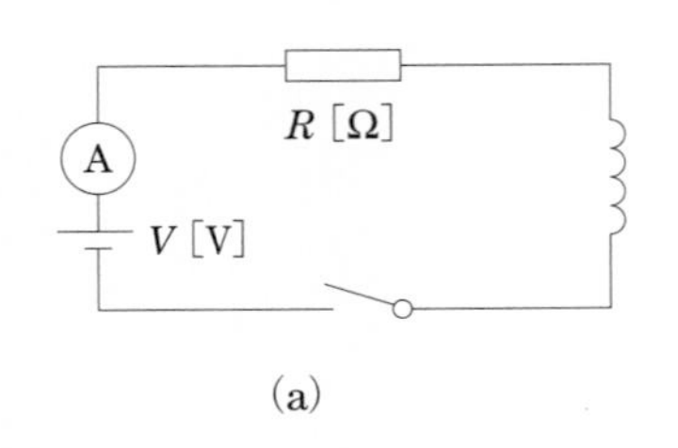

(a)

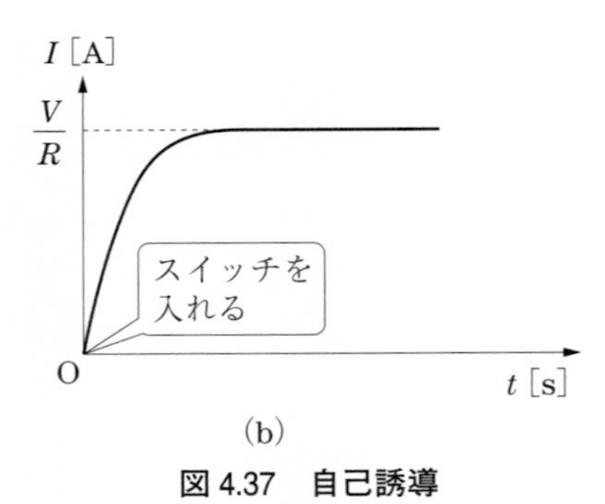

(b)

図 4.37　自己誘導

[Wb]は電流 I_1 [A]に比例するので，

$$\Phi_2 = MI_1 \tag{4.44}$$

の関係がある．ここに，M は比例定数である．I_1 [A]が時間 Δt [s]の間に ΔI_1 [A]だけ変化したとすると，Φ_2 [Wb]の変化 $\Delta\Phi_2$ [Wb]は $M\Delta I_1$ である．よって，コイル 2 に生じる誘導起電力 V_2 [V]は

$$V_2 = -\frac{\Delta\Phi_2}{\Delta t} = -M\frac{\Delta I_1}{\Delta t} \tag{4.45}$$

となる．負号はコイル 2 において，磁束の変化を妨げる向きに誘導起電力が生じることを表している．M を相互インダクタンスという．その値は 2 つにコイルの形，大きさ，巻数，相互の位置などによって異なる．単位は V･s /A であり，これをヘンリー(H)と呼ぶ．

(5)　自己誘導

コイルに流れる電流の変化による磁束の変化は，電磁誘導により，そのコイル自身にも誘導起電力を生じる．この現象を自己誘導という．そのために，コイルに流れる電流は変化しにくくなる．例えば，図 4.37(a)のような回路でスイッチを閉じると，閉じる前は電流が流れていなかったので，自己誘導により，回路に流れる電流 I [A]は図 4.37(b)のように徐々に増加する．

次に，コイルに生じる誘導起電力 V [V]を，式(4.41)を用いて求めてみる．コイルを貫く磁束 Φ [Wb]はコイルに流れる電流 I [A]によって生じ，これらは比例関係にある．す

なわち，

$$\Phi = LI \tag{4.46}$$

ここに，Lは比例定数である．I [A]が時間 Δt [s]の間に ΔI [A]だけ変化したとすると，Φ [Wb]の変化 $\Delta\Phi$ [Wb]は $L\Delta I$ である．よって，コイルに生じる誘導起電力 V [V]は

$$V = -\frac{\Delta\Phi}{\Delta t} = -L\frac{\Delta I}{\Delta t} \tag{4.47}$$

となる．負号は磁束の変化を妨げる向きに誘導起電力が生じることを表している．L を自己インダクタンスという．その値はコイルの形，大きさ，巻数などによって異なる．単位はHである．

4. 4. 2 交　流

(1) 交流の発生

図4.38のように，磁束密度 $\vec{B}$ [T]の一様な磁場の中で，$\vec{B}$ に垂直な軸OO′のまわりを，長方形(面積 S [m²])の導線コイルが角速度 ω [rad/s]で回転しているときの誘導起電力 V_r [V]を求めてみよう．時刻 t [s]のときのコイル面の法線と $\vec{B}$ のなす角を $\theta = \omega t$ [rad]とすれば，コイルを貫く磁束 Φ [Wb]は式(4.33)から，

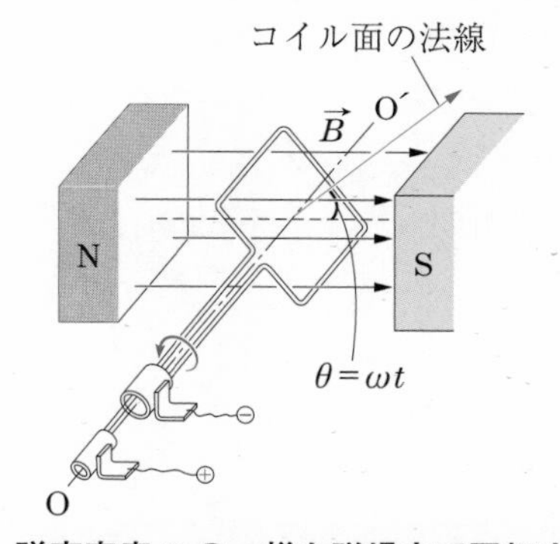

図4.38　磁束密度 *B* の一様な磁場中で回転するコイル

$$\Phi = BS\cos\omega t \tag{4.48}$$

となる．したがって，各時刻の瞬間にコイルに生じる V_r [V]は，$\dfrac{\Delta\Phi}{\Delta t}$ を $\dfrac{d\Phi}{dt}$ に置き換えて，

$$V_r = -\frac{d\Phi}{dt} = BS\omega\sin\omega t \tag{4.49}$$

と求まる．V_r は図4.39に示すように，周期 T，周波数 f が

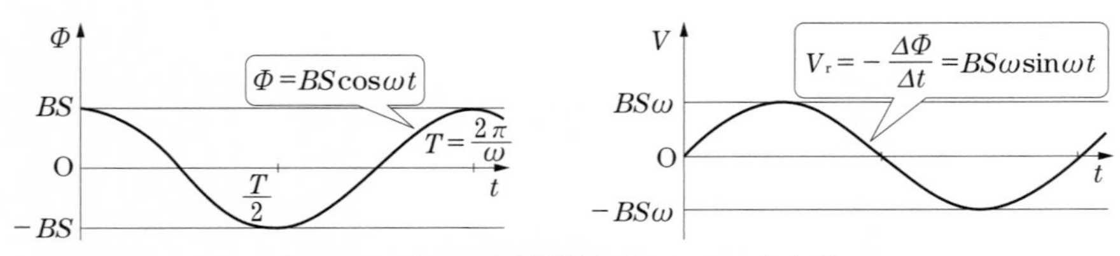

図 4.39　磁束Φと誘導起電力 V_r の t 依存性

$$T=\frac{2\pi}{\omega},\quad f=\frac{1}{T}=\frac{\omega}{2\pi} \tag{4.50}$$

となる．これを交流電圧という．このように電磁誘導を利用して電気をつくりだす装置が発電機である．

日常生活で家庭の電灯線に供給されている電流が交流であり，他方，電池を導線につないだときの電流はその向きを変えることはなく，直流という．

(2)　実効値

交流の起電力 V [V]は式(4.49)より

$$V=BS\omega\sin\omega t=V_0\sin\omega t \tag{4.51}$$

と表される(図 4.40)．V [V]を瞬時値，$V_0(=BS\omega)$ [V]を起電力の最大値という．交流の周期 T [s]はコイルの回転の周期に等しく，1 秒あたりの繰り返しの回数 f [1/s]を周波数と呼び，$f=\dfrac{1}{T}$ である．この単位 1/s をヘルツ(Hz)という．また，コイルの角速度 ω を交流の角周波数[rad/s]といい，$\omega=\dfrac{2\pi}{T}=2\pi f$ の関係がある．

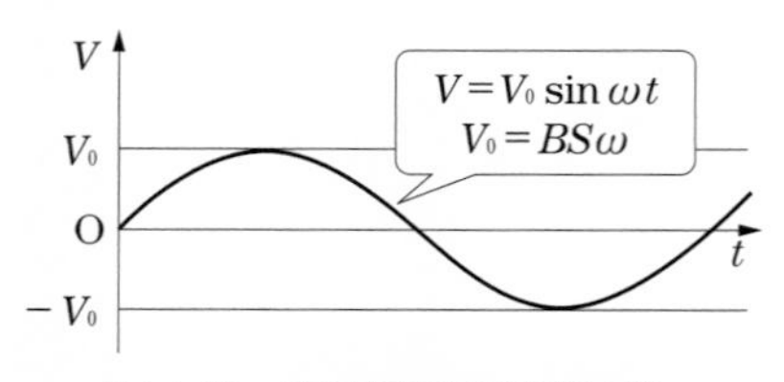

図 4.40　交流電圧の時間変化

抵抗 R [Ω]に交流電圧 V [V]を加えたときに流れる電流 I [A]は，式(4.51)を用いると

$$I=\frac{V}{R}=\frac{V_0\sin\omega t}{R}=I_0\sin\omega t \tag{4.52}$$

となる．ここで，$I_0=\dfrac{V_0}{R}$ は電流の最大値を表す．抵抗で消費される電力 P [W]は

$$P=IV=I_0V_0\sin^2\omega t \tag{4.53}$$

と表される．図 4.41 に P の時間変化を示す．図から，P は $\dfrac{1}{2}I_0V_0$ を中心に周期的に変化

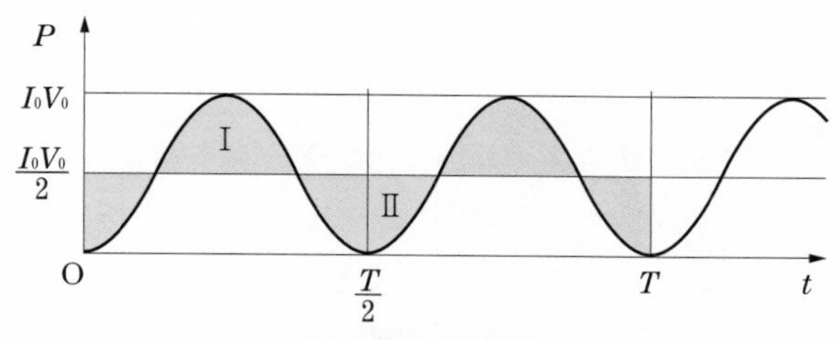

図 4.41 電力の時間変化

することがわかる．P の 1 周期にわたる時間平均 $\langle P\rangle$ は，図においてⅠの部分とⅡの部分の面積が等しいので，

$$\langle P\rangle=\frac{1}{2}I_0V_0=\frac{1}{2}I_0{}^2R=\left(\frac{I_0}{\sqrt{2}}\right)^2R \tag{4.54}$$

となる．抵抗 R は一定であるので，I^2 の 1 周期にわたる時間平均 $\langle I^2\rangle$ は $\left(\frac{I_0}{\sqrt{2}}\right)^2$ となる．同様に，V^2 の 1 周期にわたる時間平均 $\langle V^2\rangle$ は $\left(\frac{V_0}{\sqrt{2}}\right)^2$ となる．そこで

$$I_e=\frac{I_0}{\sqrt{2}},\quad V_e=\frac{V_0}{\sqrt{2}} \tag{4.55}$$

とおき，I_e [A] および V_e [V] をそれぞれ交流電流および電圧の**実効値**という．実効値を用いれば，

$$V_e=I_eR,\quad \langle P\rangle=I_eV_e$$

となり，直流を抵抗 R [Ω] に流したときと同様の関係が成り立っている．一般に，交流の電圧や電流の大きさは実効値を用いて表す．

例題 30　実効値が 100 V，周波数が 50.0 Hz の交流電圧の，1) 最大電圧 [V]，2) 周期 [s]，3) 角周波数 [rad/s] はいくらか．また，4) この交流電圧を表す式はどの様に表されるか．ただし，時刻 $t=0$ s における電圧を 0 V とする．

解

1) 最大電圧 V_0 は，$V_0=\sqrt{2}V_e=1.41\times100=141$　　答　141 V

2) 周期 T は，$T=\frac{1}{f}=\frac{1}{50.0}=0.0200$　　答　0.0200 s

3) 角周波数 ω は，$\omega=\frac{2\pi}{T}=\frac{2\pi}{0.0200}=314$　　答　314 rad/s

4) 式 (4.51) より，$V=V_0\sin\omega t=141\sin(314t)$　　答　$141\sin 314t$

---

4. 4. 3 電磁波

コンデンサーCに直流電圧を加えた場合を考える．図4.42(a)のように，Cに電池をつなぐと，電荷が溜まるまでの短時間だけ電流が流れ，電球が点灯する．しかし，すぐに電流は止まってしまい，電球は消える．一方，図4.42(b)のような交流電源の場合は，極板は電流の流れる向きに応じて交互に正極と負極に交替するので，電球の中で電荷が行き来して交流電流が流れ続け，点灯し続ける．この場合，実際には極板間に電流は流れていないが，あたかも電流が流れているかのように，極板間に磁場が発生している(図4.51(c)参照)．その磁束密度は時間と共に変化するので，図4.43のように，電磁誘導によって電場が生じる．この電場も時間と共に変化するので，周囲の空間に時間的に変化する磁束密度を発生させる．このような現象が繰り返され，Cの極板間に電場と磁束密度が次々と発生する．このように，電場と磁場の変化がまわりの空間に次々と伝わってゆく．これが電磁波である．

電磁波は横波であり，物質のない真空中でも伝わることができる．そして，図4.44に示すように，その進行方向と垂直な方向に電場 $\vec{E}$，磁束密度 $\vec{B}$ の各成分が互いに向きを直交させながら振動している．また，その速さ c は光の速さに等しく，真空中では

$$c = 2.998 \times 10^{8}\ \mathrm{m/s} \tag{4.56}$$

である．この真空中の光の速さ c は，式(4.3)の真空の誘電率 ε_0 と式(4.29)の真空の透磁率 μ_0 と以下の関係があることが分かっている．

$$c = \frac{1}{\sqrt{\varepsilon_0 \mu_0}} \tag{4.57}$$

電波や光は電磁波の一種であり，波長や周波数(振動数)の違いにより分類されている．電磁波の周波数 f [Hz] と波長 λ [m] の間には，以下の関係がある．

$$c = f\lambda \tag{4.58}$$

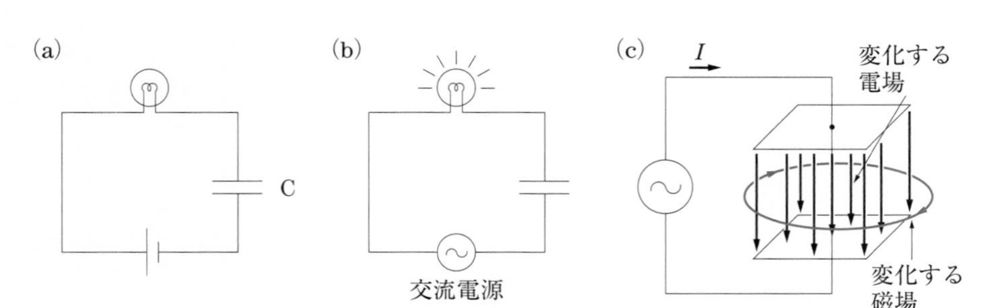

図4.42　電場の変化による磁場の発生

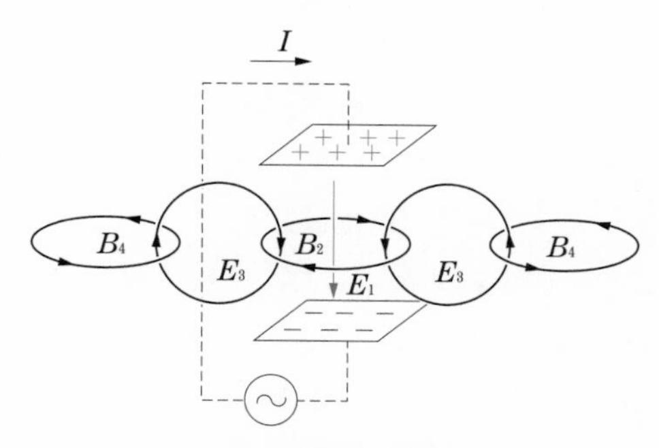

図 4.43 電磁波の発生

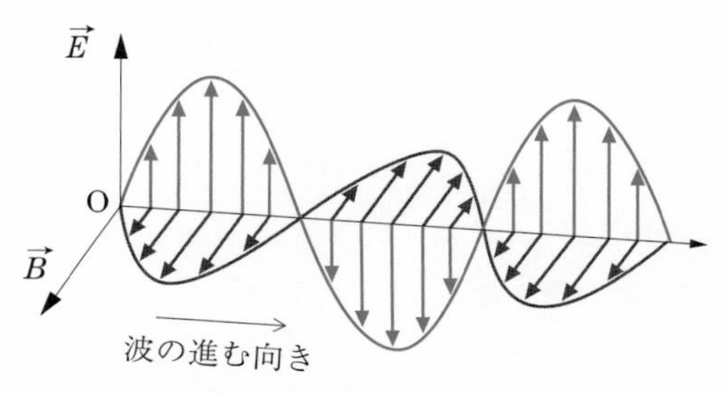

図 4.44 電磁波の伝わり方

例題 31 周波数が 2.5×10^8 Hz の電波の波長はいくらか．ただし，光の速さを 3.0×10^8 m/s とする．

解 式(4.58)より，$\lambda=\dfrac{c}{f}=\dfrac{3.0\times10^8}{2.5\times10^8}=1.2$

答 1.2 m

演習問題

[基本問題]

1. 長さ 1.0 m の 2 本の糸の上端を天井に固定し，下端に質量 1.0×10^{-4} kg の小球をそれぞれつるす．2 つの小球に等しい電荷 Q [C]を与えると，両者は反発し合い，4 cm 離れてつり合った．電荷 Q [C]はいくらか．ただし，重力加速度の大きさを 9.8 m/s^2 とする．

2. 平行板コンデンサーを電池に接続して充電し，電池に接続した状態で，極板間の距離を半分にした．
 1）電気容量は何倍になるか．
 2）極板に蓄えられる電荷は何倍になるか．
 3）極板間の電場の強さは何倍になるか．

3. 図のように，電池 E_1(起電力 12.0 V，内部抵抗 1.0 Ω)，E_2(起電力 6.0 V，内部抵抗 0.5 Ω)および電気抵抗 R_1(抵抗値 10.0 Ω)，R_2(抵抗値 3.5 Ω)からなる回路がある．次の問に答えよ．
 1）回路に流れる電流の大きさ[A]はいくらか．
 2）電池 E_1 の両端の電位差[V]はいくらか．
 3）AB 間の電位差[V]はいくらか．

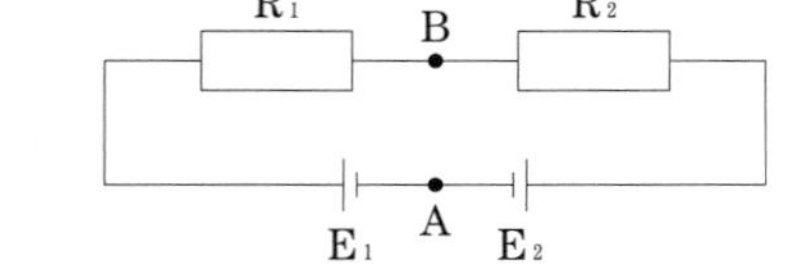

4. 500 W の電熱器で 20 °C，2 l の水を沸騰させたい．電熱器で暖め始めてから沸騰が始まるまでの時間を求めよ．ただし，電熱器で発生する熱のうち 80 %が有効に使われるものとする．

5. ある電気回路を流れる交流電流 I [A]は，時刻 t [s]において $I=2.0\sin(0.40\pi t)$ であった．この交流電流の①角周波数[Hz]，②周波数[Hz]，③周期[s]，④最大電流値[A]，⑤実効値[A]を求めよ．

[応用問題]

6. 図のように，一様な強さ E [N/C]の電場の中の点Aを，質量 m [kg]，電荷 $-e(<0)$ [C]の電子が電場に平行に速さ v [m/s]で通過した．点Aから距離 d [m]だけ離れた点Bをこの電子が通過するときの速さ[m/s]はいくらか．

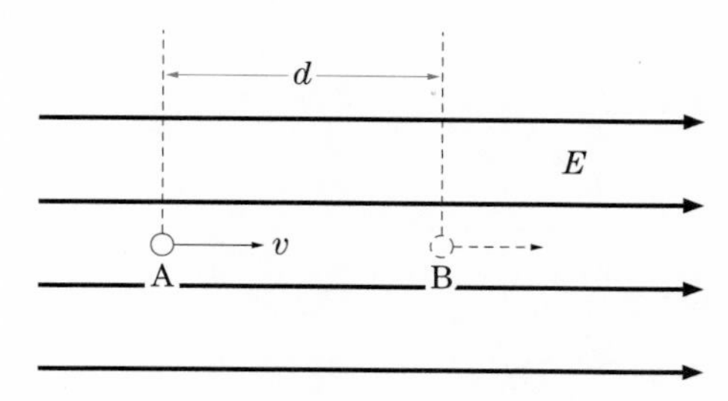

7. 図のように，3つのコンデンサーと電池を接続して，コンデンサーを充電した．初めコンデンサーに電荷は蓄えられておらず，コンデンサー C_1，C_2，C_3 の電気容量はそれぞれ 2.0 μF，4.0 μF，6.0 μF である．また，電池の起電力は 3.0 V であり，内部抵抗はないものとする．

 1）3つのコンデンサーの合成容量[μF]はいくらか．

 2）3つのコンデンサーに蓄えられる電気量[C]はいくらか．

 3）C_3 にかかる電圧[V]はいくらか．

 4）C_1 に蓄えられる電気量[C]はいくらか．

 5）C_2 に蓄えられる電気量[C]はいくらか．

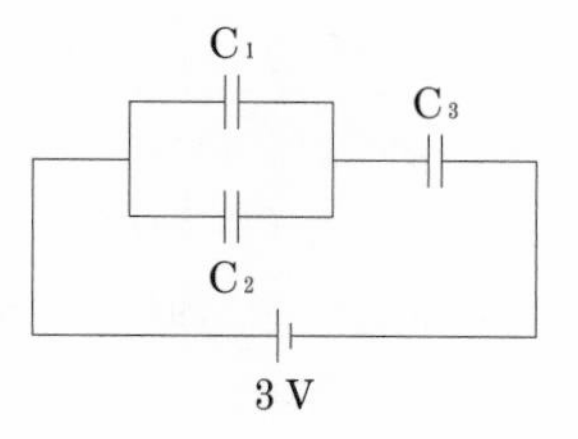

8. 図のように，2個の電池，2個の電気抵抗，可変抵抗器R，スイッチS，電流計を接続する．

 1）Rの抵抗値を調節して，Sを閉じても電流計に電流が流れないようにする．このときのRの抵抗値[Ω]はいくらか．

 2）Rの抵抗値[Ω]を 10 Ω にする．Sを閉じると電流計には何Aの電流が流れるか．

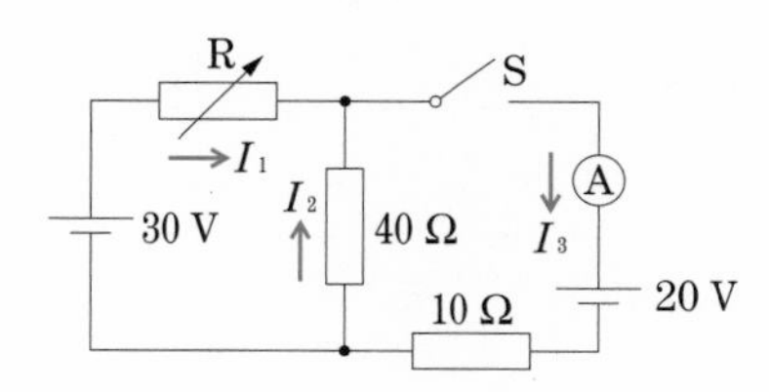

9. 起電力が 6.0 V で内部抵抗が無視できる電池E，抵抗値がそれぞれ 30 kΩ と 20 kΩ の電気抵抗 R_1 と R_2，電気容量が 500 μF のコンデンサーC，およびスイッチSを，図のように接続する．回路の各部分に流れる電流を図のように，I_1 [A]，I_2 [A]，I_3 [A]とす

る．ただし，初めコンデンサーCには電荷は蓄えられていないものとする．

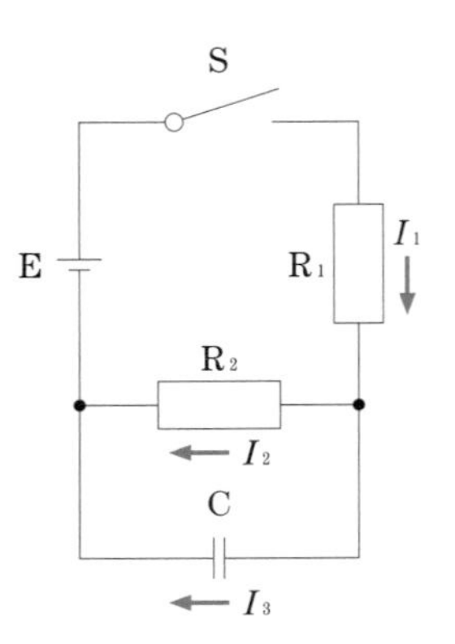

1）スイッチSを閉じた直後の電流I_1，I_2，I_3の値[A]はいくらか．

2）スイッチSを閉じて十分に時間が経過した後の電流I_1，I_2，I_3の値[A]はいくらか．

3）スイッチSを閉じて十分に時間が経過した後にコンデンサーCに蓄えられる電荷［C］はいくらか．

10. 図のように，磁束密度B［T］の上向きで一様な磁場中に，2本の長い金属レールAB，CDを間隔l［m］だけ離して平行で水平におく．レールの上に導体棒PQをおき，棒の中央に糸を取り付け，糸を滑車に通して，糸の他端に質量m［kg］のおもりを付けてつり下げる．2本のレールは抵抗値R［Ω］の電気抵抗でつながれているので，閉じた回路の抵抗値はR［Ω］である．

おもりを静かに放すと，棒PQはレール上をレールと常に垂直を保ちながら右方向に動き出し，やがて速さv［m/s］は一定の値v_0［m/s］になった．ただし，重力加速度の大きさをg［m/s²］とし，また，棒や滑車の運動の摩擦は無視でき，誘導電流がつくる磁場も無視できるものとする．

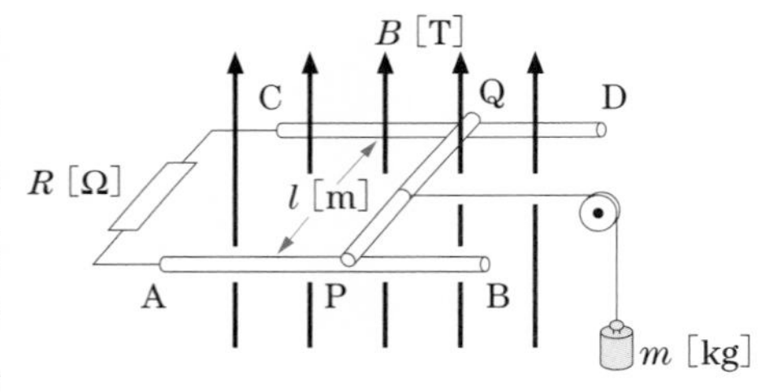

1）棒PQに生じる誘導起電力[V]はv［m/s］を用いるとどのように表されるか．

2）回路に流れる誘導電流[A]はv［m/s］を用いるとどのように表されるか．

3）棒PQを流れる電流が受ける力[N]はv［m/s］を用いるとどのように表されるか．

4）速さが一定になったときの値v_0［m/s］はいくらか．

5）速さが一定になったとき，おもりが単位時間に失う力学的エネルギー[J]はいくらか．

第5章　原子の世界

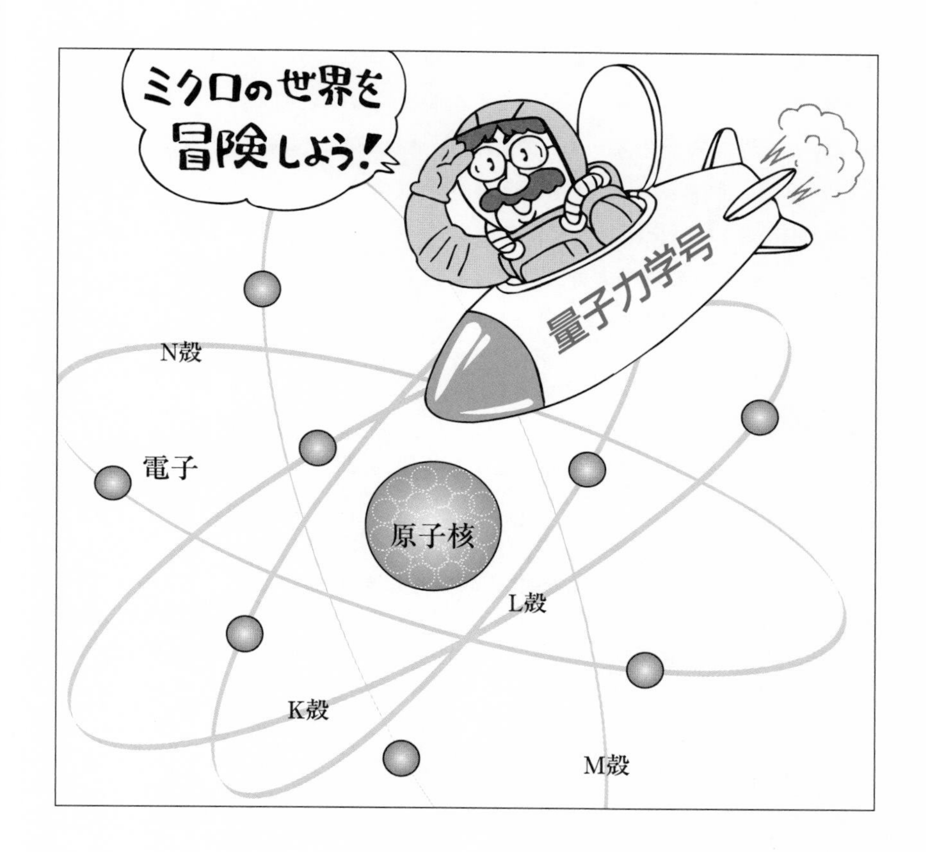

<学習目標>

□　光電効果について理解する．

□　水素原子とボーアの理論について理解する．

□　放射線と原子核について理解する．

20世紀になって，原子や電子などのミクロの世界では，力学や電磁気学の法則だけでは説明できない現象があることがわかりました．これらを説明するために，量子力学という新しい物理学がつくられました．これにより，ミクロの世界を理解することが可能となり，半導体，コンピュータ，情報通信などの技術の基礎がつくられました．この章では，最初に電子の発見について説明し，その後にミクロの世界を支配している自然法則の基礎と原子の構造について学びます．

5. 1 電子の発見

5. 1. 1 電子の比電荷の測定

電子は1897年トムソン(イギリス，1856 ～ 1940)により，図5.1の実験装置を用いて発見された．真空のガラス管に封入した2つの電極間に高電圧を加えると，陰極から陽極に向かって負電荷を帯びた粒子のビーム(陰極線)が飛び出す．このビームに垂直な方向に電場と磁場をかけて，陰極線粒子の性質を調べ，電荷の大きさ e [C]と質量 m [kg]の比 e/m(粒子の比電荷という)を測定した．この結果，この粒子はいろいろな物質に共通に含まれており，ニュートンの運動方程式に従って運動する粒子と同じ軌道を通ることがわかり，この粒子はその後電子と呼ばれるようになった．今日知られている電子の比電荷は $e/m = 1.76 \times 10^{11}$ C/kg である．

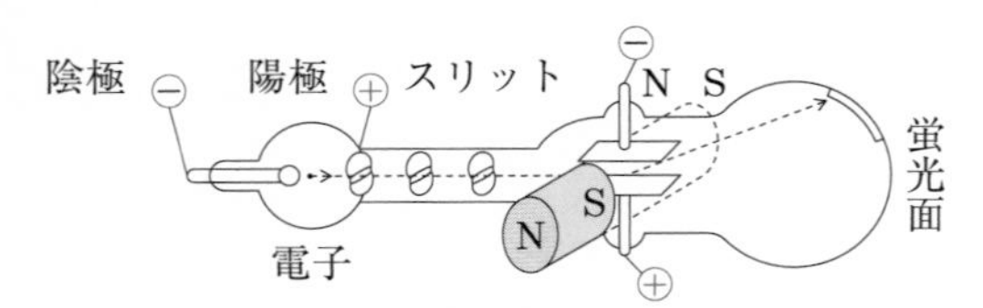

図 5.1 陰極線管を用いた実験装置

陰極から飛び出した電子は陽極と陰極の間の電場により加速され，その後スリットを通り，ビームの方向に垂直な電場と磁場によって向きを変えられて，蛍光面に到着する．このとき，蛍光面が光る．

5. 1. 2 電子の電荷と質量

電子の電荷の大きさ e [C]を初めて測定したのは，ミリカン(アメリカ，1868 ～ 1953)である．1909年，ミリカンは油滴を帯電させてその電気量を測定したところ，ある値の整数倍しか存在しないことを発見し，電気には最小の大きさ(電気素量という)があることがわかった．電気素量は電子の電荷の絶対値であり，今日知られている電気素量は

$$e = 1.60 \times 10^{-19}\ \mathrm{C} \tag{5.1}$$

である．これと電子の比電荷 e/m [C/kg]とから，電子の質量 m [kg]は

$$m = 9.11 \times 10^{-31}\ \mathrm{kg} \tag{5.2}$$

となることがわかる．

例題1　ミリカンの実験で，いろいろな油滴の電気量を測定したところ，次に示す4つの測定値が得られた．油滴の電気量は電気素量の整数倍であると仮定して，電気素量を求め

よ．

$3.23 \quad 4.84 \quad 8.06 \quad 9.68 \quad (\times 10^{-19}\,\mathrm{C})$

解　それぞれの差をとると，1.61　3.22　1.62　$(\times 10^{-19}\,\mathrm{C})$　となる．これらのうち，最も小さい値が電気素量 e に近い．これをもとにすると，各測定値は $2e$，$3e$，$5e$，$6e$ と表されるので，$2e+3e+5e+6e=(3.23+4.84+8.06+9.68)\times 10^{-19}$，これから，$e=1.61\times 10^{-19}\,\mathrm{C}$ となる．

5. 2　光電効果

光は回折したり干渉したりするなど，波の性質をもつ．しかし，光を波と考えたのでは説明できない現象が存在する．この代表的な例が光電効果であり，光が粒子的な性質をもつことを示す実験的事実のひとつである．デジタルカメラはこの光電効果を利用して被写体を撮影する．

5. 2. 1　光電効果の特徴

図 5.2 のように，よく磨いた亜鉛板を乗せたはく(箔)検電器に負の電荷を与え，はくを開いた状態にしておく．この亜鉛板に紫外線を当てると，はくは急速に閉じる．これは紫外線を受けた亜鉛板から電子が飛び出し，検電器の負電荷が失われたと考えられる．このように，光を当てると物質中の電子が飛び出す現象を光電効果といい，飛び出した電子を光電子という．この光電効果はセシウムなどの物質に可視光線を当てても起こる．

光電効果は 1887 年にヘルツ(ドイツ，1857 ～ 1894)によって発見され，その後レナードらによる研究により，次のような特徴があることがわかった．

(1) 金属に当てる光の振動数がある値 ν_0 [Hz] より小さいと，どんなに強い光を当てても光電効果は起こらない．この ν_0 を限界振動数といい，金属の種類やその表面の状態により決まる．

(2) 限界振動数 ν_0 [Hz] より大きな振動数の光を当てると，どんなに弱い光でも光電効果は起こる．また，飛び出した電子の運動エネルギーを測定すると，その最大値は光の強さによらずに振動数だけで決まり，図 5.3 のように振動数とともに直線的に増加する．

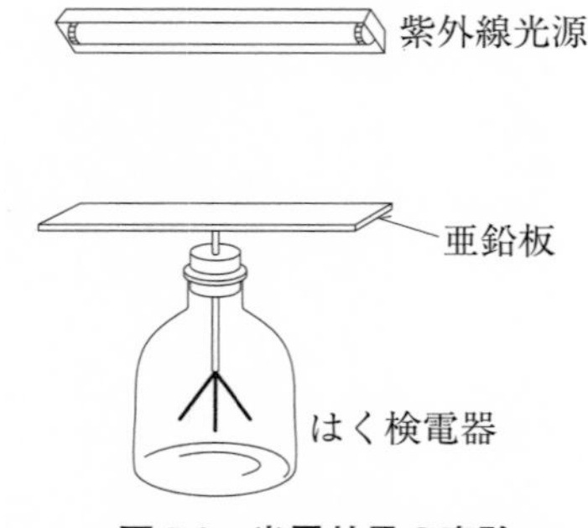

図 5.2　光電効果の実験

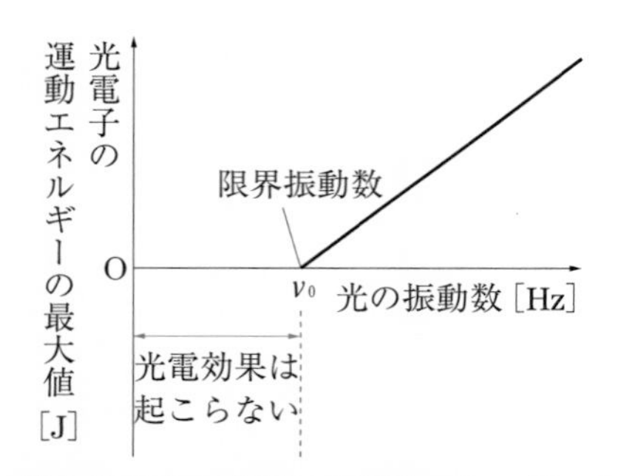

図 5.3　光の振動数と光電子の運動エネルギーの最大値

これらの特徴は光が波の性質のみをもつと考えると説明できない．つまり，光が波であれば，振動数とは関係なく強い光ほどエネルギーは大きい．そして，強い光を金属表面に当てれば，光のエネルギーを金属中の電子が吸収して，金属表面から電子が飛び出してくるはずである．このため，限界振動数は存在しないはずであるが，実験事実は異なる．

5. 2. 2 光の粒子性

1905年にアインシュタイン(ドイツ，アメリカ，1879～1955)は，光は光速で動く粒子の集まりであり，粒子1個のエネルギーE[J]は光の振動数ν[Hz]に比例し，

$$E = h\nu \qquad (5.3)$$

で表されると考えた(光量子説という)．ここで，hをプランク定数といい，

$$h = 6.6261 \times 10^{-34}\ \mathrm{J \cdot s} \qquad (5.4)$$

である．この考えを光電効果に適用してアインシュタインは光電効果の実験結果を説明することに成功した．この光の粒子のことを光子または光量子という．光電効果の特徴は光量子説を用いて以下のように説明できる．

金属から電子を1個取り出すのに必要な最小エネルギーを仕事関数といい，これをW[J]とする．この値は金属の種類や表面の状態によって決まっている．例えば，亜鉛金属の場合は$W = 7.0$ eVである．いま，振動数ν[Hz]の光が金属に当たり，金属中の1個の電子が光子1個のエネルギー$h\nu$[J]を吸収すると，飛び出してくる電子がもつエネルギーE[J]は

$$E = h\nu - W \qquad (5.5)$$

となる．金属から電子が飛び出すためには，$E>0$，つまり$h\nu>W$でなければならない．このために，限界振動数ν_0[Hz]は，式(5.5)で$E=0$の場合に相当し，νをν_0におきかえて

$$\nu_0 = \frac{W}{h} \qquad (5.6)$$

が存在する．また，式(5.5)から，金属から飛び出す光電子の最大エネルギーは振動数とともに直線的に増加することが説明できる(図5.3)．このように，光電効果を説明できたので光量子説が確立された．

例題2　波長6.0×10^{-7} mの光において，光子1個がもっているエネルギー[J]はいくらか．ただし，プランク定数を6.6×10^{-34} J·s，真空中の光の速さを3.0×10^{8} m/sとする．

解　$E = h\nu = \dfrac{hc}{\lambda} = \dfrac{6.6 \times 10^{-34} \times 3.0 \times 10^{8}}{6.0 \times 10^{-7}} = 3.3 \times 10^{-19}$　　答　3.3×10^{-19} J

例題3　亜鉛の仕事関数は7.0×10^{-19} Jである．この金属の限界振動数[Hz]はいくらか．ただし，プランク定数を6.6×10^{-34} J·sとする．

解　$\nu_0 = \dfrac{W}{h} = \dfrac{7.0 \times 10^{-19}}{6.6 \times 10^{-34}} = 1.1 \times 10^{15}$　　答　1.1×10^{15} Hz

---

5. 3　X 線

図 5.4 のように，真空のガラス管に封入した 2 つの電極間に高電圧を加えると，陰極から出た電子が加速され，陽極に衝突すると，波長の短い(1×10^{-12}〜1×10^{-9} m)電磁波が発生する．この電磁波を X 線という．X 線は 1895 年にレントゲン(ドイツ，1845 〜 1923)によって最初に発見され，光と同様に，波の性質と粒子の性質をもつ．

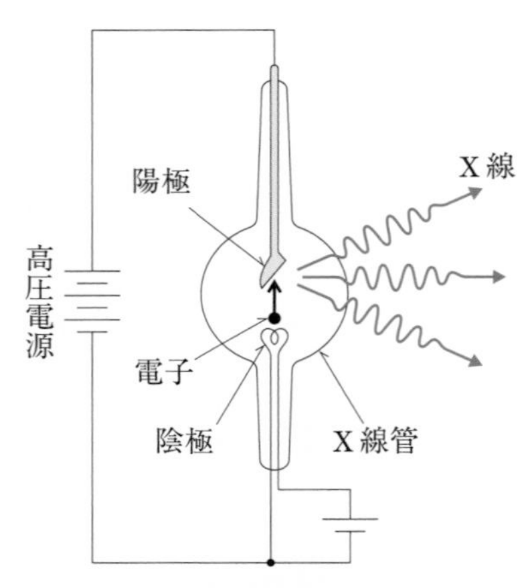

図 5.4　X 線管による X 線の発生

5. 3. 1　X 線回折

図 5.5 はリン化ハフニウムに X 線を当てて，写真フィルム上にできた模様を表す．斑点状の模様(ラウエ斑点という)ができているが，これは規則正しく並んだ結晶中の原子に X 線が当たり，反射された X 線の間に生じた強い干渉のために起こる．この実験結果は X 線が波の性質をもつことを示している．写真フィルム上にできた斑点の位置を詳細に調べることにより，結晶の立体的な構造や原子間の距離を知ることができる．このように X 線を使って物質の結晶構造を調べる方法を X 線回折という．

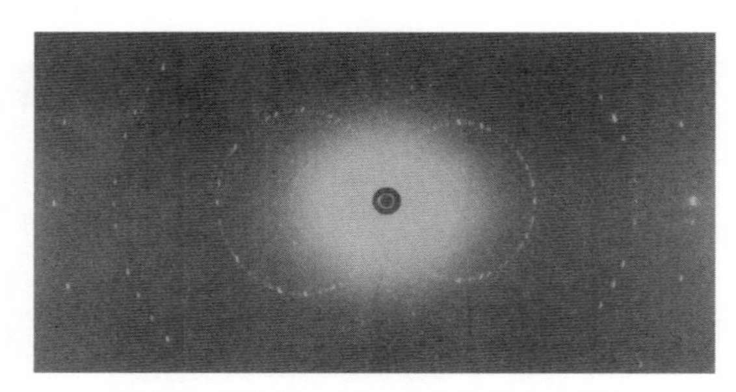

図 5.5　リン化ハフニウムのラウエ斑点

5. 3. 2 X線のスペクトラム

図5.4の陽極から発生したX線の強さと波長の関係(X線スペクトラムという)を調べると，図5.6のようなグラフになる．X線スペクトラムには，連続的に変化する部分(連続X線)と，鋭いピークの部分(固有X線あるいは特性X線)とがある．高速に加速された電子が陽極中の物質で急速に減速させられるときに，電子のもつ運動エネルギーの一部あるいは全部がX線を発生するのに使われ，残りは陽極中の原子の熱運動を増加させ，温度を上昇させる．このようにして発生するX線が連続X線であり，図5.6から最短波長があることがわかる．この最短波長は陽極の物質によらず，電子の加速電圧が大きくなるにしたがって短くなる．

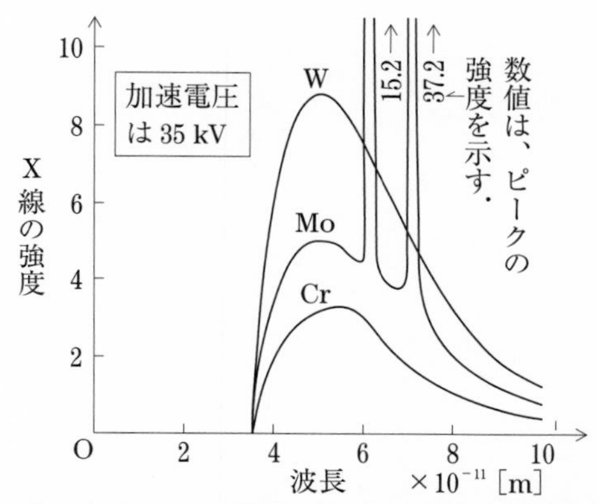

図5.6 タングステン(W)，モリブデン(Mo)，クロム(Cr)のX線スペクトル

5. 3. 3 X線の粒子性

連続X線にはなぜ最短波長があるかということは，第4章で学んだ電磁気学では説明できない．しかし，X線にも光と同様に粒子的な性質があるとすると，次のように説明することができる．

いま，1個の入射電子の運動エネルギーのすべてが1個のX線の光子になるとき，最も大きなエネルギーの光子(すなわち最短波長の光子)が放出される．電圧 V [V]で加速された電子の運動エネルギーは eV [J]であるので，光速度を c [m/s]，最短波長を λ_0 [m]，このときの振動数を ν_0 [Hz]とすると，λ_0 は次のように求められる．

$$eV = h\nu_0 = h\frac{c}{\lambda_0} \qquad ゆえに, \qquad \lambda_0 = \frac{hc}{eV} \tag{5.7}$$

電圧 V [V]が大きくなると，最短波長は短くなり，よりエネルギーの大きなX線の光子が発生する．実際に，式(5.7)は最短波長の実験データをよく再現する．

例題4　電子の加速電圧を3.0×10^{3}［V］とすると，発生するX線の最短波長［m］はいくらか．ただし，プランク定数を6.6×10^{-34} J·s，真空中の光の速さを3.0×10^{8} m/s，電子の電荷の大きさを1.6×10^{-19} Cとする．

解　$\lambda_0=\dfrac{hc}{eV}=\dfrac{6.6\times10^{-34}\times3.0\times10^{8}}{1.6\times10^{-19}\times3.0\times10^{3}}=4.1\times10^{-10}$　　答　4.1×10^{-10} m

5. 4 電子の波動性

5. 4. 1 物質波

波と考えられていた光やX線が粒子性を示すことがわかったので，ド・ブロイ(フランス，1892～1987)は，電子のような質量をもつ粒子にも波動性があるのではないかと考えて，次のような仮説を立てた．粒子の運動量を p [kg·m/s]，質量を m [kg]，速さを v [m/s]とすると，その波長 λ [m]は

$$\lambda = \frac{h}{p} = \frac{h}{mv} \tag{5.8}$$

となる．この波をド・ブロイ波あるいは物質波という．

このド・ブロイの仮説によると，100 V～10000 Vに加速された電子の物質波の波長はX線程度の長さになる．したがって，この程度に加速された電子を結晶に当てるとX線回折のラウエ斑点に相当する斑点が生じると予想される．実際に，デビソン(アメリカ，1881～1958)，ジャーマー(アメリカ，1896～1971)，菊池正士(日本，1902～1974)らの電子回折の実験により斑点の存在が確かめられた．この波動性は，電子に限らずに，陽子や中性子，原子や分子などのミクロ粒子にも存在していることがわかっている．

例題5　電子が 1.4×10^{7} m/sの速さで運動しているときの物質波の波長[m]を求めよ．また，速さ10 m/sで飛んでいる質量0.15 kgの野球のボールの物質波の波長[m]はいくらか．ただし，プランク定数を 6.6×10^{-34} J·sとし，電子の質量を 9.1×10^{-31} kgとする．

解　電子の場合：$\lambda = \dfrac{h}{mv} = \dfrac{6.6\times10^{-34}}{9.1\times10^{-31}\times1.4\times10^{7}} = 5.2\times10^{-11}$　　答　5.2×10^{-11} m

野球のボールの場合：$\lambda = \dfrac{h}{mv} = \dfrac{6.6\times10^{-34}}{0.15\times10} = 4.4\times10^{-34}$　　答　4.4×10^{-34} m

---

5. 4. 2 電子顕微鏡

光学顕微鏡では光の進路をレンズで曲げて物体の拡大像をつくるが，回折現象のために可視光の波長(約 10^{-7} m)より小さな物体の像を見ることができず，倍率はせいぜい2000倍程度が限界である．しかし，電子は物質波の波長を原子レベルの長さ(約 10^{-10} m)以下にすることが可能である．この程度の波長の電子を用いたものが電子顕微鏡であり，物体を100万倍まで拡大することができる．

5. 5　原子の構造

5. 5. 1　原子の模型

トムソンの実験により負の電荷をもつ電子が発見され，すべての原子は電子をもつことがわかった．原子は電気的に中性であり，また電子は最も軽い水素原子の質量の 1/1840 くらいの質量をもつので，原子の内部には原子の質量のほとんどをもつ正の電気を帯びた物質が存在するはずである．

ラザフォード（イギリス，1871 ～ 1937）らは原子の構造を調べるために，図 5.7 の実験装置を用いて，放射性元素（ラジウム元素など）から出るアルファ粒子（電荷 $+2e$）のビームを薄い金ぱくに当てて，それを通り抜けて出てくるアルファ粒子の曲げられ方を調べた（1909 年）．この結果，ほとんどのアルファ粒子は素通りするが，中には 90° 以上大きく曲げられるものがあることがわかった．

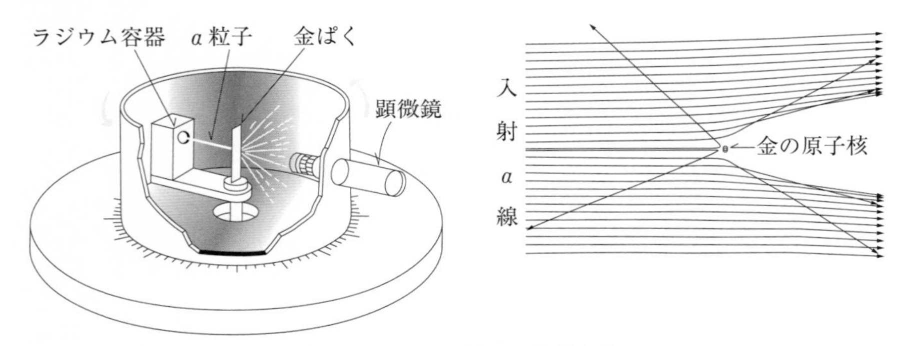

図 5.7　アルファ粒子の散乱実験

アルファ粒子の質量は電子の質量の 7000 倍以上もあるので，電子によって大きく曲げられることはない．そこで，ラザフォードは，ごく少数のアルファ粒子のみが大きく曲げられるのは原子の中心部分に集中して存在する正電荷から強い斥力を受けるためであり，しかも原子の質量のほとんどを担っていると考えて計算を行い，実験結果を説明することに成功した．

このように，原子（大きさ 10^{-10} m 程度）の中心部分には正電荷が集中した 10^{-14}～10^{-15} m 程度の重い部分が存在することがわかり，この物質を原子核という．ラザフォードは，図 5.8 のように，「原子番号 Z 番目の原子は，正電荷 $+Ze$ をもつ原子核のまわりを Z 個の電子が回っている」という原子の太陽系模型（ラザフォードの模型という）を提唱した（1911 年）．

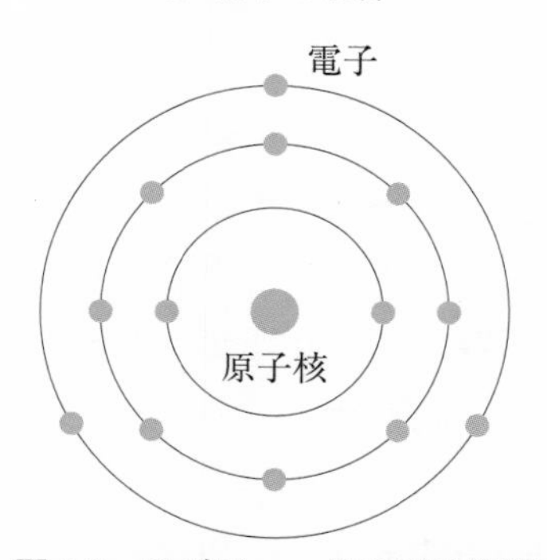

図 5.8 ラザフォードの原子模型
正電荷を持つ原子核のまわりを電子が運動している.

5. 5. 2 水素原子のスペクトル

気体原子を高温で熱すると，その原子によって決まった波長の光が放射される．例えば，トンネル内にみかけるナトリウム・ランプの光は黄色であり，またネオン・ランプの光は赤色である．原子から放射される光は分光器という測定器を用いると，とびとびの値の波長をもつ多くの輝いた線に分かれる．これを線スペクトルという.

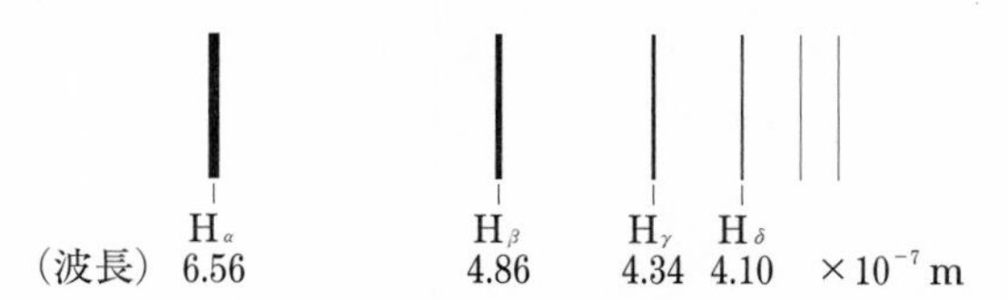

図 5.9 水素原子のスペクトル

図 5.9 は水素原子のスペクトルである．最も波長が長い光を H_α 線という．次いで，H_β 線，H_γ 線，H_δ 線という．バルマー(スイス，1825〜1898)はこれらの波長 λ [m]には次のような関係があることを実験データから見出した.

$$\frac{1}{\lambda}=R\left(\frac{1}{m^2}-\frac{1}{n^2}\right) \qquad \begin{pmatrix} m=1,\ 2,\ 3, \cdots \\ n=m+1,\ m+2, \cdots \end{pmatrix} \tag{5.9}$$

R をリュードベリ定数といい，$R=1.10\times10^7$/m である．式(5.9)において，$m=2$ の場合の輝線群が最初に発見された可視光線の領域のスペクトルであり，これをバルマー系列という．その後，$m=1$ のライマン系列が紫外線領域に，$m=3$ のパッシェン系列が赤外線領域に発見された.

例題 6 水素原子のスペクトルが，可視領域に現れるときの最長の波長[m]を求めよ．ただし，リュードベリ定数を 1.10×10^7/m とする.

解 $\frac{1}{\lambda}=R\left(\frac{1}{m^2}-\frac{1}{n^2}\right)=1.10\times10^7\left(\frac{1}{2^2}-\frac{1}{3^2}\right)=0.153\times10^7$

したがって，$\lambda=6.54\times10^{-7}$ 答 6.54×10^{-7} m

---

5. 5. 3　ボーアの理論

ラザフォードの原子模型には重大な難点があり，なぜ原子は決まった大きさの安定した状態を保つかが説明できなかった．電磁気学の理論によると，電子が原子核のまわりを回転運動すると，電子は電磁波を放射してエネルギーを失い，電子の半径は小さくなっていき，やがて原子核に落ち込んでしまうからである．ボーア(デンマーク，1885 ～ 1962)は水素原子のスペクトルに注目し，次の 2 つの仮定を設けて，水素原子についての理論をつくり，これらの難点を解決した(1913 年)．

仮定(1)：量子条件　原子はある決まったとびとびの値のエネルギーしかとらない．このとびとびのエネルギーをもつ状態を原子の**定常状態**といい，この状態では電子は電磁波を出さない．原子が定常状態になるための条件は，電子(質量 m [kg])が半径 r [m]の円周上を速さ v [m/s]で回転して，図 5.10 のように電子が軌道上で波長 $\lambda = h/mv$ [m]の定常波をつくっていること，つまり電子の軌道の長さ $2\pi r$ [m]が電子波の波長の整数倍となり，

$$2\pi r = n\frac{h}{mv} \qquad (n = 1,\ 2,\ 3, \cdots) \tag{5.10}$$

を満たすことである．この関係式を**量子条件**，n を**量子数**という．このように許される定常状態はとびとびになるので，定常状態で原子がもつエネルギー E_n [J]も連続ではなくとびとびの値になる．このエネルギーを**エネルギー準位**といい，エネルギーが最も小さい状態を**基底状態**，その他の状態を**励起状態**と呼ぶ．

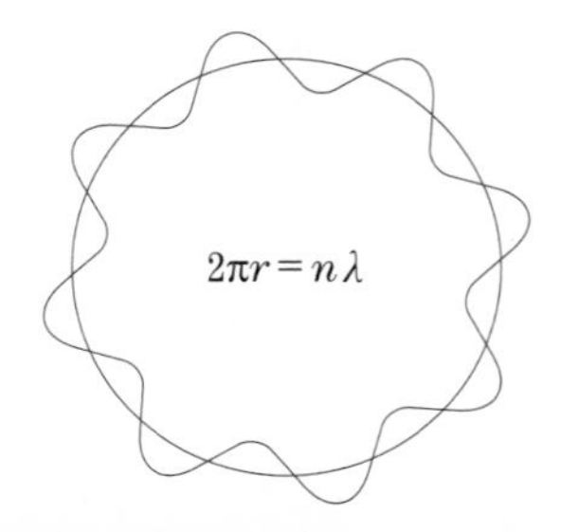

図 5.10　原子内の電子定常波（図では $n = 8$ に対応している）

仮定(2)：振動数条件　原子がエネルギー準位 E_n [J]からそれより低いエネルギー準位 E_m [J]に移るとき，これらの差のエネルギー

$$E_n - E_m = h\nu \tag{5.11}$$

をもつ光子(振動数 ν [Hz])を放出する．また，低いエネルギー準位 E_m [J]にある原子は，式(5.11)で決まるエネルギー $h\nu$ [J]の光子を吸収して高いエネルギー準位 E_n [J]に移る．

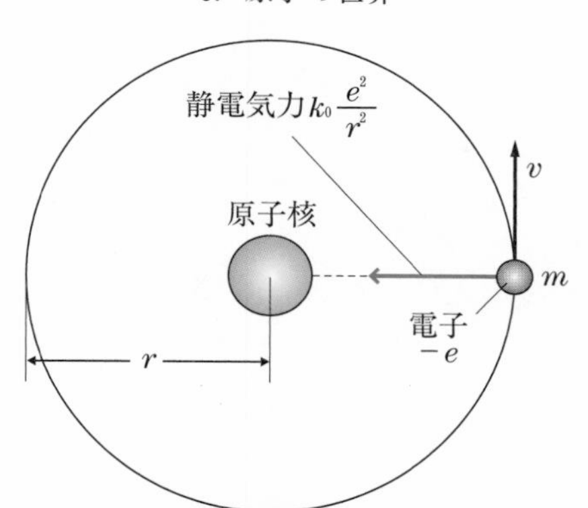

図 5.11　水素原子の電子の運動
静電気力が向心力になって等速円運動をおこなう.

ボーアは量子条件を表す式(5.10)と，水素原子内の電子の運動方程式から，水素原子のエネルギー準位を次のように求めた．図 5.11 のように，水素の原子核(陽子)のまわりを電子(質量 m [kg]，電荷 $-e$ [C])が静電気力により等速円運動している．この円軌道の半径を r [m]，電子の速さを v [m/s] とする．真空中の静電気力の比例定数を k_0 [N·m²/C²] とすると，静電気力 $k_0\dfrac{e^2}{r^2}$ が円運動の向心力 $m\dfrac{v^2}{r}$ になるので，

$$m\frac{v^2}{r}=k_0\frac{e^2}{r^2} \tag{5.12}$$

が成立する．円軌道上の電子の運動エネルギー K [J] は式(5.12)の関係式より，

$$K=\frac{1}{2}mv^2=k_0\frac{e^2}{2r} \tag{5.13}$$

となる．また，静電気力による電子の位置エネルギー U [J] は無限遠を基準にとると，

$$U=-k_0\frac{e^2}{r} \tag{5.14}$$

となるので，電子のエネルギー E [J] は運動エネルギーと位置エネルギーの和として，

$$E=K+U=-k_0\frac{e^2}{2r} \tag{5.15}$$

と表される．定常状態における電子の軌道は式(5.10)で与えられる量子条件を満たさなければならないので，この式と式(5.13)から v を消去すると，量子数が n のときの軌道半径 r_n [m] は

$$r_n=\frac{n^2h^2}{4\pi^2k_0me^2}\qquad (n=1,\ 2,\ 3,\ \cdots) \tag{5.16}$$

となる．これを式(5.15)に代入して整理すると，量子数が n のときの電子のエネルギー E_n [J] は

$$E_n = -\frac{2\pi^2 k_0^2 m e^4}{h^2}\frac{1}{n^2} \qquad (n=1,\ 2,\ 3,\ \cdots) \tag{5.17}$$

となる．式(5.17)により，電子のエネルギーは負の値をもち，定常状態での電子の軌道半径とエネルギーはとびとびの値を持つ．

式(5.17)の E_n を振動数条件の式(5.11)に代入すると，バルマーが実験的に見出した式(5.9)が得られる．このとき，リュードベリ定数は $R=\frac{2\pi^2 k_0^2 m e^4}{ch^3}=1.10\times 10^7$ [1/m] となり，この数値は実験値と一致する．図 5.12 は式(5.17)に基づいて，水素原子のエネルギー準位とスペクトラムを表した図である．基底状態のエネルギー($E_1=-13.6$ eV)をはじめ，実験データを見事に説明している．

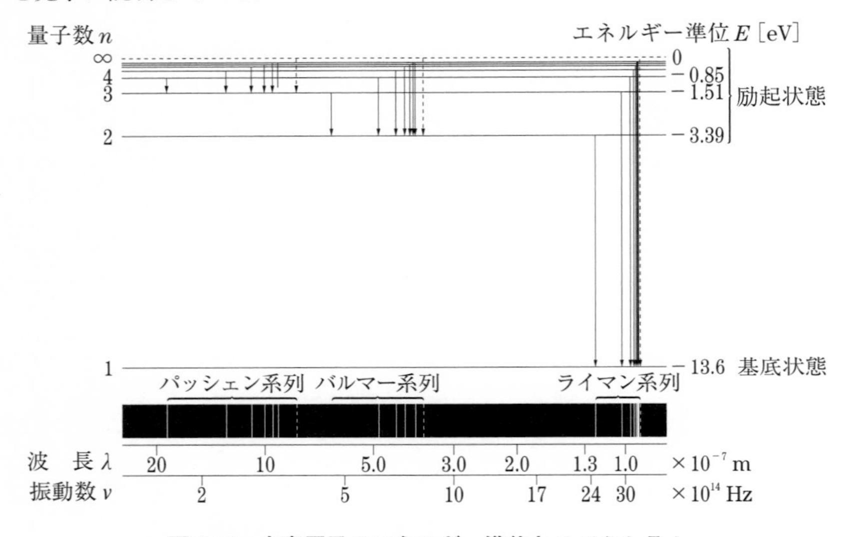

図 5.12　水素原子のエネルギー準位とスペクトラム

このように，ボーアは水素原子のスペクトルの実験結果をもとにして，水素原子のエネルギー準位を理論的に説明することに成功した．しかし，ボーアの理論は原子の世界を完全に説明できるものではなかった．この理論が先駆けになって，ミクロの世界を説明する新しい物理学，量子力学が誕生した．

例題 7　基底状態の水素原子をイオン化するのに必要なエネルギー[eV]はいくらか．

解　基底状態での電子のエネルギーは −13.6 eV であるので，イオン化のエネルギーは 13.6 eV である．

---

5. 6 放射線と原子核

5. 6. 1 放射線と放射能

1896年にベクレル(フランス, 1852〜1908)は黒い厚紙で包まれた写真乾板の上にウラン化合物を置いておくと, 光を当てなくとも写真乾板が感光することを発見した. 彼はこの透過力の強い放射線の正体がX線ではなく, 電子であることをつきとめた. 1898年にキュリー夫妻(フランス, ピエール1859〜1906, マリー1867〜1934)によって強い放射線を放出する元素ラジウム(Ra)およびポロニウム(Po)が発見された. その後, 天然に存在する原子番号が84以上の元素はすべて放射線を出すことが明らかにされた. 物質が放射線を出す性質を放射能といい, 放射能をもつ元素を放射性元素という.

天然の放射性元素が出す放射線には3種類あり, α線, β線, γ線と呼ばれる. α線の正体は正の電荷をもったヘリウム原子核であり, 空気中をわずか数cmしか進むことができない. β線の正体は負の電荷をもった電子の流れであり, 数mmのアルミニウムの板を透過できる. 一方, γ線の正体はX線より波長の短い電磁波であり, 透過力が非常に強いという性質をもつ.

5. 6. 2 陽子と中性子の発見

ラザフォードは1919年に窒素にα線を衝突させると, 長い距離を飛ぶ正の電荷をもつ粒子が出てくることを観測した. その後の実験から, この粒子は水素原子の原子核であることがわかり, 陽子と名づけられた. この粒子の電荷の大きさは電子と同じであり, 電子の質量の約1840倍ある. 多くの元素の原子核の質量は陽子の質量のほぼ整数倍であることから, 陽子は水素以外の元素でも原子核を構成する基本的な要素であることが予想された.

1932年にチャドウィック(イギリス, 1891〜1974)は, ベリリウム原子核にα線を衝突させると, 陽子とほぼ同じ質量をもつが, 電荷を帯びていない中性の粒子が出てくることを観測した. この粒子を中性子という. 中性子の質量は陽子に比べてわずかに重い. 表5.1に, 陽子と中性子の電荷量と質量を電子の場合と比較して示す.

表5.1 陽子と中性子, 電子の電荷量と質量の比較

	電荷量	質量
陽子	$+e$	1.673×10^{-27} kg
中性子	0	1.675×10^{-27} kg
電子	$-e$	9.109×10^{-31} kg

5. 6. 3　原子核の構造

陽子と中性子が発見されて，原子核は図 5.13 に示したように，正電荷 e（電気素量 $e=1.60\times10^{-19}$ C）を帯びた陽子と電荷を帯びていない中性子が結合した物質であることがわかった．陽子と中性子を総称して核子という．また，核子どうしを結びつける力を核力という．

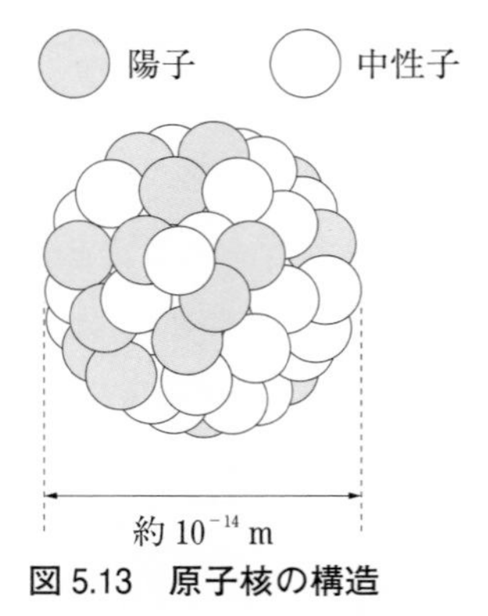

図 5.13　原子核の構造

原子核の中にある陽子の数はそれぞれの元素によって決まっていて，この陽子の数 Z を原子番号という．原子番号は，この原子核からなる原子の周期律表の位置を決める．原子核がもつ電荷は $+Ze$［C］で表される．原子の中にはこの原子核のまわりを回る Z 個の電子があるので，原子全体として電気的に中性である．一方，原子核中の中性子の数を N とすると，陽子数 Z と中性子数 N を合わせた数，すなわち核子の総数を質量数 A という（$A=Z+N$）．原子核の体積は質量数 A にほぼ比例し，その形は球形のもの以外に楕円体に変形したものなどがあることがわかっている．

原子番号 Z が等しく，質量数 A が異なる原子を同位体（アイソトープ）または同位元素という．互いに同位体の原子核は，陽子数が等しく中性子数が異なる．同位体では，原子核のまわりを回る電子の数は同じであるので，その化学的性質はほぼ同じである．同位体の中で放射線を出すものを放射性同位体（ラジオアイソトープ）という．同位体を区別して原子核を表すために，X を元素記号，A を質量数，Z を陽子数とすると，${}^{A}_{Z}\mathrm{X}$ で表す．例えば，水素の同位体には，水素 ${}^{1}_{1}\mathrm{H}$，重水素 ${}^{2}_{1}\mathrm{H}$，三重水素 ${}^{3}_{1}\mathrm{H}$ があり，これらの原子核はそれぞれ，陽子，重陽子（1 個の陽子と 1 個の中性子），三重陽子（1 個の陽子と 2 個の中性子）と呼ばれる．

例題 8　次の原子核の，陽子数と中性子数をそれぞれ求めよ．

(1)　${}^{3}_{1}\mathrm{H}$,　　(2)　${}^{4}_{2}\mathrm{He}$,　　(3)　${}^{13}_{6}\mathrm{C}$,　　(4)　${}^{37}_{17}\mathrm{Cl}$

解　(1)　陽子数：1 個，中性子数：2 個

(2) 陽子数：2 個，中性子数：2 個

(3) 陽子数：6 個，中性子数：7 個

(4) 陽子数：17 個，中性子数：20 個

5. 6. 4 原子核の崩壊と原子核反応

放射性同位元素が放射線を出して他の原子核に変化することを，原子核の**放射性崩壊**（単に**崩壊**）という．5.6.1 で説明したように，原子核の崩壊には α 崩壊や β 崩壊がある．α 崩壊では α 粒子（${}^{4}_{2}\mathrm{He}$ 原子核）が放出されるので，質量数が 4 減少し，原子番号が 2 減少する．例えば，原子番号 88 のラジウム原子核の α 崩壊では

$${}^{226}_{88}\mathrm{Ra} \rightarrow {}^{222}_{86}\mathrm{Rn} + {}^{4}_{2}\mathrm{He} \tag{5.18}$$

となり，α 崩壊の結果，新たに原子番号 86 のラドン原子核が生成される．一方，β 崩壊では，原子核内の 1 個の中性子が陽子と電子に変わることにより起こる．例えば，原子番号 82 の鉛原子核の β 崩壊では

$${}^{210}_{82}\mathrm{Pb} \rightarrow {}^{210}_{83}\mathrm{Bi} + e^{-} \tag{5.19}$$

となり，新たに原子番号 83 のビスマス原子核が生成される．

1919 年に，ラザフォードは窒素に α 線を衝突させると，水素原子の原子核すなわち陽子が飛び出てくることを見出した．これは，図 5.14 のように α 粒子が窒素の原子核 ${}^{14}_{7}\mathrm{N}$ に衝突して，

$${}^{14}_{7}\mathrm{N} + {}^{4}_{2}\mathrm{He} \rightarrow {}^{17}_{8}\mathrm{O} + {}^{1}_{1}\mathrm{H} \tag{5.20}$$

の式で表される反応を起こしたものであり，窒素の同位体が酸素の同位体に変化している．このように，原子核が変化する反応を**原子核反応**（あるいは**核反応**）という．化学反応では，原子の種類は変化せず，原子の組み合わせが変わるだけであるが，核反応では原子核

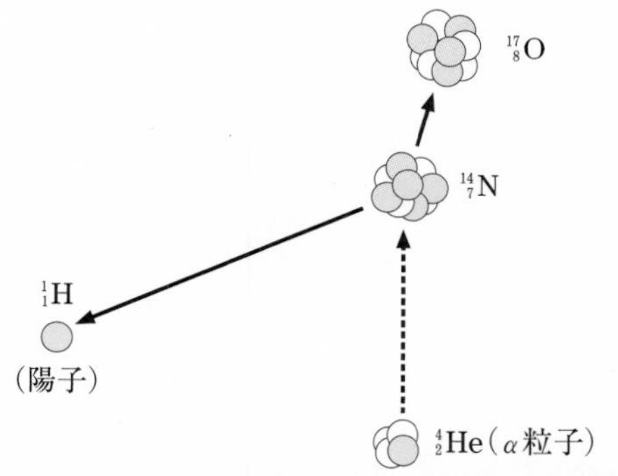

図 5.14 核反応（${}^{14}_{7}\mathrm{N} + {}^{4}_{2}\mathrm{He} \rightarrow {}^{17}_{8}\mathrm{O} + {}^{1}_{1}\mathrm{H}$）の発見

が変化し，別の種類の原子ができる．このように核反応では人工的に元素をつくることができる．例えば，水銀 Hg に陽子を衝突させると金 Au ができる：$^{1}_{1}\mathrm{H}+{}^{200}_{80}\mathrm{Hg}\rightarrow{}^{197}_{79}\mathrm{Au}+{}^{4}_{2}\mathrm{He}$. これはまさしく現代の錬金術といえるが，この方法で金をつくるとコスト的には市場価格以上になり採算が合わないことがわかっている．

5. 6. 5　質量欠損と核エネルギー

原子核の質量は，それを構成する核子の質量の和よりも小さい．原子番号 Z，質量数 A の原子核の質量を M [kg]，陽子と中性子の質量を M_p [kg]，M_n [kg] とすると，両者の差

$$\Delta M = ZM_p + (A-Z)M_n - M \tag{5.21}$$

を質量欠損という．この質量欠損の意味は，アインシュタインの相対性理論によって明らかになる．

相対性理論によると，質量とエネルギーとは同等である．質量 m [kg] の物体は静止しているとき，c を真空中の光の速さ [m/s] とすると，次の式で表されるエネルギー E [J]

$$E = mc^2 \tag{5.22}$$

をもつ．このことから，陽子や中性子がばらばらで存在するときよりも，まとまって原子核を構成しているときの方が ΔMc^2 [J] だけエネルギーが低いことがわかる．逆に，原子核をばらばらにするためには ΔMc^2 [J] だけエネルギーを原子核に与えなければならない．この意味で，ΔMc^2 [J] を原子核の結合エネルギーという．

原子核反応では，一般的に，原子核の質量の和が反応の前後で変化する．この質量の和が反応によって減少する場合，その質量差に相当するエネルギーが核エネルギーとして解放される．核反応で解放されるエネルギーはきわめて大きい．化学反応では発生するエネルギーは，多くの場合，1 回の反応で数電子ボルト (eV) であるのに対して，核反応では数 100 万電子ボルト (10^6 eV) 以上のエネルギーが解放される．例えば，$^{1}_{1}\mathrm{H}+{}^{7}_{3}\mathrm{Li}\rightarrow{}^{4}_{2}\mathrm{He}+{}^{4}_{2}\mathrm{He}$ という核反応では，1 mol の水素原子核 $^{1}_{1}\mathrm{H}$（数グラム）と 1 mol のリチウム原子核 $^{7}_{3}\mathrm{Li}$（数グラム）が反応すると，1.69×10^{12} J という膨大なエネルギーが発生する．これは石油を約 40 トンを燃焼したときのエネルギーに相当する．

ウラン原子核 ($^{235}_{92}\mathrm{U}$) に中性子を照射すると，図 5.15 のようにウラン原子核がほぼ半分に分裂する．この反応を核分裂という．このときに発生する熱エネルギーを利用してタービン（発電機）を回して発電する方法が，原子力発電である．1.0 kg の $^{235}_{92}\mathrm{U}$ がすべて核分裂したときに得られるエネルギーは石油に換算すると約 2.0×10^6 kg に相当し，膨大なエネルギーが発生することがわかる．

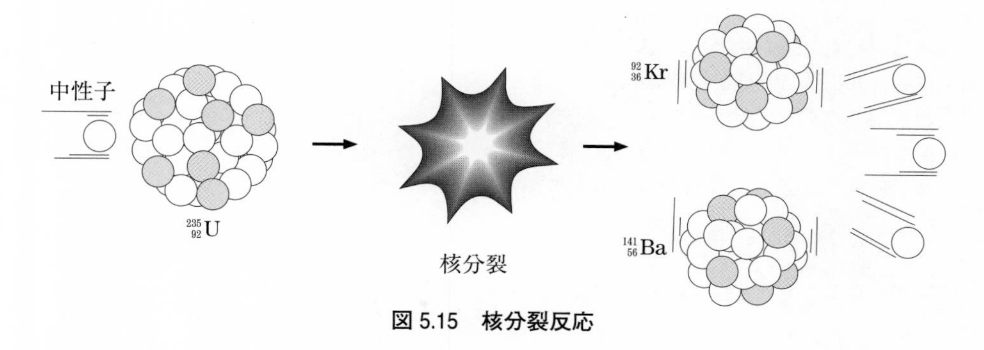

図 5.15　核分裂反応

例題 9　1.0 kg の物体が持つ質量エネルギー［J］いくらか．ただし，真空中の光の速さを 3.0×10^8 m/s とする．

解　$E = 1.0 \times (3.0 \times 10^8)^2 = 9.0 \times 10^{16}$ J

例題 10　重陽子の原子核は陽子 1 個と中性子 1 個からできている．重陽子の原子核，陽子，中性子の質量はそれぞれ，3.3437×10^{-27} kg，1.6727×10^{-27} kg，1.6750×10^{-27} kg である．このとき，重陽子の原子核の結合エネルギー［J］はいくらか．ただし，真空中の光の速さを 3.0×10^8 m/s とする．

解　重陽子の原子核の質量欠損は ΔM 式(5.11)より，

$$\Delta M = 1.6727 \times 10^{-27} + 1.6750 \times 10^{-27} - 3.3437 \times 10^{-27} = 4.0 \times 10^{-30}$$

したがって，結合エネルギーは

$$\Delta Mc^2 = 4.0 \times 10^{-30} \times (3.0 \times 10^8)^2 = 3.6 \times 10^{-13}$$　　答　3.6×10^{-13} J

コラム：半減期と放射年代測定

放射性同位体は，放射性崩壊によってより安定な原子核に変化していきます．元の原子核の数が半分になるまでの時間は，放射性同位体の種類によって決まっており，この時間を半減期といいます．ある放射性同位体が時刻 $t=0$ に N_0 個あった場合，時刻 t におけるその放射性同位体の数 N 個は，次の式で表されます．

$$N=N_0\left(\frac{1}{2}\right)^{\frac{t}{T}}\ (T：半減期)$$

この式をグラフで表すと下図になります．また，代表的な放射同位体の半減期は下表の通りです．

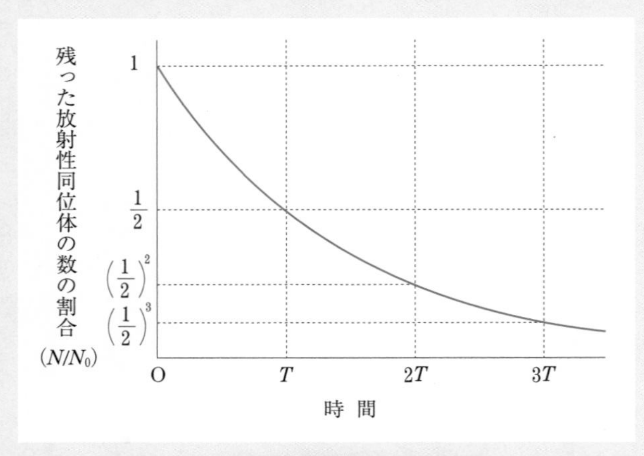

図　放射性同位体の半減期

表　半減期の例

放射性同位体	崩壊の型	半減期
炭素 14　^{14}C	β	5700 年
コバルト 60　^{60}Co	β	5.27 年
ストロンチウム 90　^{90}Sr	β	28.8 年
ヨウ素 131　^{131}I	β	8.02 日
セシウム 137　^{137}Cs	β	30.2 年
ラドン 222　^{222}Rn	α	3.82 日
ラジウム 226　^{226}Ra	α	1600 年
ウラン 238　^{238}U	α	4.47×10^9 年
プルトニウム 239　^{239}Pu	α	2.41×10^4 年

いま半減期 8.02 日の ^{131}I が 1 g あったとき，原子数と質量は比例するため，16.04 日後に残っている ^{131}I の質量は上式より次のようになります．

$$1\,g\times\left(\frac{1}{2}\right)^{\frac{16.04}{8.02}}=1\,g\times\left(\frac{1}{2}\right)^2=0.25\,g$$

つまり，4 分の 1 の 0.25 g になります

炭素の放射性同位体である炭素 14（^{14}C）は半減期約 5700 年で β 崩壊します．また，大気中

では宇宙からの放射線(宇宙線)によって生成された中性子が，窒素14(^{14}N)の原子核に衝突して陽子をはじき出しますが，その代わりに最初の中性子が原子核中に留まって^{14}Cが生成され続けます．この結果，大気中の^{14}Cの^{12}Cに対する割合は一定に保たれています．^{14}Cも^{12}C同様，酸素と結びついて二酸化炭素CO_2となり，通常のCO_2と一緒に光合成により植物に取り込まれます．そのため，植物中の^{14}Cの^{12}Cに対する割合も大気中と同じく一定となります．植物が枯れると^{14}Cは取り込まれなくなり，^{14}Cは半減期約5700年で崩壊していくので，遺跡の木材中の^{14}Cの^{12}Cに対する割合を調べることで，遺跡がいつ頃つくられたものなのかを推定することができます．

コラム：ブラックホールと中性子星

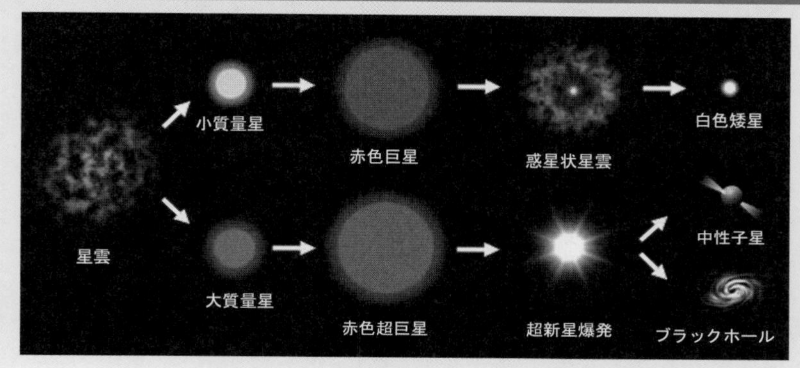

星の一生

ブラックホール連星

図　星の一生と，ブラックホール連星の想像図

太陽のように自ら光り輝く星のことを恒星といいます．恒星は水素やヘリウムを主成分としたガスの塊であり，その中心部ではおもに水素の核融合反応によりエネルギーが生み出されています．このエネルギーによって中心部は非常に高温高圧力になり，それが自らの質量によって収縮しようとする重力とつりあっています．太陽のおよそ8倍以上の質量($\geqq 8M_{\odot}$)をもつ恒星は，核融合の燃料がつきると自らの重力を支えることができなくなり星全体が急激な収縮をおこし，その反動として激しい爆発を起こすことが知られています．この収縮現象を重力崩壊，爆発現象を超新星爆発といいます(図上)．重力崩壊型の超新星爆発では元の恒星(親星)を構成していた物質が全て飛び散ることはなく，爆発中心に“芯”が残ります．芯の質量がおよそ $2M_\odot$ 以下の場合，残った芯は中性子からなる非常に高密度の核となり，これを中性子星といいます．およそ $3M_\odot$ 以上の場合，芯が自分自身の重力に耐えきれなくなって重力崩壊がとまらなくなり，光さえも抜け出せないブラックホールが誕生します．ブラックホールに周囲のガスが吸い込まれる過程で，ガスが摩擦によって数百万度以上の高温になり，X 線などで光り輝きます(図下)．

アインシュタインの一般相対性理論によれば，重力は時空の歪みです．簡単のため 2 次元空間を考えると，柔らかなゴムの床に重い球を置いた場合の床の歪みに対応します．ブラックホールのような強い重力を持つ天体が(軸対象でない)運動をした時に生じる時空の歪みが，光速で伝わる現象を重力波といいます．とくに強重力天体が連星系をなしていてお互いが重力によって引かれあいついに合体する瞬間，強い重力波が発生します．1916 年にアルベルト・アインシュタイン(1879～1955)がその存在を予言していたものの，長らくその観測は出来ていませんでしたが，アメリカに建設されたレーザー干渉計型重力波天文台(LIGO：Laser Interferometer Gravitational-Wave Observatory)が 2015 年 9 月 14 日，ワシントン州・ルイジアナ州の 2 か所で同時に重力波を検出しました．約 13 億光年の距離で，質量が約 $36M_\odot$ と約 $29M_\odot$ の 2 つのブラックホールが合体し，約 $62M_\odot$ の 1 つのブラックホールになったことが分かりました．では差し引き $3M_\odot$ の質量はどこに行ったのでしょうか．この質量に相当するエネルギーが重力波となり周辺空間に大激震を起こし，近傍では星が砕け散るなどの事態になったと考えられています．LIGO チームはこの観測成果により 2017 年ノーベル物理学賞を受賞しました．

中性子星同士の連星系も存在します．2017 年 8 月 17 日に観測された重力波は，その信号の変動パターンから，中性子星同士の合体イベントと推定されました．直後の電磁波による観測で，母銀河が特定されました．金やプラチナなどの貴金属や，LIGO のレーザーの建造にも使われたネオジムが，観測された破片に大量に(地球一万個分)含まれていることがわかりました．これらの貴金属は超新星爆発で生成されると考えられていましたが，それだけでは足りないことが謎でした．その謎をとく大きなカギとなる出来事だったといえるでしょう．

演習問題

[基本問題]

1. 仕事関数 $W=5.0\times10^{-19}$ J の金属に，波長 2.8×10^{-7} m の光を照射したら，金属の表面から電子が飛び出した．金属中の 1 個の電子が光子 1 個から得たエネルギー[J]を求めよ．ただし，プランク定数を 6.6×10^{-34} J･s，真空中の光の速さを 3.0×10^{8} m/s とする．
2. 波長 5.8×10^{-7} m の単色光を出す光源の強さが 5.0 W のとき，毎秒放出される光子の数は何個になるか．ただし，プランク定数を 6.6×10^{-34} J･s，真空中の光の速さを 3.0×10^{8} m/s とする．
3. 可視光線の真空中の波長は，およそ 3.8×10^{-7}～$7.7\times\cdot10^{-7}$ [m]である．次の問に答えなさい．ただし，プランク定数を 6.6×10^{-34} J･s，真空中の光の速さを 3.0×10^{8} m/s とする．
   1）波長が 3.8×10^{-7} m と 7.7×10^{-7} m のうち，青色と赤色の波長に対応するのはどちらか．
   2）可視光の光子 1 個がもつエネルギーの範囲を，電子ボルト eV の単位で求めよ．
   3）青色の光と赤色の光において，光子のエネルギーが大きい方はどちらか．
4. 初速度 0 m/s の電子を，真空中で V [V]の電位差で加速した場合の電子の物質波の波長 λ [m]はいくらか．ただし，電子の質量を m [kg]，電荷を $-e$ [C]とする．
5. 前問 4 において，電子を 1000 V の電位差で加速した場合の電子の物質波の波長[m]はいくらか．また，この波長は水素原子の直径(1.1×10^{-10} m とする)と比べると，どのくらい小さいか．ただし，プランク定数を 6.6×10^{-34} J･s，電子の質量を 9.1×10^{-31} kg，電子の電荷の大きさを 1.6×10^{-19} C とする．
6. 水素原子が，エネルギー $E=-1.51$ eV の定常状態から，$E=-3.40$ eV の定常状態に移るとき，放出される光の振動数[Hz]および波長[m]はいくらか．ただし，プランク定数を 6.63×10^{-34} J･s，真空中の光の速さを 3.00×10^{8} m/s とする．
7. 原子力発電の燃料である $^{235}_{92}U$ 原子核について，次の問に答えなさい．
   1）$^{235}_{92}U$ の陽子数と中性子数はいくらか．
   2）$^{235}_{92}U$ が α 崩壊したあとの原子核を記しなさい．ただし，原子番号 90 の元素は Th(トリウム)である．

[応用問題]

8. 図のように，真空容器内にフィラメント A と金属の極版 B とを数 cm 離しておく．フィラメント A を陰極として，フィラメント A と極板 B の間に 20,000 V の電位差を加えると，フィラメントAから出た熱電子は電場のために加速されて極板Bに衝突すると，極板BからX線が発生する．実験の結果，極板Bから発生したX線の最大振動数は 4.8×10^{18} Hz であった．電子の質量を $m=9.1\times10^{-31}$ kg，電子の電荷の大きさを $e=1.6\times10^{-19}$ C，真空中の光の速さを $c=3.0\times10^{8}$ m/s として，次の問に答えなさい．

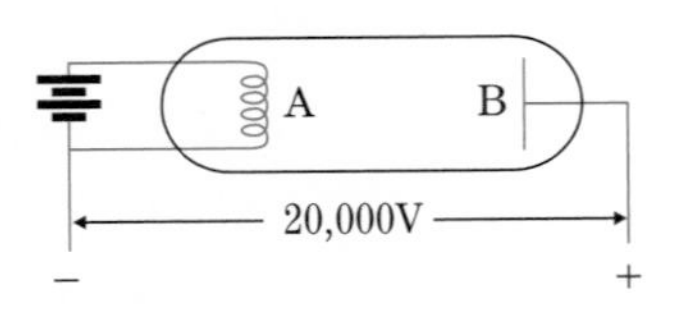

(1) フィラメントAから出た1個の電子が極板Bに到着する間に得るエネルギー [J] はいくらか．

(2) 極板Bから発生する最大振動数を持つX線の波長 [m] はいくらか．

(3) この実験からプランク定数の値 [J·s] はいくらか．

9. 波長 λ_0 [m] のX線を物質にあてると，物質中の電子(質量 m [kg])と衝突し，入射X線よりも波長の長いX線(波長 λ [m])が散乱される．この現象をコンプトン効果という．散乱X線の波長が長くなるのは，入射X線が電子をはね飛ばしたとき，エネルギーの一部を電子に与え，X線光子のエネルギーが減少するためである．

図のように，散乱X線の向きとエネルギー，運動量をそれぞれ θ [rad]，E [J]，p [kg·m/s] とし，X線と衝突後の電子(反跳電子という)の速さと向きをそれぞれ v [m/s]，ϕ [rad] とする．ただし，衝突前の電子は静止しているものとする．なお，プランク定数を h [J·s]，真空中の光の速さを c [m/s] としたとき，入射X線のエネルギー E_0 [J] と運動量 p_0 [kg·m/s] はそれぞれ $E_0=\dfrac{hc}{\lambda_0}$ [J]，$p_0=\dfrac{h}{\lambda_0}$ [kg·m/s] で表される．

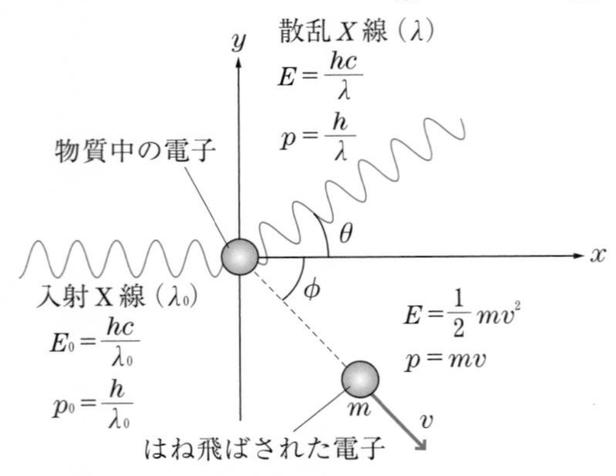

(1) 入射X線(光子)と電子との衝突の前後において成立する以下の関係式を求めよ．

(a) 運動量保存の法則における入射方向の成分

(b) 運動量保存の法則において，入射方法に垂直な成分

(c)　エネルギー保存の法則

(2)　入射X線と散乱X線の波長のずれ $\Delta\lambda=\lambda-\lambda_0$ [m] を求める．次の文中の［　　］に適当な式を入れなさい．

上の(1)の(a)と(b)から，$\sin^2\phi+\cos^2\phi=1$ を用いて ϕ を消去し，この結果と上の(1)の(c)から，v を消去すると，

$$\frac{1}{\lambda_0}-\frac{1}{\lambda}=\frac{h}{2mc}\times\boxed{\quad ① \quad}$$

この両辺に $\lambda\times\lambda_0$ を掛けて，$\lambda\fallingdotseq\lambda_0$ の場合は右辺で，$\dfrac{\lambda}{\lambda_0}+\dfrac{\lambda_0}{\lambda}\fallingdotseq 2$，と近似できるので，これを用いると

$$\Delta\lambda=\lambda-\lambda_0\fallingdotseq\frac{h}{mc}\times\boxed{\quad ② \quad}$$

となる．

10. 次の文中の［　　］に適当な式や文字，あるいは数値を入れなさい．

水素原子から出る光の線スペクトルの規則性は，光の波長を λ [m]，リュードベリ定数 R [$\mathrm{m^{-1}}$] を $1.1\times10^7\ \mathrm{m^{-1}}$ として，

$$\frac{1}{\lambda}=R\left(\frac{1}{n^2}-\frac{1}{m^2}\right) \qquad \text{(A)}$$

の式に表すことができる．ただし，n と m は1より大きな整数であり，m は n より大きい．

可視部に現れるバルマー系列は $n=2$ の場合であり，その中で波長が最も［①］スペクトル線 H_α の m は3であるので，その波長は［②］[m] である．式(A)の両辺において，真空中の光の速さ c [m/s] とプランク定数 h [J･s] の積を掛けて式を変形すると，

$$\frac{ch}{\lambda}=-\frac{chR}{m^2}-\left(-\frac{chR}{n^2}\right) \qquad \text{(B)}$$

となるが，この式の左辺は振動数［③］[Hz] を持つ光子1個のエネルギーになっている．従って，右辺は［④］を放出したことにより原子のエネルギーの減少を表している．

式(B)の右辺に現れる $-\dfrac{chR}{n^2}$ は，原子核から充分に遠く離れて静止している電子のエネルギーをゼロとしたとき，準位 n にある原子内の電子のエネルギーである．$n=$［⑤］の場合は原子のエネルギーが最も低い状態であり，この状態を基底状態という．$c=3.0\times10^8$ m/s，$h=6.6\times10^{-34}$ J･s とすると，基底状態にある水素原子をイオン化するには，［⑥］[J] より大きなエネルギーが必要であることがわかる．

付章　物理を学ぶための基礎

＜学習目標＞

☐　SI 単位系を理解する．

☐　有効数字を理解する．

☐　物理学を学ぶ上で必要とされる数学を利用できるようになる．

物理学では単位が極めて大事になります．この単位を理解できていれば，物理学の理解がどんどん進みます．さらには，物理学は数学と並列して進歩してきた歴史があります．すなわち，物理学では基礎的な数学を使いこなすことが必要となりますので，もしこの付章に書かれているような数学が不得意な場合は，順次使えるようにしていきましょう．

1. 単位と次元

1. 1 国際単位系(SI 単位系)

物理学においては，世界中で共通した単位を用いて，いろいろな量を定めることになっている．そのために国際単位系(Système International d'Unités, SI 単位系)というものが決められている．SI 単位には 7 つの基本単位のほかに，基本単位から乗法・除法で得られる誘導(組立)単位，さらには固有の名称をもつ誘導(組立)単位がある．

表 1 基本単位

物理量	名称	記号
長さ	メートル	m
質量	キログラム	kg
時間	秒	s
電流	アンペア	A
熱力学温度	ケルビン	K
物質量	モル	mol
光度	カンデラ	cd

表 2 誘導(組立)単位の例

物理量	名称	記号
面積	平方メートル	m^2
体積	立方メートル	m^3
速さ	メートル毎秒	m/s
加速度	メートル毎秒毎秒	m/s^2
波数	毎メートル	m^{-1}
電流密度	アンペア毎平方メートル	A/m^2
磁場の強さ	アンペア毎メートル	A/m
比体積	立方メートル毎キログラム	m^3/kg
輝度	カンデラ毎平方メートル	cd/m^2

表 3　固有の名称をもつ誘導(組立)単位の例

物理量	名称	記号	定義
振動数，周波数	ヘルツ	Hz	s^{-1}
力	ニュートン	N	$kg \cdot m \cdot s^{-2}$
圧力，応力	パスカル	Pa	N/m^2
エネルギー，仕事，熱量	ジュール	J	N·m
仕事率，動力，電力	ワット	W	J/s
電荷，電気量	クーロン	C	A·s
電位，電位差，電圧，起電力	ボルト	V	J/C
静電容量，キャパシタンス	ファラド	F	C/V
電気抵抗	オーム	Ω	V/A
コンダクタンス	ジーメンス	S	Ω^{-1}
磁束	ウェーバー	Wb	V·s
磁束密度，磁気誘導	テスラ	T	Wb/m^2
インダクタンス	ヘンリー	H	Wb/A
放射能	ベクレル	Bq	s^{-1}

さて，このように決められている SI 単位以外にも，補助単位や，実用上の重要性などから併用が認められている単位もある．例えば，

(1) 時間

(A) 分：記号は「min」.

(B) 時：記号は「h」.

(C) 日：記号は「d」.

(2) 平面角

(A) ラジアン：記号は「rad」．円の周上で，その半径の長さに等しい長さの弧を切り取る 2 本の半径の間に含まれる平面角を 1 rad という($360° = 2\pi$ rad).

(B) 度：記号は「°」.

(C) 分：記号は「′」.

(D) 秒：記号は「″」.

(3) 体積　リットル：記号は「l」または「L」.

(4) 質量　トン：記号は「t」.

(5) エネルギー　電子ボルト：記号は「eV」．1 電子ボルトは，真空中において 1 ボルトの電位差によって，電子が得る運動エネルギーのことである．$1\ \mathrm{eV} \fallingdotseq 1.602 \times 10^{-19}$ J である.

(6) 圧力　バール：記号は「bar」．$1\ \mathrm{bar} = 1.013 \times 10^5$ Pa である.

1. 2　接頭語

10 進法で数字を考える場合，倍数として十，百，千，万などを使う．例えば陸上競技では 1 万メートル走などという．地球から太陽までの距離は約 1 億 5 千万キロメートルである．長さの単位が m ということで，10000 m ならばまだわかりやすいが，150000000000 m では読むのが大変である．このように，単位の前につける万や億などを「命数」と呼ぶ．これは東洋における考え方で，10^4 ごとに名前がある．一，十，百，千，万（$=10^4$），十万，百万，千万，億（$=10^8$），十億，百億，千億，兆（$=10^{12}$）…という具合になっている．

しかし，この命数は残念ながら国際的には通用しない．任意の値は $a\times10^n$（$1\leqq a<10$，n は整数）と表され，この表記法を指数表示（べき表示）という．n の値は指数あるいはべきと呼ばれる．例えばアボガドロ定数は 6.02×10^{23} mol^{-1} と表記される．さらには，SI 単位では $a\times10^n$ の 10^n をより簡略化して表記するために，10^3 倍を基本とした接頭語が用いられる．

表 4　接頭語

単位にかけられる倍数	名称	記号	単位にかけられる倍数	名称	記号
10^{18}	エクサ	E	10^{-1}	デシ	d
10^{15}	ペタ	P	10^{-2}	センチ	c
10^{12}	テラ	T	10^{-3}	ミリ	m
10^9	ギガ	G	10^{-6}	マイクロ	μ
10^6	メガ	M	10^{-9}	ナノ	n
10^3	キロ	k	10^{-12}	ピコ	p
10^2	ヘクト	h	10^{-15}	フェムト	f
10	デカ	da	10^{-18}	アト	a

コンピュータのハードディスクの容量を表すメガバイトやギガバイトの「メガ」や「ギガ」は，この 10^6 や 10^9 を意味している．また原子・分子レベルの技術を駆使するナノテクノロジーの「ナノ」とは 10^{-9} のことである．例えば，ナノメートル（nm）は原子や分子の大きさを表すのにちょうどよい．

例題 1　23456789，0.00098765 の指数表示を求めよ．

解　$23456789=2.3456789\times10^7$，$0.00098765=9.8765\times10^{-4}$

例題 2　次の指数表示の測定値を，それぞれ kg，ms，nm の単位で表せ．
3.45×10^3 g，　5.37×10^{-2} s，　6.02×10^{-10} m

解　3.45 kg，53.7 ms，0.602 nm と表記される．

1. 3　次　元

世の中にあるすべてのもの，すべての現象は，たとえそれが生命現象であっても，基本的な3つの次元(長さと質量と時間)の組み合わせに過ぎない．つまり，すべての物理量はこの3つの次元で表される．表1でSI基本単位は7つあると述べた．そのうちの最初の3つだけで物理学の話ができるとは変ではないかと思うかもしれない．この点は後に解説する．ここではいったん，物理量の次元とは物理量の基本的な性格を表すものとだけ理解しておこう．

いま，長さの次元を記号Lで表す．質量はM，時間はTとする．ここでニュートンの運動方程式を例にとる．

$$F=ma$$

Fは力，mは質量，aは加速度である．つまり力は，質量と加速度の積の次元をもつ．質量の次元はM，加速度は長さ(L)を時間(T)で2回割ったものになるので，LT^{-2}という次元になる．つまり，力の次元はMLT^{-2}となる．これはSI単位系からも容易に理解できる．表3に示したとおり力の単位はN(ニュートン)であり，これは$\mathrm{kg \cdot m \cdot s^{-2}}$のことである．

一方，見かけ上は異なっていても同じ次元をもつ物理量ならば，それらは基本的には同じ性格であると予想される．例えば，表3の「エネルギー，仕事，熱量」を見てみよう．すべてSI単位ではJとなっており，これはN･m，すなわち$\mathrm{kg \cdot m^2 \cdot s^{-2}}$のことである．次元は$ML^2T^{-2}$である．この教科書で学ぶように，エネルギー，仕事，熱量は，互いに変換される物理量だということが，この点からもわかる．しかし，次元が同じでもその性格までもが同じであるとはいい切れない場合もある．例えば，力のモーメント(SI単位で書けばN･m)の次元は，エネルギー，仕事，熱量と同じML^2T^{-2}である．しかし，力のモーメントは物体に回転運動を与える力の能率のことで，その方向と大きさはベクトルの外積で決まる(ベクトルの外積については後述する)．つまり，力のモーメントは，エネルギー，仕事，熱量と性格が同じだとはいえない．

さて最初に出した疑問，すなわちSI基本単位は7つあるのに，なぜ今回の次元については最初の3つだけに話を絞ったのか．実はこれに答えることは多少煩雑である．次元の決定には任意性があって，単位系の取り方によって異なる．電磁気学についていうと，現代ではSI単位系が用いられているので，長さ，質量，時間に電流を加えた4つを基本量としており，電流には独立した次元をわざわざ与えている．しかし，1970年代ごろまでは，物理学では電流には独立した次元を与えない単位系が使われていた．当時は，電流や電荷は組立量と見なされ，その次元は長さ，質量，時間の3つの次元の組み合わせで与えられた．ところが電流に独立した次元を与えると(電流の単位としてアンペアを加えると)，電磁気学の表記や単位換算が容易になるので，より実用的にするためにそのようになった経緯がある．同じように，熱力学温度(単位はケルビン)，物質量(単位はモル)，光度(単位はカンデラ)にも単位は必要であるが，あえて独立した次元を与えなくても表記は可能である．

なお，角度はラジアンや度(°)の単位で表されるが，その次元は L/L なので無次元になる．これを無次元量と呼ぶ．このことからもわかるように，三角関数，対数関数，指数関数には次元がない．

例題 3　表 3 に示したように，振動数や周波数は Hz(ヘルツ)という単位を用いて表され，これは s^{-1} と同じことである．この振動数や周波数の次元は何か．そしてそのことから振動数や周波数が意味するところを述べよ．

解　次元は T^{-1}．物理学的な意味は，単位時間当たりの回数ということになる．回数は次元をもたない．具体的には 1 秒間あたりに何回振動しているかを意味する．

例題 4　速さならびに仕事率の次元を求めよ．

解　速さ＝距離÷時間なので，LT^{-1}．仕事率は表 3 に示された SI 単位からもわかるように仕事÷時間なので，ML^2T^{-3} となる．

---

2. 数量換算と有効数字

2. 1　数量換算

さてこれまでのところで，長さの単位としてはm，時間の単位としてはsを使うことを推奨してきた．しかし，例えば自動車のスピードを考えるとき，秒速何m(1秒間に何m走ったか)という表現は，普通の生活ではピンとこない．そこでわれわれは，自動車の場合，通常は時速何kmという表現を使っている．これは1時間に何km走ったかを表している．しかし，これが加速度になると，アクセルを踏み込んで数秒の間に何m進んだという話になるので，この場合は何kmとか何時間とかという数値では逆に考えにくくなる．

そこで自動車の場合であっても，時速何kmという表現をどうしても秒速何mに換算する必要がある．ここで面倒なのは，時間が60進法になっている点である．1時間は60分，1分は60秒，つまり1時間は3600秒である．いま時速200 kmが秒速何mになるかを換算してみよう．

$$200\ \mathrm{km/時} = 200 \times 1000\ \mathrm{m}/3600\ 秒 \fallingdotseq 55.5\mathrm{m/s} \fallingdotseq 56\ \mathrm{m/s}$$

答は秒速56 mである．このように，物理量の単位をそろえるためには**数量換算**を行う必要がある．

例題5　長さ468 cmと1.59 mの棒がある．まっすぐつなげると何mになるか？

解　$468\ \mathrm{cm} + 1.59\ \mathrm{m} = (468/100)\ \mathrm{m} + 1.59\ \mathrm{m} = 4.68\ \mathrm{m} + 1.59\ \mathrm{m} = 6.27\ \mathrm{m}$

例題6　自転車が20秒間に120 mを同じ速度で進んだ．このときの秒速は何mで，時速は何kmとなるか？

解　速さ[m/s] = 距離[m] / 時間[s] = 120 m/20 s = 6.0 m/s．すなわち秒速6.0 m．また，1時間は3600秒なので，1 m/s = 3600 m/h = 3.6 km/hの関係がある．そこで，6.0 × 3.6 km/h = 21.6 km/hとなり，後に示す有効数字の考え方から答は時速22 kmとなる．

---

2. 2　測定値の有効数字

デジタルとアナログという言葉を聞いたことがあるであろう．われわれは物理量を不連続の数値(すなわちデジタル)に単位をかけた形で表す．例えば，56 m/s(秒速56 m)というのはまさに56というデジタル量とm/sという単位の積である．しかし，われわれが測定する値の多くは連続量(すなわちアナログ)のはずである．つまり「測定値は常に不確かさをともなう」ことを，まずは心に留めておくべきである．

いま「ものさし(直線定規)」を用いて，鉛筆の長さを測ってみる．定規の最小目盛が 1 mm であるならば，その 1/10 まで読み取る，とこれまでに教えられたことと思う．仮にいま手元にある鉛筆が 24.8 cm より少しだけ長いとしよう．$\frac{1}{10}$ mm まで読み取れといわれて，24.83 cm と答えたとする．しかし最後の数値，すなわち 0.3 mm はすこし自信がない．もしかしたら 24.82 cm かもしれないし，24.84 cm かもしれない．つまり最後の数値は不確かである．この場合，確かな数値が 3 桁，不確かな数値が 1 桁あり，これらをあわせて有効数字は 4 桁という約束になっている．さて別の測定器で 0.0123 という数値を得たとしよう．最初の 2 つの 0 は位取りしているだけである．次の 1 と 2 は確かな数値，最後の 3 は不確かな数値である．そこで上の約束にしたがうと，この 0.0123 の有効数字は 3 桁となる．

次にアボガドロ定数 6.02×10^{23} を考えてみよう．これは有効数字が 3 桁で表記していることがわかる．そこで 6.00×10^{23} や，6.0×10^{23}，6×10^{23} を考えてみる．6.00×10^{23} の有効数字は 3 桁，6.0×10^{23} の有効数字は 2 桁，6×10^{23} の有効数字は 1 桁となることがわかるだろうか．つまり小数点以下の 0 にも意味がある．しかし，さきほどの 0.0123 という数値に含まれる 0 とは意味が異なるので，できるならばその数値は 1.23×10^{-2} と書くことが望まれる．もちろん有効数字は 3 桁である．

測定値どうしの加減乗除について考えてみる．まず，2 つの数の和を求めてみよう．先に述べたとおり，数量換算して 2 つの数を同じ単位で表す．時速何 km と秒速何 m とは単純には足し算はできないことからもわかるであろう．すなわち位をよく考えて足し算をする．例えば

$$\begin{array}{rr} & 123.\mathit{4} \\ + & 002.3\mathit{4} \\ \hline & 125.\mathit{74} \end{array}$$

となり，斜体で示した数値が不確かな数値である．すなわち，答の有効数字は 4 桁である．最後の 4 を四捨五入して，有効数字は 125.7 となる．

同様に差を求めてみる．例えば

$$\begin{array}{rl} & 234.\mathit{5} \\ - & 22\mathit{3} \\ \hline & 01\mathit{1.5} \end{array}$$

となり，有効数字は 2 桁である．答は 12 となる．

次に積はもっと面倒だ．ここでは 2 つの例を示す．

$$
\begin{array}{r}
911\mathit{1} \\
\times\quad 10\mathit{9} \\
\hline
\mathit{81999} \\
000\mathit{0} \\
911\mathit{1} \\
\hline
99\mathit{3099}
\end{array}
\qquad
\begin{array}{r}
111\mathit{1} \\
\times\quad 99\mathit{9} \\
\hline
\mathit{9999} \\
999\mathit{9} \\
999\mathit{9} \\
\hline
110\mathit{9889}
\end{array}
$$

左の例では有効数字は 2 桁（有効数字は 9.9×10^5），右の例では有効数字は 4 桁となってしまう（有効数字は 1.110×10^6）．乗除についてはよく考えないと有効数字は決まらない．

例題 7　有効数字 4 桁 78.32 cm と 2 桁 9.1 cm の足し算の有効数字を求めよ．

解　78.32 と 9.1 にはそれぞれ小数点以下 2 桁目と 1 桁目が不確かな数値である．この 2 つの数字をそのまま足すと $78.3\mathit{2} + 9.\mathit{1} = 87.\mathit{42}$ となるが小数点以下 1 桁目に不確かな数値が含まれるので，小数点以下 2 桁目を四捨五入して 87.4 cm となる．

例題 8　有効数字に気をつけて，縦 20.5 cm 横 16.2 cm の長方形の面積を計算せよ．

解

$$
\begin{array}{r}
20.\mathit{5} \\
\times\quad 16.\mathit{2} \\
\hline
\mathit{410} \\
12\mathit{30} \\
20\mathit{5} \\
\hline
33\mathit{2.10}
\end{array}
$$

有効数字が 3 桁になることがわかるので，4 桁目の少数点以下第 1 位を四捨五入して 332 cm^2 が答となる．

---

3. ベクトルの演算

3. 1　ベクトル

物理の分野ではさまざまな物理量を学ぶが，それらの中で長さ，時間，質量，温度など，大きさのみをもつ物理量をスカラー量という．これに対して，速度，加速度，力，電場など，大きさと向きをもつ物理量をベクトル量という．

ベクトルを表すには，通常 $\vec{A}$ や $\vec{a}$ のように文字の上に矢印をつけるか，または $\boldsymbol{A}$ や $\boldsymbol{a}$ のような斜体の太字が用いられている．この教科書では $\vec{A}$ や $\overrightarrow{AB}$ を用いる．ベクトルの大きさのみを表す場合は $|\vec{A}|$ や $|\overrightarrow{AB}|$ のように絶対値の記号｜　｜をつけたり，斜体の文字 A が用いられている．

ベクトル $\overrightarrow{AB}$ を図示する場合は図付 1 のように矢印で表し，矢印の長さ $|\overrightarrow{AB}|$ がベクトルの大きさ(長さ)に対応し，矢印の向きがベクトルの向きに一致している．点 A，B をそれぞれ始点，終点という．

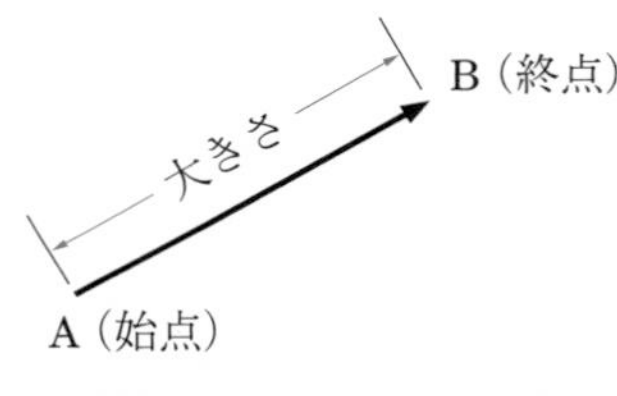

図付 1　ベクトルの表し方

3. 2　ベクトルの和と差

2 つのベクトル $\vec{A}$，$\vec{B}$ の大きさと向きが等しいとき，これらの 2 つのベクトルは等しいといい，それを $\vec{A}=\vec{B}$ と表す．このとき，2 つのベクトルの位置が一致している必要はなく，それぞれが空間のどこにあってもよい．

ベクトル $\vec{A}$ と大きさは等しいが，向きが逆向きであるベクトルを $-\vec{A}$ と表す．また，大きさが 0 であるベクトルをゼロベクトルという．

ベクトル $\vec{A}$ と $\vec{B}$ の和 $\vec{A}+\vec{B}$ は次のように定義されている．図付 2(a)のように，$\vec{A}$ の終点に $\vec{B}$ の始点を一致させ，$\vec{A}$ の始点から $\vec{B}$ の終点に引いた矢印をベクトル $\vec{C}$ とする．この $\vec{C}$ が $\vec{A}$ と $\vec{B}$ の和を表すベクトルである．すなわち，$\vec{C}=\vec{A}+\vec{B}$ となる．ベクトル $\vec{A}$ と $\vec{B}$ の差 $\vec{A}-\vec{B}$ は，$\vec{A}-\vec{B}=\vec{A}+(-\vec{B})$ と考えて，$\vec{A}$ と $-\vec{B}$ の和を考えればよい．図付 2(b)のように，$\vec{A}$ の終点に $-\vec{B}$ の始点を一致させ，$\vec{A}$ の始点から $-\vec{B}$ の終点に引いた矢印をベクトル $\vec{D}$ とする．この $\vec{D}$ が $\vec{A}$ と $\vec{B}$ の差を表すベクトルである．すなわち，$\vec{D}=\vec{A}-\vec{B}$ となる．

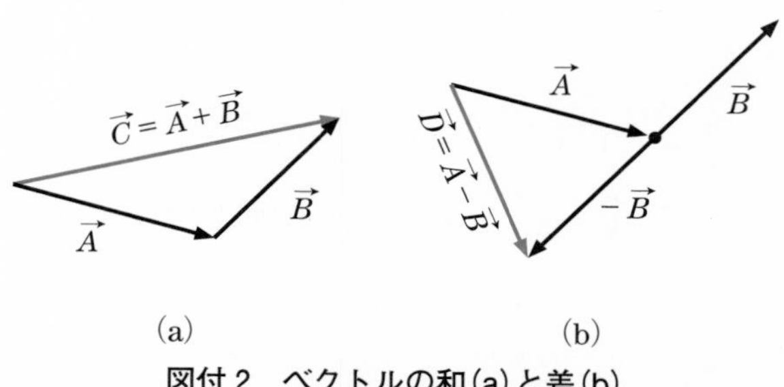

図付 2　ベクトルの和 (a) と差 (b)

ベクトル $\vec{A}$ を m 倍(m は実数)するには，$\vec{A}$ の向きは変えずに，長さのみを m 倍すればよい．それを $m\vec{A}$ と表す．

3. 3　ベクトルの成分

ベクトル $\vec{A}$ について，$\vec{e}=\dfrac{\vec{A}}{|\vec{A}|}$ で表されるベクトル $\vec{e}$ を考える．$\vec{e}$ の大きさは 1 であり，向きは $\vec{A}$ と一致している．大きさ 1 のベクトルを単位ベクトルという．この場合，$\vec{e}$ は $\vec{A}$ と同じ向きをもつ単位ベクトルである．

図付 3 のように，$\vec{A}$ の始点を原点とする x，y，z 直交軸を考え，各軸の正方向を向く単位ベクトルを $\vec{i}$，$\vec{j}$，$\vec{k}$ とする．また，$\vec{A}$ の各軸への正射影の大きさを A_x，A_y，A_z とする．これらは，それぞれ $\vec{A}$ の x，y，z 成分と呼ばれる．これらの成分を用いると $\vec{A}$ は $\vec{A}=A_x\vec{i}+A_y\vec{j}+A_z\vec{k}$ と表される．また，$\vec{A}$ の大きさ $|\vec{A}|$ は $|\vec{A}|=\sqrt{A_x^2+A_y^2+A_z^2}$ で与えられる．

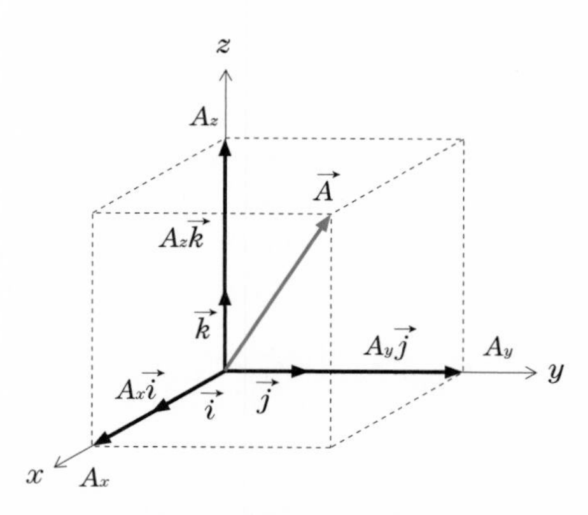

図付 3　ベクトルの成分

3. 4　ベクトルの内積と外積

図付 4(a)のように，2 つのベクトル $\vec{A}$，$\vec{B}$ のなす角を θ とすると，積 $|\vec{A}|\cdot|\vec{B}|\cos\theta$ をベクトル $\vec{A}$，$\vec{B}$ のスカラー積または内積といい，$\vec{A}\cdot\vec{B}$ で表す．すなわち，

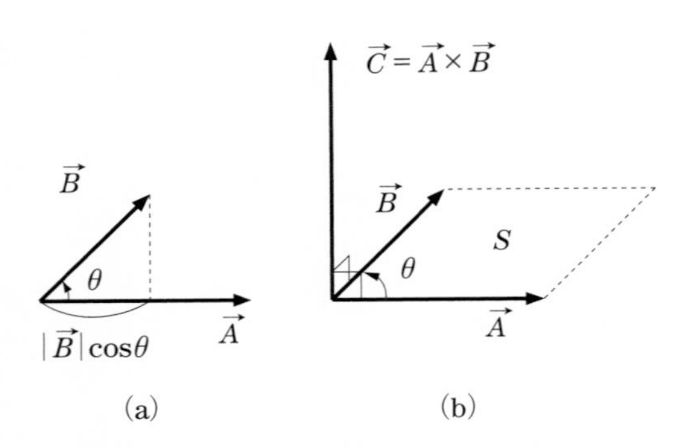

図付 4　ベクトルの内積(a)と外積(b)

$$\vec{A}\cdot\vec{B}=|\vec{A}|\cdot|\vec{B}|\cos\theta \qquad (付 1)$$

である．このスカラー積は，$\vec{B}$ を $\vec{A}$ に正射影した大きさと $\vec{A}$ の大きさの積である．直交する 2 つのベクトルでは，θ の値が 90° または 270° であるので，スカラー積は 0 である．

図付 4(b)のように，θ の角度をなして隣り合う 2 つのベクトル $\vec{A}$，$\vec{B}$ を 2 辺とする平行四辺形の面積 S は，$S=|\vec{A}|\cdot|\vec{B}|\sin\theta$ と表される．そこで，大きさが S に等しく，向きが平行四辺形に垂直で，かつ右ねじを $\vec{A}$ から $\vec{B}$ へ回したときに右ねじが進む向きに一致するベクトル $\vec{C}$ を考える．この $\vec{C}$ を $\vec{A}$，$\vec{B}$ の**ベクトル積**または**外積**といい，$\vec{A}\times\vec{B}$ と表す．すなわち，

$$\vec{C}=\vec{A}\times\vec{B}, \qquad |\vec{C}|=|\vec{A}\times\vec{B}|=|\vec{A}|\cdot|\vec{B}|\sin\theta \qquad (付 2)$$

である．ベクトル積の定義から明らかなように，$\vec{A}\times\vec{B}=-\vec{B}\times\vec{A}$ である．また，平行な 2 つのベクトルでは，θ の値が 0° または 180° であるので，ベクトル積は 0 ベクトルである．

4. 三角関数

4. 1　三角比

図付5の直角三角形ABCにおいて，各辺の長さ a，b，c の比の値

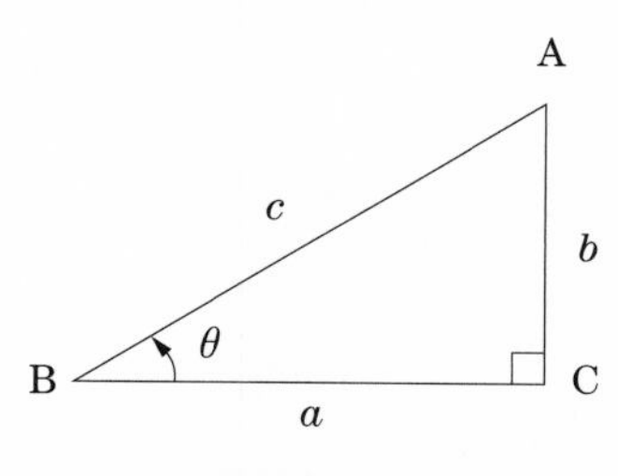

図付5　三角比

$$\sin\theta = \frac{b}{c}, \qquad \cos\theta = \frac{a}{c}, \qquad \tan\theta = \frac{b}{a} \tag{付3}$$

を角 θ の三角比という．

4. 2　弧度法

図付6のように，中心がOで半径rの円の円周上に2点X，Yをとり，2つの辺OXとOYがなす角を θ とし，円周に沿ったXYの長さを l とする．このとき，

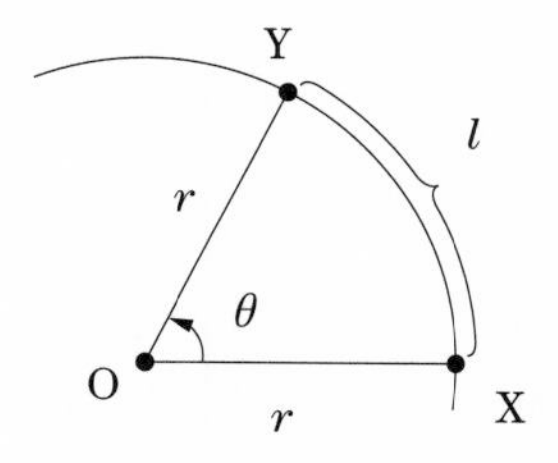

図付6　弧度法 $\theta = \frac{l}{r}$ [rad]

$$\theta = \frac{l}{r} \tag{付4}$$

となるように θ の値を定めたとき，この角の大きさを θ ラジアン[rad]という．したがって，1 radの角の大きさは，半径と同じ長さの円周を見込む角である（$l = r$ の場合）．また，円周の長さは $2\pi r$ であるので，円周に対する中心角は 2π [rad]となる．360°が 2π [rad]であるので，例えば，$30° = \frac{\pi}{6}$ [rad]，$45° = \frac{\pi}{4}$ [rad]，$60° = \frac{\pi}{3}$ [rad]，$180° = \pi$ [rad]である．

4.3　三角関数

図付 7(a)において，点 O を原点，OX を x 軸上にとる．半径 r の円周上の点 Y から x 軸に下ろした垂線の足を H とし，YH と OH の長さをそれぞれ y と x とすると，点 Y の座標は$(x,\ y)$となる．このとき，任意の角 θ に対して，

$$\sin\theta = \frac{y}{r},\qquad \cos\theta = \frac{x}{r},\qquad \tan\theta = \frac{y}{x} \tag{付 5}$$

と定義する．これらを三角関数という．θ の値の変化とともに点 Y は円周上を移動するので，三角関数の値は周期的に変化する．三角関数のグラフを図付 7(b)に示す．

容易に確かめることができるように，三角関数の間には次のような関係がある．

$$\sin^2\theta + \cos^2\theta = 1,\qquad \frac{\sin\theta}{\cos\theta} = \tan\theta \tag{付 6}$$

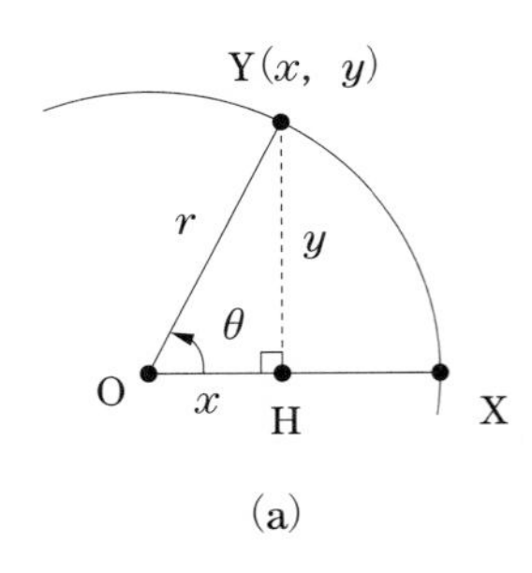

(a)

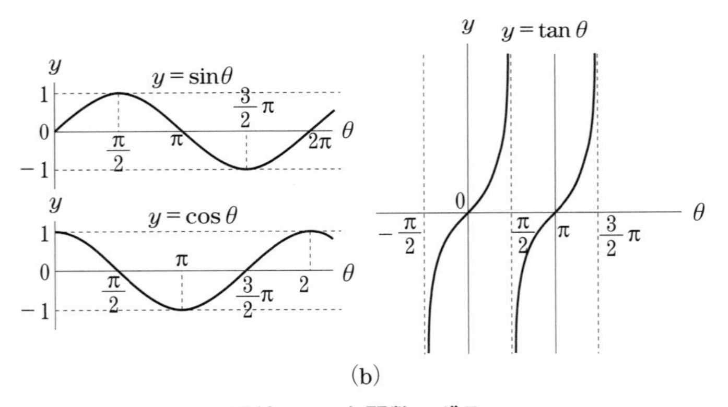

(b)

図付 7　三角関数のグラフ

例題 9　次の三角関数の値を求めよ．

1) $\sin 30°$　　2) $\cos 45°$　　3) $\tan\frac{\pi}{4}$　　4) $\sin\frac{\pi}{3}$

解　1) $\sin 30° = \frac{1}{2}$　　2) $\cos 45° = \frac{1}{\sqrt{2}}$　　3) $\tan\frac{\pi}{4} = 1$　　4) $\sin\frac{\pi}{3} = \frac{\sqrt{3}}{2}$

---

5. 指数関数

地球の質量や電子の質量をkg単位で表す場合，一方は非常に大きな値であり，他方は非常に小さな値である．このように，非常に大きな値や小さな値を表す場合，指数を用いるととてもわかりやすい．ちなみに，地球の質量は5.98×10^{24}kgであり，電子の質量は9.11×10^{-31}kgである．

5. 1　指数と指数法則

0ではない数aについて，$a\times a\times\cdots\times a\times a$のように，$a$を$n$回掛け合わせたものを$a^n$と書き，これを$a$の$n$乗という．$a$を底，$n$を指数(exponent)という．指数の値が異なっても，それらを総称してaの累乗またはベキ乗という．特に，2乗を平方，3乗を立方という場合がある．また，$a>0$，nを自然数，mを整数とするとき，

① $a^0=1$　(付7)

② $a^{-n}=\dfrac{1}{a^n}$　(付8)

③ $a^{\frac{m}{n}}=\sqrt[n]{a^m}$　(付9)

と定める．特に，$m=1$で$n\geqq2$の場合，$a^{\frac{1}{n}}=\sqrt[n]{a}$を$a$の$n$乗根という．指数の値が異なっても，それらを総称してaの累乗根またはベキ乗根という．

$a>0$，$b>0$のとき，実数p，qについて，次のような指数法則が成り立つ．

① $a^pa^q=a^{p+q}$　(付10)

② $(a^p)^q=a^{pq}$　(付11)

③ $(ab)^p=a^pb^p$　(付12)

④ $\dfrac{a^p}{a^q}=a^{p-q}$　(付13)

⑤ $\left(\dfrac{a}{b}\right)^p=\dfrac{a^p}{b^p}$　(付14)

例題 10　次の式を指数を用いて書き直しなさい．

1）$\sqrt{x}$　　2）$\sqrt[4]{x^3}$　　3）$\dfrac{1}{\sqrt{x+1}}$　　4）$\dfrac{1}{\sqrt[3]{(x+1)^2}}$

解　1）$\sqrt{x}=x^{\frac{1}{2}}$　　2）$\sqrt[4]{x^3}=x^{\frac{3}{4}}$　　3）$\dfrac{1}{\sqrt{x+1}}=(x+1)^{-\frac{1}{2}}$　　4）$\dfrac{1}{\sqrt[3]{(x+1)^2}}=(x+1)^{-\frac{2}{3}}$

例題 11　次の式を $x^a y^b$ の形に書き変えなさい．ただし，$x>0$，$y>0$ とする．

1）$\dfrac{(x^2y)^3\times(xy^2)^2}{x^3y^2}$　　2）$\sqrt[3]{xy^2}\times\sqrt[3]{x^2y}\times\sqrt{xy}$　　3）$\dfrac{\sqrt[3]{xy^5}\times\sqrt{x^3y^5}}{\sqrt[6]{x^5y^7}}$

解　1）$\dfrac{(x^2y)^3\times(xy^2)^2}{x^3y^2}=\dfrac{x^6y^3\times x^2y^4}{x^3y^2}=x^5y^5$

2）$\sqrt[3]{xy^2}\times\sqrt[3]{x^2y}\times\sqrt{xy}=x^{\frac{1}{3}}y^{\frac{2}{3}}\times x^{\frac{2}{3}}y^{\frac{1}{3}}\times x^{\frac{1}{2}}y^{\frac{1}{2}}=x^{\frac{1}{3}+\frac{2}{3}+\frac{1}{2}}y^{\frac{2}{3}+\frac{1}{3}+\frac{1}{2}}=x^{\frac{3}{2}}y^{\frac{3}{2}}$

3）$\dfrac{\sqrt[3]{xy^5}\times\sqrt{x^3y^5}}{\sqrt[6]{x^5y^7}}=\dfrac{x^{\frac{1}{3}}y^{\frac{5}{3}}\times x^{\frac{3}{2}}y^{\frac{5}{2}}}{x^{\frac{5}{6}}y^{\frac{7}{6}}}=\dfrac{x^{\frac{1}{3}+\frac{3}{2}}\times y^{\frac{5}{3}+\frac{5}{2}}}{x^{\frac{5}{6}}y^{\frac{7}{6}}}=\dfrac{x^{\frac{11}{6}}y^{\frac{25}{6}}}{x^{\frac{5}{6}}y^{\frac{7}{6}}}=x^{\frac{11}{6}-\frac{5}{6}}y^{\frac{25}{6}-\frac{7}{6}}=xy^3$

5．2　指数による表示と計算

非常に大きな値や小さな値を指数を用いて表してみる．例えば，$12300000=1.23\times10^7$ となり，$0.0000456=4.56\times10^{-5}$ となる．すなわち，

$$a\times10^n \tag{付 15}$$

と表される．a は整数部分が 1 桁の数で，n は整数である．この表し方を指数表示という．

例題 12　次の計算をしなさい．

1）300000×0.00004　　2）300000×0.05　　3）$0.0005\times0.002\div0.08$

解　1）$300000\times0.00004=3\times10^5\times4\times10^{-5}=12$

2）$300000\times0.05=3\times10^5\times5\times10^{-2}=15\times10^3=1.5\times10^4$

3）$0.0005\times0.002\div0.08=\dfrac{5\times10^{-4}\times2\times10^{-3}}{8\times10^{-2}}=1.25\times10^{-5}$

5．3　指数関数とそのグラフ

a を 1 でない正の数とする．この a を底とする指数 x の関数

$$y=a^x \tag{付 16}$$

を指数関数（exponential function）という．次に，この関数のグラフを考えてみる．

$1<a$ の場合は，x の値の増加とともに y の値も増加する．$0<a<1$ の場合は，x の値の増加とともに y の値は減少する．しかし，負の値にはならない．a の値がいずれの場合も，x が 0 のとき，$y=1$ である．こうして，$y=a^x$ のグラフは図付 8 のようになることがわかる．

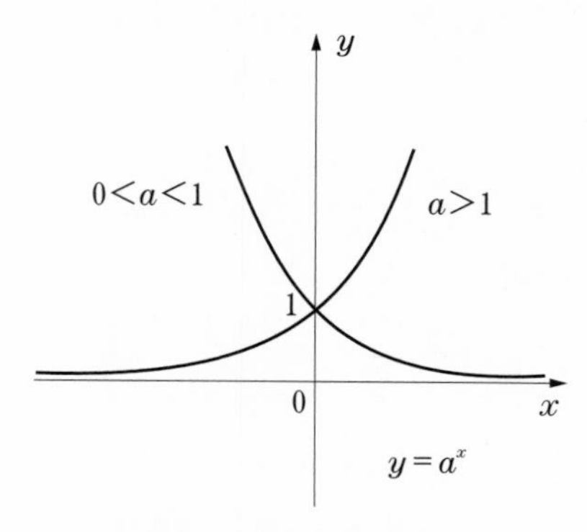

図付 8　$y=a^x$ のグラフ

6. 対数関数

6. 1　対数の定義

前節では，a を 1 でない正数とするとき，a を底とする指数 p の関数 q

$$q = a^p \quad (q > 0)$$

について学んだ．この関係は q が p の関数であることを示しているが，逆に p が q の関数であると考えると，その関係はどのように表されるのだろうか．数学ではその関係を

$$p = \log_a q \tag{付 17}$$

と表し，p を a を底とする q の対数(logarithm)という．また，q を真数という．すなわち，

$$q = a^p \quad \Leftrightarrow \quad p = \log_a q \tag{付 18}$$

の関係がある．

なお，よく用いられる対数に，底が 10 の常用対数(common logarithm) $\log_{10}$ と，底が e (＝2.7182818...)の自然対数(natural logarithm) $\log_e$ がある．e はネイピア数と呼ばれている．自然対数 $\log_e p$ を $\ln p$，あるいは $\log p$ で表すが，分野によっては $\log p$ を常用対数や底が 2 の対数として使う場合もあるので，本書では $\log_e p$ または $\ln p$ を用いる．

6. 2　対数の性質

対数には次のような性質がある．

$$① \log_a 1 = 0 \tag{付 19}$$

$$② \log_a a = 1 \qquad \text{ただし，} a > 0,\ a \neq 1 \tag{付 20}$$

また，a を 1 でない正数，p と q を任意の正数とすると，次の対数法則が成り立つ．

$$③ \log_a pq = \log_a p + \log_a q \tag{付 21}$$

$$④ \log_a \frac{p}{q} = \log_a p - \log_a q \tag{付 22}$$

$$⑤ \log_a q^p = p \log_a q \tag{付 23}$$

これらの関係は，指数法則を用いることにより，次のように導かれる．

①式(付 7)より，$a^0=1$ であるので，その対数を考える．

② $a^1=a$ の対数を考える．

③ $\log_a p=m$，$\log_a q=n$ とおくと，$p=a^m$，$q=a^n$ となる．$\log_a q=\log_a a^n=n$ であることを確認しておく．積は $pq=a^{m+n}$ であるので，$m+n=\log_a pq$，すなわち，式(付 21)が得られる．

④これも③と同様に考える．

⑤③と同様に，n を用いて，$\log_a q^p=\log_a (a^n)^p=\log_a a^{np}=np=p\log_a q$ となる．

例題 13　次の計算をせよ．

1) $\log_{10}2+\log_{10}5$　2) $\log_2 16+\log_3\dfrac{1}{9}$　3) $\log_{10}6-\log_{10}\dfrac{2}{3}$　4) $\log_2 4\sqrt{2}+2\log_3\dfrac{1}{27}$
5) $\log_{10}\sqrt{2}+\log_{10}\sqrt{5}$

解　1) $\log_{10}2+\log_{10}5=\log_{10}(2\times5)=\log_{10}10=1$

2) $\log_2 16+\log_3\dfrac{1}{9}=\log_2 2^4+\log_3 3^{-2}=4-2=2$

3) $\log_{10}6-\log_{10}\dfrac{2}{3}=\log_{10}\left(6\times\dfrac{3}{2}\right)=\log_{10}3^2=2\log_{10}3$

4) $\log_2 4\sqrt{2}+2\log_3\dfrac{1}{27}=\log_2 2^{\frac{5}{2}}+2\log_3 3^{-3}=\dfrac{5}{2}-6=-\dfrac{7}{2}=-3.5$

5) $\log_{10}\sqrt{2}+\log_{10}\sqrt{5}=\log_{10}2^{\frac{1}{2}}+\log_{10}5^{\frac{1}{2}}=\dfrac{1}{2}(\log_{10}2+\log_{10}5)=\dfrac{1}{2}\log_{10}(2\times5)=0.5$

---

6. 3　底の変換

よく用いられる対数の底は 10，$e(=2.7182818...)$，2 があるが，具体的に対数の値を求めるとなると，多くの場合は常用対数が基準になっている．それでは，10 以外の底を用いる対数の値はどのようにして求めればよいのだろうか．

それには，底の関係により，対数を常用対数に変換すればよい．すなわち，a，b を 1 ではない正数とし，p を正数とすると，

$$\log_a p=\frac{\log_b p}{\log_b a} \qquad (付 24)$$

となる．この関係は次のようにして導くことができる．まず，$\log_a p=q$ とおくと，$p=a^q$ である．両辺について，底を b とする対数を考えると，$\log_b p=\log_b a^q=q\log_b a$ となるので，$q=\dfrac{\log_b p}{\log_b a}$ である．こうして，式(付 24)が成り立つことがわかる．

例題 14　次の対数の底を 10 に変換せよ．

1) $\log_2 3$　2) $\log_3 2$　3) $\log_4 9$

解　1) $\log_2 3=\dfrac{\log_{10}3}{\log_{10}2}$　2) $\log_3 2=\dfrac{\log_{10}2}{\log_{10}3}$　3) $\log_4 9=\dfrac{\log_{10}9}{\log_{10}4}=\dfrac{\log_{10}3^2}{\log_{10}2^2}=\dfrac{\log_{10}3}{\log_{10}2}$

---

6. 4　対数関数のグラフ

a を 1 でない正数とするとき，

$$y=\log_a x \tag{付 25}$$

を，a を底とする対数関数という．上で学んだように，対数 $y=\log_a x$ と指数 $x=a^y$ は，見かけが異なるだけで，x と y の同じ関係を表しているので，グラフ上では当然同一の曲線になる．

ところで，$x=a^y$ の x と y を入れ替えると，$y=a^x$ となる．そこで，これら 2 つの曲線をグラフ上に描くと，2 つの曲線は直線 $y=x$ に関して対称になる．したがって，$y=\log_a x$ の曲線も $y=a^x$ の曲線とは直線 $y=x$ に関して対称になるのである（図 付 9 参照）．そして，$y=\log_a x$ の曲線は，必ず点(1,0)を通り，y 軸に限りなく近づくことがわかる．

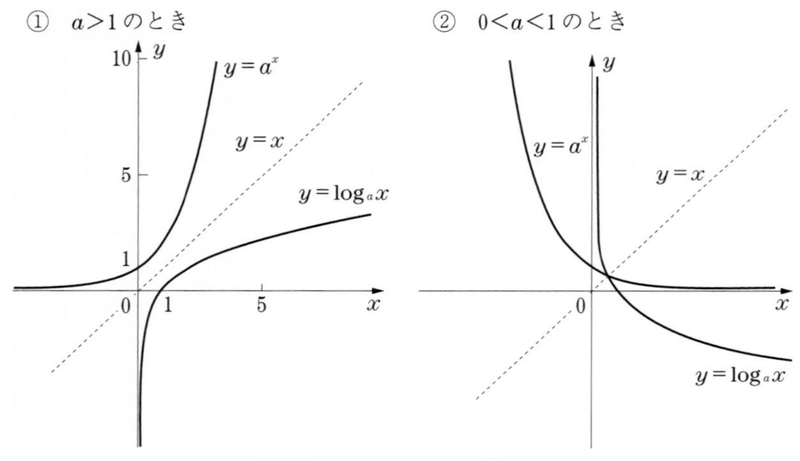

図付 9　$y=\log_a x$ のグラフ

7. 微　分

7. 1　微分の定義

微分について学ぶために，自動車の速さ v [m/s]が時間 t [s]とともに変化する場合に，自動車の位置 x [m]と t の関係を示す $x-t$ グラフ(第 1 章 図 1.4)から任意の時刻における速さを求めること考えてみよう(1. 1. 1　速さの項の平均の速さと瞬間の速さ参照).

図 1.4 において，自動車は時刻 t_1 [s]のとき位置 x_1 [m]を，また時刻 t_2 [s]のとき位置 x_2 [m]を通過したとする．この自動車は t_2-t_1 [s]の間に x_2-x_1 [m]移動したので，この時間内に自動車の速さが変化しても，平均すると速さは $\dfrac{x_2-x_1}{t_2-t_1}$ [m/s]となる．これが平均の速さである．平均の速さは$(t_1,\ x_1)$と$(t_2,\ x_2)$を通り曲線と 2 点で交わる直線の傾きでもある．

それでは，時刻 t_1 [s]のときの瞬間の速さを知りたい場合はどのようにすればよいのだろうか．それには，時間間隔 t_2-t_1 [s]を十分に短くとって，時刻 t_1 の瞬間とみなせるようにすればよい．そのために，$(t_1,\ x_1)$と$(t_2,\ x_2)$を通り曲線と 2 点で交わる直線において t_2 を t_1 に近づけていく．そして，t_2 が t_1 に十分に近づいた極限では，この直線は点$(t_1,\ x_1)$においてのみ曲線と交わることになる．このような直線を曲線の接線といい，接線の傾きはその点での曲線の傾きを表している．上の場合と同様に，直線の傾きは速さを表すので，瞬間の速さは接線の傾きと一致している．

次に，接線の傾きを求めてみよう．上で考えた t_2 を t_1 に十分に近づけた極限は $\displaystyle\lim_{t_2\to t_1}\frac{x_2-x_1}{t_2-t_1}$ と表される．したがって，t_1 における瞬間の速さ $v(t_1)$ [m/s]は次のように表される．

$$v(t_1)=\lim_{t_2\to t_1}\frac{x_2-x_1}{t_2-t_1} \qquad (付 26)$$

x と t の関係がわかっている場合は，式(付 26)を $v(t)=\dfrac{dx}{dt}$ と表し，$t=t_1$ を代入して $v(t_1)$ を求める．ただし

$$\frac{dx}{dt}=\lim_{t_2\to t_1}\frac{x_2-x_1}{t_2-t_1} \qquad (付 27)$$

であり，$\dfrac{dx}{dt}$を t による x の**微分**という．すなわち，x を t で微分することを$\dfrac{dx}{dt}$で表す．

ここからは，話を一般的な場合に広げて，$y=f(x)$を x で微分すること，すなわち$\dfrac{dy}{dx}$を考えよう．いま，x が $x+\Delta x$ に増加するとき，y は $y+\Delta y$ に増加するとする．$y+\Delta y=f(x+\Delta x)$であるので，$\Delta y=f(x+\Delta x)-f(x)$となる．式(付 27)では x と y の増加分の比を考えているので，$y=f(x)$の x による微分は

$$\frac{dy}{dx}=\lim_{\Delta x\to 0}\frac{\Delta y}{\Delta x}=\lim_{\Delta x\to 0}\frac{f(x+\Delta x)-f(x)}{\Delta x} \qquad (付 28)$$

と表される．これを $f'(x)=\dfrac{dy}{dx}$ とおき，$f'(x)$ を導関数と呼ぶ．また，x が特定の値 a をとる場合は $f'(a)$ を $x=a$ における $y=f(x)$ の微分係数という．

7．2　導関数の基本的な性質

u と v が x の関数であるとき，次の関係が成り立つ．ただし，導関数を $y'=\dfrac{dy}{dx}$ などで表すことにする．

① $y=cu$ のとき，$y'=cu'$（c は定数）　（付 29）

② $y=u\pm v$ のとき，$y'=u'\pm v'$　（付 30）

③ $y=uv$ のとき，$y'=u'v+uv'$　（付 31）

④ $y=\dfrac{u}{v}$ のとき，$y'=\dfrac{u'v-uv'}{v^2}$ とくに，$y=\dfrac{1}{v}$ のとき，$y'=-\dfrac{v'}{v^2}$　（付 32）

⑤ $y=c$ のとき，$y'=0$　（付 33）

⑥ $y=x^n$ のとき，$y'=nx^{n-1}$（n は実数）　（付 34）

次に，これらの関係が成り立つことを確かめてみよう．そこで，x，u，v，y の増分をそれぞれ Δx，Δu，Δv，Δy とおく．

① $y=cu$ より，$\Delta y=c\Delta u$ である．よって，$y'=\lim\limits_{\Delta x\to 0}\dfrac{\Delta y}{\Delta x}=\lim\limits_{\Delta x\to 0}\dfrac{c\Delta u}{\Delta x}=cu'$

② $y=u\pm v$ であるので，$\Delta y=\Delta u\pm\Delta v$，よって，$y'=\lim\limits_{\Delta x\to 0}\dfrac{\Delta y}{\Delta x}=\lim\limits_{\Delta x\to 0}\left(\dfrac{\Delta u}{\Delta x}\pm\dfrac{\Delta v}{\Delta x}\right)=u'\pm v'$

③ $y=uv$ より，$y+\Delta y=(u+\Delta u)(v+\Delta v)$ であるので，

$$\Delta y=(u+\Delta u)(v+\Delta v)-uv=\Delta u\cdot v+u\cdot\Delta v+\Delta u\cdot\Delta v=\Delta u\cdot v+(u+\Delta u)\Delta v$$

よって，$y'=\lim\limits_{\Delta x\to 0}\dfrac{\Delta y}{\Delta x}=\lim\limits_{\Delta x\to 0}\left\{\dfrac{\Delta u}{\Delta x}v+(u+\Delta u)\dfrac{\Delta v}{\Delta x}\right\}=\lim\limits_{\Delta x\to 0}\dfrac{\Delta u}{\Delta x}v+\lim\limits_{\Delta x\to 0}(u+\Delta u)\dfrac{\Delta v}{\Delta x}=u'v+uv'$

ただし，$\Delta x\to 0$ のとき $\Delta u\to 0$ である．

④ $y=\dfrac{u}{v}$ より，$\Delta y=\dfrac{u+\Delta u}{v+\Delta v}-\dfrac{u}{v}=\dfrac{v(u+\Delta u)-u(v+\Delta v)}{v(v+\Delta v)}=\dfrac{v\Delta u-u\Delta v}{v(v+\Delta v)}$ である．

$\dfrac{\Delta y}{\Delta x}=\dfrac{v\dfrac{\Delta u}{\Delta x}-u\dfrac{\Delta v}{\Delta x}}{v(v+\Delta v)}$ となるので，$y'=\lim\limits_{\Delta x\to 0}\dfrac{\Delta y}{\Delta x}=\lim\limits_{\Delta x\to 0}\dfrac{v\dfrac{\Delta u}{\Delta x}-u\dfrac{\Delta v}{\Delta x}}{v(v+\Delta v)}=\dfrac{u'v-uv'}{v^2}$ である．

ただし，$\Delta x\to 0$ のとき $\Delta v\to 0$ である．

⑤ $y=c$ より，$y+\Delta y=c$ であるので，$\Delta y=0$ となる．よって，$y'=\lim\limits_{\Delta x\to 0}\dfrac{\Delta y}{\Delta x}=\lim\limits_{\Delta x\to 0}\dfrac{c-c}{\Delta x}=0$

⑥ $y=x^n$ より，

$$\Delta y=(x+\Delta x)^n-x^n$$
$$=x^n+nx^{n-1}(\Delta x)+\frac{n(n-1)}{2}x^{n-2}(\Delta x)^2+\cdots+nx(\Delta x)^{n-1}+(\Delta x)^n-x^n$$
$$=nx^{n-1}(\Delta x)+\frac{n(n-1)}{2}x^{n-2}(\Delta x)^2+\cdots+nx(\Delta x)^{n-1}+(\Delta x)^n$$

であるので，$\dfrac{\Delta y}{\Delta x}=nx^{n-1}+\dfrac{n(n-1)}{2}x^{n-2}(\Delta x)+\cdots+nx(\Delta x)^{n-2}+(\Delta x)^{n-1}$

となる．$\Delta x\to 0$ のとき，上式の右辺の第2項以下は0になる．よって，

$$y'=\lim_{\Delta x\to 0}\frac{(x+\Delta x)^n-x^n}{\Delta x}=nx^{n-1}$$

例題15　次の関数を微分せよ．

1) $y=x^3-x^2+x-1$　2) $y=x^4-2ax$（a は定数）　3) $y=(2x+1)(x^2+2)$

4) $y=\dfrac{x}{x^2+1}$　5) $y=2x\sqrt{x}$　6) $y=\dfrac{1}{\sqrt{x}}$

解　1) $y'=3x^2-2x+1$　2) $y'=4x^3-2a$　3) $y'=2(x^2+2)+(2x+1)2x=6x^2+2x+4$

4) $y'=\dfrac{x^2+1-x(2x)}{(x^2+1)^2}=\dfrac{-x^2+1}{(x^2+1)^2}$　5) $y'=2(x^{\frac{3}{2}})'=2\times\dfrac{3}{2}x^{\frac{3}{2}-1}=3x^{\frac{1}{2}}=3\sqrt{x}$

6) $y'=(x^{-\frac{1}{2}})'=-\dfrac{1}{2}x^{-\frac{1}{2}-1}=-\dfrac{1}{2}x^{-\frac{3}{2}}=-\dfrac{1}{2x\sqrt{x}}$

例題16　次の関数の微分係数 $f'(1)$ および $f'(-2)$ を求めよ．

1) $f(x)=x^3+x-1$　2) $f(x)=2x^3+x^2-3x+1$

解　1) $f'(x)=3x^2+1$ より，$f'(1)=3+1=4$，$f'(-2)=3(-2)^2+1=13$

2) $f'(x)=6x^2+2x-3$ より，$f'(1)=6+2-3=5$，$f'(-2)=6(-2)^2+2(-2)-3=17$

例題17　関数 $f(x)=x^3+ax-4$ の微分係数は $f'(1)=5$ であるとし，a の値を求めよ．

解　$f'(x)=3x^2+a$ より，$f'(1)=3+a=5$ となる．よって，$a=2$

---

7. 3　合成関数の微分

$y=f(u)$ で $u=g(x)$ のような，合成関数の微分を考える．x の増分 Δx に対する u と y の増分をそれぞれ Δu，Δy とする．$\Delta u=g(x+\Delta x)-g(x)$ であり，$\Delta y=f(u+\Delta u)-f(u)$ である．よって，

$$y'=\lim_{\Delta x\to 0}\frac{\Delta y}{\Delta x}=\lim_{\Delta x\to 0}\frac{f(u+\Delta u)-f(u)}{\Delta x}=\lim_{\Delta x\to 0}\frac{f(u+\Delta u)-f(u)}{\Delta x}\cdot\frac{\Delta u}{\Delta u}=\lim\frac{f(u+\Delta u)-f(u)}{\Delta u}\cdot\frac{\Delta u}{\Delta x}$$
$$=\frac{dy}{du}\frac{du}{dx}$$

こうして，合成関数の微分は次式で表される．

$$\frac{dy}{dx}=\frac{dy}{du}\frac{du}{dx} \qquad \text{(付 35)}$$

例題 18　次の関数を微分せよ．

1) $y=(x+2)^4$　　2) $y=\dfrac{2}{x+2}$

解　1) $y'=4(x+2)^3\dfrac{d}{dx}(x+2)=4(x+2)^3$

2) $y'=-\dfrac{2}{(x+2)^2}\dfrac{d}{dx}(x+2)=-\dfrac{2}{(x+2)^2}$

7．4　対数関数の微分

$y=f(x)=\log_a x$ とおく．

$$\frac{f(x+\Delta x)-f(x)}{\Delta x}=\frac{\log_a(x+\Delta x)-\log_a x}{\Delta x}=\frac{1}{\Delta x}\log_a\left(\frac{x+\Delta x}{x}\right)=\frac{1}{\Delta x}\log_a\left(1+\frac{\Delta x}{x}\right)$$

$$=\frac{1}{x}\cdot\frac{x}{\Delta x}\log_a\left(1+\frac{\Delta x}{x}\right)=\frac{1}{x}\log_a\left(1+\frac{\Delta x}{x}\right)^{x/\Delta x}$$

次に，$\lim_{\Delta x\to 0}(1+\Delta x)^{1/\Delta x}=e$ の関係を用いる．すなわち，

$$\frac{dy}{dx}=\lim_{\Delta x\to 0}\frac{f(x+\Delta x)-f(x)}{\Delta x}=\lim_{\Delta x\to 0}\frac{1}{x}\log_a\left(1+\frac{\Delta x}{x}\right)^{x/\Delta x}=\frac{1}{x}\log_a e$$ よって，

$$\frac{d}{dx}\log_a x=\frac{1}{x}\log_a e \qquad \text{(付 36)}$$

とくに，$a=e$ の場合，すなわち自然対数(natural logarithm)の微分は

$$\frac{d}{dx}\log_e x=\frac{d}{dx}\ln x=\frac{1}{x} \qquad \text{(付 37)}$$

となる．

例題 19　次の関数を微分せよ．

1) $y=\ln 5x$　　2) $y=\ln(4x+1)$　　3) $y=\ln(2x^2+1)$　　4) $y=(\ln 2x)^3$

解　1) $y'=\dfrac{1}{5x}\cdot\dfrac{d}{dx}5x=\dfrac{5}{5x}=\dfrac{1}{x}$ または，$y'=\dfrac{d}{dx}(\ln 5+\ln x)$ から求める．

2) $y'=\dfrac{1}{4x+1}\cdot\dfrac{d}{dx}(4x+1)=\dfrac{4}{4x+1}$

3) $y'=\dfrac{1}{2x^2+1}\cdot\dfrac{d}{dx}(2x^2+1)=\dfrac{1}{2x^2+1}\cdot 4x=\dfrac{4x}{2x^2+1}$

4) $y'=3(\ln 2x)^2\cdot\dfrac{1}{2x}\cdot\dfrac{d}{dx}(2x)=\dfrac{3(\ln 2x)^2}{x}$

---

7. 5　指数関数の微分

まず，$y=a^x$ の微分を考える．両辺の自然対数をとると $\log_e y=x\log_e a$ となる．この両辺を x で微分する．その際，左辺を $u=g(y)$ とおいて，合成関数の微分の式(付 35)を用いる．すなわち，左辺は $\dfrac{du}{dx}=\dfrac{du}{dy}\cdot\dfrac{dy}{dx}=\dfrac{d}{dy}\log_e y\cdot\dfrac{dy}{dx}=\dfrac{1}{y}\cdot y'$ となる．よって，両辺の微分より $\dfrac{y'}{y}=\log_e a$ であるので，$y'=y\log_e a$ となる．こうして，

$$y=a^x \text{ のとき，} y'=a^x\log_e a=a^x\ln a \quad (付 38)$$

が得られる．

次に，$y=e^x$ の微分を考える．式(付 38)で $a=e$ とおくと，$y'=e^x\ln e=e^x$ が得られる．すなわち，

$$y=e^x \text{ のとき，} y'=e^x \quad (付 39)$$

である．$y=e^x$ は微分前後で形が変わらない関数である．図付 10 に $y=e^x$ のグラフの点(0，1)おける接線を示した．指数の底が e の場合にのみ，微分係数が 1 となるのである．

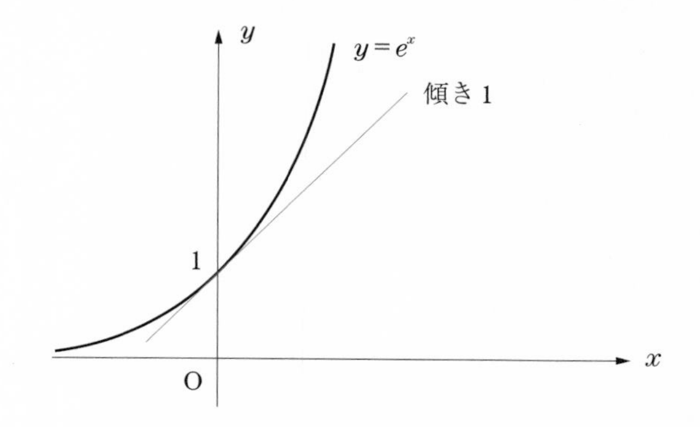

図付 10　$y=e^x$ の点(0，1)おける接線

例題 20　次の関数を微分せよ．

1) $y=4^x$　　2) $y=e^{2x}$　　3) $y=\dfrac{e^x}{e^x-2}$

解　1) $y'=4^x\ln 4$　　2) $y'=e^{2x}\cdot\dfrac{d}{dx}(2x)=2e^{2x}$　　3) $y'=\dfrac{e^x(e^x-2)-e^xe^x}{(e^x-2)^2}=\dfrac{-2e^x}{(e^x-2)^2}$

---

8. 積　分

8. 1　不定積分

$F(x)$の導関数が$f(x)$であるとき，$F(x)$を$f(x)$の**不定積分**または**原始関数**といい，

$$F(x)=\int f(x)\,dx \qquad (付\ 40)$$

で表す．この原始関数を求めることを**積分**するという．

ところで，$F(x)$に含まれる定数は微分すると0になるので，逆に$f(x)$を積分しても$F(x)$に含まれる定数の値を確定することはできない．すなわち，定数をCとすると

$$F(x)=\int f(x)\,dx+C \qquad (付\ 41)$$

となる．ただし，Cを**積分定数**という．

次に，よく使う不定積分の関係を挙げておこう．ただし，aは定数，nは実数である．

① $$\int a\,dx=ax+C \qquad (付\ 42)$$

② $$\int x^n\,dx=\frac{1}{n+1}x^{n+1}+C \quad (n\neq -1) \qquad (付\ 44)$$

③ $$\int \frac{1}{x}\,dx=\ln|x|+C \quad (n=-1\text{ に対応}) \qquad (付\ 45)$$

④ $$\int e^x\,dx=e^x+C \qquad (付\ 46)$$

⑤ $$\int a^x\,dx=\frac{a^x}{\ln a}+C \qquad (付\ 47)$$

これらの関係が成り立つことは，前節の導関数の基本的な性質から導くことができる．

例題 21　次の不定積分を求めよ．

1) $\int 3\,dx$　　2) $\int (2x+1)\,dx$　　3) $\int (-4x^3+2x-1)\,dx$　　4) $\int \frac{2}{x}\,dx$

5) $\int (2x+1)(x-2)\,dx$　　6) $\int \sqrt{x}\,dx$　　7) $\int e^x dx$

解　1) $\int 3\,dx=3x+C$　　2) $\int (2x+1)\,dx=x^2+x+C$

3) $\int (-4x^3+2x-1)\,dx=-x^4+x^2-x+C$　　4) $\int \frac{2}{x}\,dx=2\ln|x|+C$

5) $\int (2x+1)(x-2)\,dx=\int (2x^2-3x-2)\,dx=\frac{2}{3}x^3-\frac{3}{2}x^2-2x+C$

6) $\int \sqrt{x}\,dx=\int x^{\frac{1}{2}}dx=\left(\frac{1}{\frac{1}{2}+1}\right)x^{\frac{1}{2}+1}+C=\frac{2}{3}x^{\frac{3}{2}}+C=\frac{2}{3}x\sqrt{x}+C$　　7) $\int e^x dx=e^x+C$

---

8. 2　定積分

$f(x)$の原始関数の1つを$F(x)$とすると，

$$\int_a^b f(x)\,dx = \Big[F(x)\Big]_a^b = F(b) - F(a) \qquad (付\ 48)$$

を$f(x)$のaからbまでの**定積分**という．また，これを求めることを，$f(x)$を$\boldsymbol{a}$から$\boldsymbol{b}$まで**積分する**といい，a，bをそれぞれ**下端**，**上端**という．

例題22　次の定積分を求めよ．

1）$\int_1^2 x\,dx$　　2）$\int_0^2 (2x-1)\,dx$　　3）$\int_{-1}^2 (3x^2-x+3)\,dx$　　4）$\int_{-2}^2 (3x^2+3x-1)\,dx$

解　1）$\int_1^2 x\,dx = \left[\frac{x^2}{2}\right]_1^2 = \frac{4}{2} - \frac{1}{2} = \frac{3}{2}$　　2）$\int_0^2 (2x-1)\,dx = \Big[x^2-x\Big]_0^2 = 2$

3）$\int_{-1}^2 (3x^2-x+3)\,dx = \left[x^3 - \frac{x^2}{2} + 3x\right]_{-1}^2 = 12 + 4.5 = 16.5$

4）$\int_{-2}^2 (3x^2+3x-1)\,dx = \left[x^3 + \frac{3}{2}x^2 - x\right]_{-2}^2 = 12$

---

8. 3　部分積分

xの関数uとvの積uvの微分は式(付31)から$(uv)' = u'v + uv'$のように計算される．この両辺を積分して$uv = \int u'v\,dx + \int uv'\,dx$となる．移項して，

$$\int u'v\,dx = uv - \int uv'\,dx \qquad (付\ 49)$$

が得られる．

例題23　次の不定積分を求めよ．

1）$\int \ln x\,dx$　　2）$\int x\ln x\,dx$　　3）$\int xe^x\,dx$

解　1）$u'=1$，$v=\ln x$とおく．$u=x$，$v'=\frac{1}{x}$である．

$\int \ln x\,dx = \int u'v\,dx = uv - \int uv'\,dx = x\ln x - \int x \cdot \frac{1}{x}dx = x\ln x - x + C$

2）$u'=x$，$v=\ln x$とおく．$u=\frac{x^2}{2}$，$v'=\frac{1}{x}$である．

$\int x\ln x\,dx = \int u'v\,dx = uv - \int uv'\,dx = \frac{1}{2}x^2\ln x - \int \frac{x^2}{2}\frac{1}{x}dx = \frac{1}{2}x^2\ln x - \frac{1}{4}x^2 + C$

3）$u'=e^x$，$v=x$とおく．$u=e^x$，$v'=1$である．

$\int xe^x\,dx = \int u'v\,dx = uv - \int uv'\,dx = xe^x - \int e^x\,dx = (x-1)e^x + C$

8．4　区分求積法

図付 11 のような，$y=f(x)$，x 軸，$x=a$，$x=b$ で囲まれた部分の面積 S を求めてみよう．この部分は，x 軸を底辺とすると高さ $f(x)$ が連続的に変化しているので，面積を求める際には工夫が必要である．

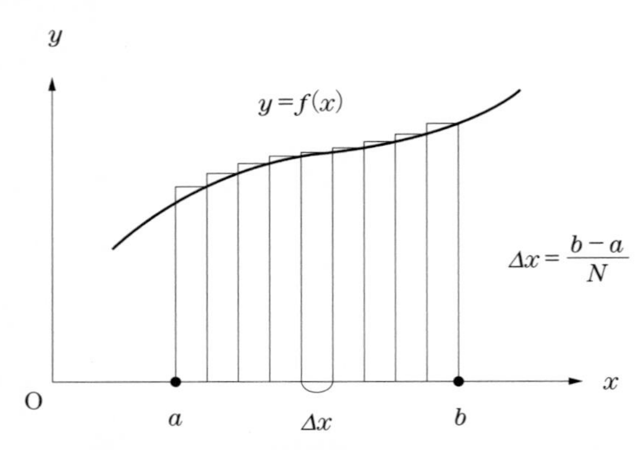

図付 11　区分求積法による面積の求め方

まず，$x=a$ から $x=b$ までを N 等分する．各区間の幅 Δx は $\dfrac{b-a}{N}$ である．区分を示す $N+1$ 個の点の座標を順に，$x_0=a$，$x_1=a+\Delta x$，$x_2=a+2\Delta x$，…，$x_N=b$ とする．

次に，各区間に長方形を考え，例えば i 番目の区間の長方形の高さを $f(x_i)$ とすると，この長方形の面積は $f(x_i)\Delta x$ である．これらの長方形は N を大きくするにつれて細くなり，かつ区間の数の増加とともに長方形の個数も増加する．そして，長方形の面積の総和は，N を大きくするにつれて面積 S に近づき，N が無限大の極限で S に一致することになる．すなわち，$S=\lim_{N\to\infty}\sum_{i=1}^{N}f(x_i)\Delta x$ である．これを

$$S=\lim_{N\to\infty}\sum_{i=1}^{N}f(x_i)\Delta x=\int_a^b f(x)\,dx \qquad (付\ 50)$$

のように表し，$\int_a^b f(x)\,dx$ を $x=a$ から $x=b$ までの $f(x)$ の**定積分**といい，このようにして面積を求める方法を**区分求積法**という．

例題 24　なめらかな水平面上で，初速度が v_0 [m/s]で，加速度が a [m/s²]である小球を水平に打ち出す．小球が打ち出されて，1 s 後から 5 s 後までの間に飛んだ距離[m]はいくらか．

解　小球が打ち出されてから t [s]後の速さ v [m/s]は，$v=v_0+at$ である．したがって，求める距離は $\int_1^5(v_0+at)\,dt=\left[v_0t+\dfrac{1}{2}at^2\right]_1^5=\left(5v_0+\dfrac{25}{2}a\right)-\left(v_0+\dfrac{1}{2}a\right)=4v_0+12a$ より，$4v_0+12a$ [m]である．

演習問題

1. 次の指数表示の測定値を［　］内に示された単位で表しなさい.

　① 1.23×10^{-2} kg　[g]　　② 2.30×10^{-8} m　[nm]　　③ 3.45×10^{4} ms　[s]

2. 有効数字に注意して，次の計算をしなさい.

　① $2.25+3.3786$　② $8.53+3.36$　③ $3.363-2.15$　④ 2.83×1.52　⑤ 4.56×5.7

3. 大きさが5のベクトル $\vec{A}$ と大きさが4のベクトル $\vec{B}$ が60°の角度をなしている. $\vec{A}$ と $\vec{B}$ の内積を求めよ.

4. 図付7(a)と式(付 5)から，式(付 6)が成り立つことを示しなさい.

5. 次の計算をしなさい.

　① $(\sqrt[4]{3})^3\times\sqrt[4]{27}\times\sqrt[4]{9}$　② $\sqrt[3]{a^2b}\times\sqrt{a^3b}\div\sqrt[6]{ab^{-1}}$　③ $\log_2 16\sqrt{2}+4\log_5\sqrt{5}$

　④ $\log_9 27-\dfrac{1}{3}\log_5 2+\log_{125}250$

6. 次の関数を微分せよ.

　① $y=(x^2+3)(3x^2-2x+1)$　② $y=\dfrac{e^x-e^{-x}}{2}$　③ $y=\dfrac{e^x}{e^x+5}$　④ $y=\ln(2x^2-3)^4$

7. 関数 $f(x)=-2x^3+ax$ について，$f'(-2)=-20$ となるように定数 a の値を定めよ.

8. 次の不定積分を求めよ.

　① $\int(x^2-3x+4)\,dx$　② $\int(x+2)(3x^2-2x+1)\,dx$　③ $\int x^2\ln x\,dx$

9. 次の定積分を求めよ.

　① $\int_{-2}^{-1}(x^2-4x-1)\,dx$　② $\int_{-2}^{2}(-3x^2+x+3)\,dx$　③ $\int_{-1}^{1}(4x^3+3x^2-2x-1)\,dx$

演習問題の解答

1　力と運動

[基本問題]

1. 全体の距離＝1000 m　全体の所要時間＝(550/5.0)＋(450/3.0)＝110＋150＝260 s
   よって，平均の速さ＝全体の距離÷全体の所要時間＝1000÷260＝3.8　　**答**　3.8 m/s
2. 1）100－60＝40　　**答**　進行方向に 40 km/h
   2）60－100＝－40　　**答**　進行方向と逆向きに 40 km/h
3. 18 km/h＝5.0 m/s　雨滴の落下速度を v [m/s]とすると，tan30°＝5.0/v よって，
   v＝5.0/tan30°＝8.6　　**答**　8.6 m/s
4. 加速度の大きさは式(1.5)を用いて求める．進んだ距離は $v-t$ グラフの面積から求める．
   0～5s の区間：加速度＝5/5＝1 m/s^2　距離＝5×5÷2＝12.5 m
   5～10s の区間：加速度＝0 m/s^2　距離＝5×5＝25 m
   10～20s の区間：加速度＝－5/10＝－0.5 m/s^2　距離＝5×10÷2＝25 m
5. おもりBが下降する(おもりAが上昇する)加速度の大きさを a [m/s^2]とし，糸がおもりを引く力を S [N]とする．
   おもりAの運動方程式：$m_1a=S-m_1g$　　①
   おもりBの運動方程式：$m_2a=m_2g-S$　　②
   ①＋②より a を求め，a を①または②に代入して S を求める．
   答　加速度の大きさ：$\dfrac{m_2-m_1}{m_1+m_2}g$ [m/s^2]　　糸がおもりを引く力：$\dfrac{2m_1m_2}{m_1+m_2}g$ [N]
6. 式(1.106)より，円管Bの流速は，$\dfrac{0.60\times 0.50}{0.30}=1.0$ m/s
   円管Bに比べ，円管Aの方が流速が小さいので，圧力は大きい．よって，圧力差 Δp は，

$$\Delta p=\frac{1}{2}\times 1.0\times 10^3\times(1.0^2-0.60^2)=320\ \mathrm{N/m^2}$$

   ガラス管の水位はAの方が高く，その水位差 h は，式(1.107)より，

$$h=\frac{\Delta p}{\rho g}=\frac{320}{1.0\times 10^3\times 9.8}=0.0326\cdots\fallingdotseq 0.033\ \mathrm{m}$$

   答　0.033 m
7. $$M=\frac{4\pi^2}{G}\frac{r^3}{T^2}=\frac{4\pi^2\times(1.79\times 10^9)^3}{6.67\times 10^{-11}\times(16.689\times 24\times 3600)^2}=1.63\times 10^{27}\ \mathrm{kg}$$

[応用問題]

8. ボールがバットに衝突して方向を90°変えるためには，図のように，ボールに対して45°の角度をなすように当てればよい．飛んできたボールの運動量のバットに平行な成分は，飛び去るボールの運動量のバットに平行な成分に等しい．一方，飛んできたボールの運動量のバットに垂直な成分は，飛び去るボールの運動量のバットに垂直な成分と逆向きである．したがって，バットがボールに与える力積は垂直な成分の変化に等しい．

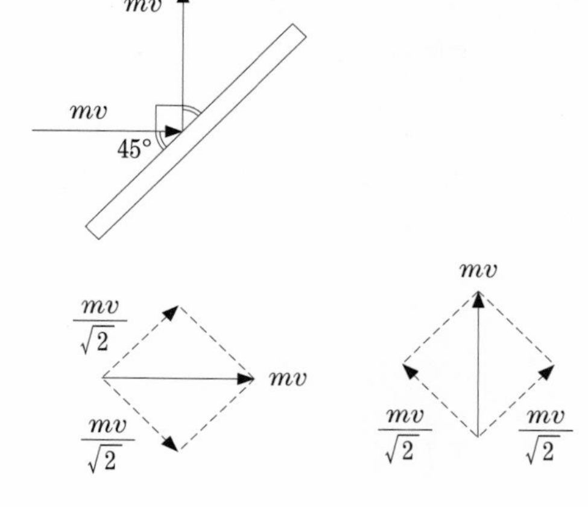

$40\times0.14\div1.4-(-40\times0.14\div1.4)$
$=4.0+4.0=8.0$　　**答**　8.0 N・s

9. 1) Aが点Oでもっていた位置エネルギーは，点Pでは運動エネルギーになる．
$mgh=\frac{1}{2}mv_P^2$ より，$v_P=\sqrt{2gh}$　　**答**　$\sqrt{2gh}$
2) **答**　$2mgd$
3) 点Oと点Qでの位置エネルギーの差である．　　**答**　$mg(h-2d)$
4) $\frac{1}{2}mv_Q^2=mg(h-2d)$　　**答**　$\sqrt{2g(h-2d)}$

10. 45°の角度で落下したので，右図から，水平方向の速さと鉛直方向の速さが等しいことがわかる．落下に要した時間を t [s]とすると，(1.50)より $98=gt$ であるので $t=10$ s である．これを(1.50)の第2式に代入すると，$y=490$ m となる．また，(1.49)より $x=980$ m となる．

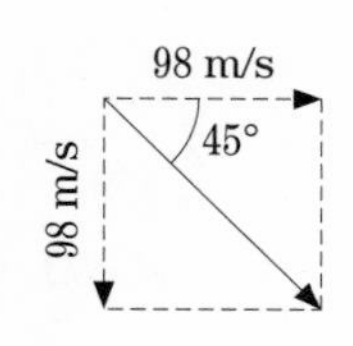

答　気球の高さは490 m，水平距離は980 m

11. 水平および鉛直方向をそれぞれ x 方向および y 方向とする．小球の初速度の x 成分と y 成分のそれぞれの大きさを v_{0x} と v_{0y} とし，時刻 t の場合のそれらを v_x と v_y する．また，小球が点Oから点Pまで運動する時間を t_1 とする．小球は x 方向に等速度運動，y 方向には真上に投げ上げられた運動をする．すなわち，$v_x=v_{0x}$，$v_y=v_{0y}-gt$ である．小球が点Pに水平に衝突したので，点Pは小球の放物運動の頂点である．したがって，点Pでは小球の鉛直方向の速さは0 m/sであるので，$v_{0y}-gt_1=0$

$\therefore$　$t_1=v_{0y}/g$．また，$-v_{0y}^2=-2gy$ より $v_{0y}=\sqrt{2\times9.8\times2.5}=7.0$

よって，$t_1=7.0/9.8=5/7$ となる．この t_1 を用いて x 方向の移動距離5.0 m を求めると，$5.0=v_{0x}t_1$．よって，$v_{0x}=5.0\times7/5=7.0$

答 水平成分，鉛直成分ともに 7.0 m/s

12. A 端から x m に重心があるとする．重心のまわりの力のモーメントはつり合う．
$100\times x=200\times(0.90-x)$ より求める．　**答** 0.60 m

13. 上および下の穴からの水の流出速度をそれぞれ v_1，v_2 とすると，トリチェリの定理（例題 68 参照）より，

$$v_1=\sqrt{2g\times\frac{h}{2}}=\sqrt{gh},\quad v_2=\sqrt{2gh}$$

となる．上の穴を原点として，図のように x 軸，y 軸をとると，上の穴から流出する水についての水平および鉛直方向の位置 x, y は，

$$x=v_1t=\sqrt{gh}\times t,\quad y=\frac{1}{2}gt^2,\quad \text{より，}\quad x^2=2hy\cdots①$$

となる．下の穴からの水については，

$$x=v_2t=\sqrt{2gh}\times t,\quad y=\frac{1}{2}h+\frac{1}{2}gt^2,\quad \text{より，}\quad x^2=4h\left(y-\frac{1}{2}h\right)\cdots②$$

①，②より，2 つの曲線の交点は，$x=\sqrt{2}\times h$，$y=h$，と求まる．
よって，水平方向 $\sqrt{2}\times h$ [m]，下の穴から $\dfrac{h}{2}$ [m] 下，で交わることになる．
答 水平方向 $\sqrt{2}\times h$[m]，下の穴から $\dfrac{h}{2}$ [m] 下，で交わる．

14. (1) $M_1+M_2=\dfrac{a^3}{G}\left(\dfrac{2\pi}{T}\right)^2$

$$=\frac{(550\times1.5\times10^{11})^3}{6.67\times10^{-11}}\left(\frac{2\pi}{2500\times365\times24\times3600}\right)^2=5.35\times10^{31}\text{ kg}$$

これは太陽質量のおよそ 27 倍である．

(2) コラム「連星の質量」中の式より，$a_1:a_2=M_2:M_1$ になるので，

$$M_1=5.35\times10^{31}\times\frac{2}{3}=3.57\times10^{31}\text{ kg}（太陽質量のおよそ 18 倍）$$

$$M_2=5.35\times10^{31}\times\frac{1}{3}=1.78\times10^{31}\text{ kg}（太陽質量のおよそ 8.9 倍）$$

2 熱とエネルギー

[基本問題]

1. $(27+273)\times2-273=327$　**答** 327 °C
2. $Q=mc\Delta T=100\times(35-20)\times4.2=6300$　**答** 6300 J
3. $P=\dfrac{nRT}{V}=2.0\times8.31\times300/2.0=2493\fallingdotseq2500$　**答** 2500 N/m^2

$U=\dfrac{3}{2}nRT=\dfrac{3}{2}\times2.0\times8.31\times300=7479\fallingdotseq7500$　**答** 7500 J

4. $e=(3.0\times10^2)/(1.0\times10^3)=0.3$　**答** 30 %

5. 2)だけ可逆過程．真空中では摩擦や空気抵抗がないので，振り子は運動を続ける．それ以外は不可逆過程．つまり，その現象のほかに，なにか特別なことがらが起こらない限り，もとの状態に戻ることはない．とくに3)のような生命現象は，なにがあっても元には戻らない．また，4)や5)のような熱に関する現象は不可逆過程である．

[応用問題]

6. アルミニウム球が放出する熱量$=mc\Delta T=100\times c\times(100-22)=7800c$ cal
水と熱量計が吸収する熱量$=mc\Delta T=820\times 1\times(22-20)=1640$ cal

$$7800c=1640$$

$$\therefore\quad c=\frac{1640}{7800}=0.210\fallingdotseq 0.21\ \mathrm{cal/g\cdot K}$$

これを[J/g･K]に換算するために4.2を掛けて0.88 J/g･K　　**答**　0.88 J/g･K

7. 熱容量Cは，

$$C=mc=m_1c_1+m_2c_2=2000\times\frac{2}{3}\times 0.379+2000\times\frac{1}{3}\times 0.435\fallingdotseq 795\ \mathrm{J/K}$$

$Q=mc\Delta T=C\Delta T=795\times(373-273)=8.0\times 10^4$ J　　**答**　8.0×10^4 J

8. 比熱が大きいということは，温まりにくく，冷めにくいことを意味する．これは地球上で生活する生物にとって，生きて行く環境の変化をなるべく小さくできることに役立っている．また，他の液体と比べると，沸騰するときの気化熱も凍結するときの凝固熱(融解熱)も極めて大きい．すなわち，水は蒸発しにくく，凍りにくいことを意味する．液体の状態で居続けようとしてくれるわけだ．これも水を必要とする生物には助かる性質である．一方，熱伝導率は金属に比べれば明らかに小さく，他の液体と比べてもあまり変わらない．このことはやはり環境の変化を和らげてくれる．これらの性質は水どうしが「水素結合」している点にその原因がある．

9. この問題から，H_2Oは温度を上げても下げても，膨張することを意味していることがわかるであろうか．膨張率が0，すなわち密度が一番大きいのは約4 °Cのときである．これよりも高くなれば膨張するし，低くなっても膨張する．例えば，氷になると膨張して水道管を破裂させることがあることは，北国に住んだことがある人なら理解できるであろう．ということは，H_2Oは，4 °C以下では体膨張率が**負の値**となる．これはH_2O独特の性質である．

　また，凝固点付近の氷に圧力をかけると溶ける．これも上述の性質と関連してH_2O独特のものである．他の物質には見当たらない．アイススケートのような華麗な舞いも，スケートのエッジで氷に圧力を掛けて溶かしているから滑れるのである．他の物質の表面ではこうはならない．

10. 教科書の文中で「放射」を学んだ．太陽からは，紫外線，可視光線，赤外線などの電磁波が「放射」によって地球まで届く．放射の特徴は，物体に当たると初めてその電磁波は吸収されるわけで，逆にいえば地球に届くまでは吸収されない．太陽から届く電磁波の半分が赤外線である．赤外線は物質に当たると，その物質の分子を振動させる．これが熱の根本である．上記問 8 の「水」ならびにこの問 10 の「放射」の両方を理解していれば，生物が生きていける確率は奇跡的な値であり，まさに地球が全宇宙においてほとんど唯一のケースであることを理解できるであろう．

11. 1）ボイルの法則から PV＝一定なので，圧力が半分に減ると，肺の体積は 2 倍になってしまう．このような急激な変化は水深 10 m から海面までの短い距離でもっとも起こりやすいので，海面に近いところで呼吸を止めてしまうと，肺の中にある空気が行き場を失い，肺の破裂を引き起こしてしまう．　**答**　2 倍

    2）1)と同様に体積が 2 倍になるのだから，ボイルの法則から P は 1/2 にならなければならない．つまり水深 90 m の水圧は大気圧と合わせると 10 気圧なのだから，水深 40 m では大気圧と合わせて 5 気圧である．ダイバーは潜行を深くとれば絶対圧力に順ずる空気を呼吸し圧力平衡を行う．つまり，水深 90 m から水深 40 m への浮上は時間がかかるので，呼吸を止めることは考えにくく，それほど大きな問題が起こるとは思われない．つまり浮上するにつれて肺にある空気は膨張するが，呼吸を止めない限り気道より排出されて平衡に達する．　**答**　5 気圧

12. 1）容器は床に固定されているので容器 A と容器 B の体積の和は一定である．すなわち 70 m^3．両者が等しくなったので 35 m^3 ずつである．さて，容器 A に対してボイルの法則をあてはめてみる．最初の圧力を P_1 として体積が等しくなったときの圧力を P_2 としよう．

    $$P_1 \times 40 = P_2 \times 35 \qquad \frac{P_2}{P_1} = 40/35 \fallingdotseq 1.1$$

    容器 A と容器 B の圧力は等しいから，1.1 倍となる．　**答**　1.1 倍

    2）温度を求めるにはボイル・シャルルの法則を用いる．$\dfrac{P_1V_1}{T_1} = \dfrac{P_2V_2}{T_2}$ から，

    $$T_2 = \frac{P_2V_2}{P_1V_1} \times T_1 = \frac{P_2}{P_1} \times \frac{35}{30} \times 293 \fallingdotseq 390$$　**答**　390 K

13. 1）等温変化，2）内部エネルギー，3）ΔU または左辺，4）$Q+W$ または右辺，5）$-W$，6）ボイル，7）定積変化，8）仕事，9）W，10）Q

14. 1）$F = PS = 2.0 \times 10^5 \times 2.0 \times 10^{-2} = 4.0 \times 10^3$　**答**　4.0×10^3 N

    2）シャルルの法則より $\dfrac{V_1}{T_1} = \dfrac{V_2}{T_2}$ なので，$\dfrac{1.0 \times 10^{-2}}{273} = \dfrac{V_2}{300}$ から，$V_2 = 1.1 \times 10^{-2}$ m^3 を得る．したがって，ピストンの移動距離は，

    $$\frac{V_2 - V_1}{S} = \frac{(1.1 \times 10^{-2}) - (1.0 \times 10^{-2})}{2.0 \times 10^{-2}} = 5.0 \times 10^{-2}$$　**答**　5.0×10^{-2} m

3) $W=(4.0\times10^3)\times(5.0\times10^{-2})=2.0\times10^2\,\mathrm{J}$　　**答**　$2.0\times10^2\,\mathrm{J}$

4) 熱力学の第1法則から，$\Delta U=Q-W=Q-2.0\times10^2$　　**答**　$Q-2.0\times10^2\,\mathrm{J}$

15. マイヤーの関係式 $C_p-C_v=R$ から2原子分子の場合，$C_p=\dfrac{7}{2}R$ となることは容易にわかる．

ただこの話は，ボルツマン流の分子運動論(発展学習参照)から考えることができると，実はもっとわかりやすくなる．x 方向など，1自由度をもった1つの分子の運動エネルギーは $\dfrac{1}{2}kT$ であった．これは1 mol あたり $\dfrac{1}{2}RT$ になる．単原子分子では x, y, z の3方向への並進ができるので，つまり3自由度なので，$\dfrac{3}{2}RT$ である．2原子分子では，この並進の3自由度に回転の2自由度が加わって，都合5自由度となる．回転がなぜ2自由度かというと，2原子を結んでいる軸は回転していないと(静止している)と考えられるから，2自由度でよい．すなわち内部エネルギーは $\dfrac{5}{2}RT$ になる．この内部エネルギーを温度で割ると，定積モル比熱 $C_v=\dfrac{5}{2}R$ が得られる．そして，定圧モル比熱は外部に仕事をする分だけ，すなわち状態方程式 $PV=RT$ の R だけ大きくなり，$C_p=\dfrac{7}{2}R$ となる．

16. 1) $PV=nRT$ から $n=\dfrac{PV}{RT}=\dfrac{P_1V_1}{RT_1}$

2) B では T_1．C では $T=\dfrac{PV}{nR}=\dfrac{PV}{R}\div n=\dfrac{P_2V_1}{R}\div\dfrac{P_1V_1}{RT_1}=\dfrac{P_2}{P_1}T_1$．または $\dfrac{V_1}{V_2}T_1$.

3) B → C は定圧変化．C → A は定積変化.

4) 等温変化なので内部エネルギーは変化しない.

5) 熱力学の第1法則より，$\Delta U=Q+W=0$ である．そこで $W=-Q$ となる．気体が外界にした仕事は？　と質問されているので，絶対値を取って Q が答となる．別解としてはこの過程での吸熱を計算して，$P_1V_1\ln\dfrac{V_2}{V_1}$ でもよい．ここに $\ln x$ とは自然対数を表している.

6) A → B の仕事は上述のとおり Q．次に B → C の仕事は $P_2(V_1-V_2)$ で与えられる．C → A は定積変化なので仕事は0．すなわち，答は $Q+P_2(V_1-V_2)$ となる.

また別解としては，$P_2(V_1-V_2)=\dfrac{P_1V_1}{V_2}(V_1-V_2)=P_1V_1\left(\dfrac{V_1}{V_2}-1\right)$ と変形させれば,

答は $Q+P_2(V_1-V_2)=P_1V_1\left(\ln\dfrac{V_2}{V_1}+\dfrac{V_1}{V_2}-1\right)$ でもよい.

17. 冷房機は，外から仕事をして，熱を低熱源から高熱源に移動させる装置である．具体的には室内の空気が低熱源で，屋外の空気が高熱源である．それでは外からの仕事とはなにか．エアコンでは，コンプレッサーが冷媒(例えば，ハイドロ・フルオロ・カーボンなど．これを物理学的には作業物質とも呼ぶ)を断熱圧縮や断熱膨張させている．これが外からの仕事である．つまりコンプレッサーによって，冷媒が気体になったり液体になったりしながら循環させられている．室外機から液体の冷媒が室内機

に送られると，冷媒は気体に変えられて，このときの気化熱として部屋から熱をうばい，冷たい空気を室内に放出する．

3　波と光

[基本問題]

1. $\lambda=\dfrac{v}{f}$ から，20 Hz の場合の波長は $\lambda=\dfrac{340}{20}=17$

20000 Hz の場合の波長は $\lambda=\dfrac{340}{20000}=0.017$　　**答**　波長の最小値は 0.017 m，最大値は 17 m である．

2. 求める距離を x [m] とすると，$\dfrac{x+(x-4\times 15)}{340}=4$，この式から $x=710$　　**答**　710 m

3. ①振幅：0.20 m　②波長：1.6 m　③速さ：$\dfrac{1.4-0.4}{0.25}=4.0$ m/s

④振動数：$\dfrac{4.0}{1.6}=2.5$ Hz　⑤周期：$\dfrac{1}{2.5}=0.40$ s

4. 媒質の変位を表す式を，式(3.6)の形に変形すると，

$$y=3\sin\left(2\pi\times\frac{1}{2}\times\left(t-\frac{x}{2}\right)\right)=3\sin\left(\frac{2\pi}{2}\times\left(t-\frac{x}{2}\right)\right)=3\sin\left(2\pi\left(\frac{t}{2}-\frac{x}{4}\right)\right)$$

答　振幅は 3 m，振動数は 0.5 Hz，速さは 2 m/s，周期は 2 s，波長は 4 m である．

5. 1) 200 Hz

2) $f'=\dfrac{340+40}{340}\times 200=224$　　**答**　224 Hz

3) $f'=\dfrac{340-40}{340}\times 200=176$　　**答**　176 Hz

6. 1) 定常波

2) $48-12=\dfrac{\lambda}{2}$，$\lambda=72$　　**答**　72 cm

3) $48+(48-12)=84$　　**答**　84 cm

4) $f=\dfrac{v}{\lambda}=\dfrac{340}{0.72}=472$　　**答**　472 Hz

7. 1) 相対屈折率を n_{12} とすると，$n_{12}=\dfrac{n_2}{n_1}=\dfrac{1.41}{1.36}=1.04$　　**答**　1.04

2) $\dfrac{\sin\gamma}{\sin\theta}=1.04$ と $\dfrac{\sin 45^\circ}{\sin\gamma}=1.36$ の連立方程式を解いて，$\sin\theta=\dfrac{1}{2}$　　**答**　$\theta=30^\circ$

3) 下部の空気中からガラスⅡへ入射角 ϕ で光を入射させたと考えると，$\dfrac{\sin\phi}{\sin\theta}=1.41$，

つまり $\dfrac{\sin\phi}{\frac{1}{2}}=\sqrt{2}$，よって，$\sin\phi=\dfrac{1}{2}\times\sqrt{2}=\dfrac{1}{\sqrt{2}}$　　**答**　$\phi=45^\circ$

8. 式(3.29)から，$\frac{1}{24}+\frac{1}{b}=\frac{1}{8}$，これから $b=12$ cm となる．像の大きさは $5\times\frac{b}{a}=5\times\frac{12}{24}=2.5$　**答**　像のできる位置はレンズの後方 12.0 cm の位置．像は実像．像の大きさは 2.5 cm.

[応用問題]

9.

$$y=y_1+y_2=A\sin\left[2\pi\left(\frac{t}{T}-\frac{x}{\lambda}\right)\right]+A\sin\left[2\pi\left(\frac{t}{T}+\frac{x}{\lambda}\right)\right]$$

$$=2A\sin\left(2\pi\frac{t}{T}\right)\cos\left(2\pi\frac{x}{\lambda}\right)$$

このグラフは p.122 の図 3.12 の 1 番下の図になり，隣り合う節と節(腹と腹)の間隔は $\frac{\lambda}{2}$ である．

10. 図において，単色光が S_1 を通って点 A に到着する場合と，S_2 を通って点 A に到着する場合での光路差は，$d\frac{x}{l}+(n-1)a$ である．このとき，2 つの光が強め合う条件は

$$d\frac{x}{l}+(n-1)a=m\lambda,\quad m=0,\ 1,\ 2,\ \cdots$$

これから，$x=\frac{l\lambda}{d}m-\frac{(n-1)al}{d}$，したがって，$x$ 軸の負の向きに，$\frac{(n-1)al}{d}$ だけ移動する．

11. 省略

4　電気と磁気

[基本問題]

1. 図において，天井の 2 本の糸の固定点 O からの垂線と 2 つの小球 A, B を結ぶ線との交点を C とする．小球 A，B には重力 mg と静電気力 f がはたらく．図において，$f:mg=\mathrm{AC}:\mathrm{OC}$ である．

$mg=1.0\times10^{-4}\times9.8=9.8\times10^{-4}$．$\mathrm{AC}=2.0\times10^{-2}$．

$\mathrm{OC}=\{1.0^2-(2.0\times10^{-2})^2\}^{1/2}\fallingdotseq1.0$．よって，

$f=(\mathrm{AC/OC})mg=19.6\times10^{-6}\cdots$①．

一方，$f=9.0\times10^9\times\frac{Q^2}{(4.0\times10^{-2})^2}=\frac{9.0\times10^{13}\times Q^2}{16.0}\cdots$②．①＝②であるので，$Q$ は

$Q^2=\frac{16.0\times19.6\times10^{-6}}{9.0\times10^{13}}$ より，$Q=\frac{4\times2\times7}{3}\times10^{-10}=1.9\times10^{-9}$.

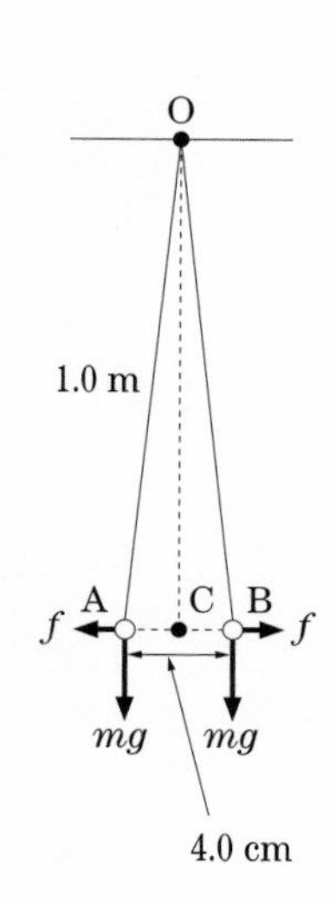

答　1.9×10^{-9} C

2. 平行板コンデンサーの元の状態で，極板の面積を S，極板間の長さを d，電気容量を C，蓄えられた電荷を Q，電場の強さを E とする．
   1）長さが半分になった新たな極板間距離を $d'=d/2$ とおく．新たな電気容量 C' は $C'=\varepsilon_0\dfrac{S}{d'}=\varepsilon_0\dfrac{S}{(d/2)}=2\varepsilon_0\dfrac{S}{d}=2C$ となる．　　**答**　2 倍
   2）極板に蓄えられる電荷 Q' は，$Q'=C'V=2CV$ となる．　　**答**　2 倍
   3）新たな電場の強さ E' は，$E'=\dfrac{V}{d'}=\dfrac{2V}{d}=2E$ となる．　　**答**　2 倍
3. 回路には時計回りに電流が流れる．その方向の起電力は 6 V(＝12－6)である．
   1）全抵抗値は 1.0＋10.0＋3.5＋0.5＝15.0 より，15 Ω である．電流の大きさ＝6÷15＝0.4
   答　0.4 A.
   2）内部抵抗による電圧降下は 1.0×0.4＝0.4.　12.0－0.4＝11.6　　**答**　11.6 V
   3）R_1 による電圧降下は 10.0×0.4＝4.0.　11.6－4.0＝7.6　　**答**　7.6 V
4. 水の温度を 100°C まで上昇させるために必要な熱量＝4.2×2000×(100－20)＝672000. この電熱器が t 秒間に発生させるジュール熱は $500t$ J. このうち有効に使われるのは 80 %であるので，t 秒間に発生した有効なジュール熱は $500\,t\times0.80=400\,t$ である．求める時間は $672000=400\,t$ より，$t=1680$ s(＝28 分)　　**答**　28 分
5. ①角周波数：0.40 π Hz　　②周波数：0.40 π÷2 π＝0.20 Hz
   ③周期：1.0÷0.20＝5.0 s　　④最大電流値：2.0 A　　⑤実効値：2.0÷1.4＝1.4 V

[応用問題]

6. 電子にはたらく静電気力は大きさは eE [N]であり，向きは電場と逆向きである．したがって，距離 d [m]だけ進む間に電子は静電気力に逆らって eEd [J]の仕事をすることになる．この問題では，電子は運動エネルギーのみをもっているので，それが仕事をする分だけ減少する．求める速さを v' [m/s]とすると，$\dfrac{1}{2}mv'^2=\dfrac{1}{2}mv^2-eEd$ であるので，
   $$v'=\sqrt{v^2-\frac{2eEd}{m}}$$
   となる．　　**答**　$v'=\sqrt{v^2-\dfrac{2eEd}{m}}$ [m/s]
7. 1）まず，C_1 と C_2 は並列であるので，これらの合成容量 $C_{12}=2.0+4.0=6.0$ となる．つぎに，C_3 はこれらに直列に接続しているので，3 つのコンデンサーの合成容量を C とすると，$\dfrac{1}{C}=\dfrac{1}{6.0}+\dfrac{1}{6.0}=\dfrac{1}{3.0}$ となり，$C=3.0$ となる．　　**答**　3.0 μF.
   2）$3.0\times10^{-6}\times3.0=9.0\times10^{-6}$　　**答**　9.0×10^{-6} C

3）$9.0\times10^{-6}\div6.0\times10^{-6}=1.5$　　**答**　1.5 V

4）$2.0\times10^{-6}\times1.5=3.0\times10^{-6}$　　**答**　3.0×10^{-6} C

5）$4.0\times10^{-6}\times1.5=6.0\times10^{-6}$　　**答**　6.0×10^{-6} C

8. 抵抗値を R［Ω］とする．キルヒホッフの法則を適用する．まず，$I_1+I_2=I_3$…①
$30=RI_1-40I_2$…②　$-20=40I_2+10I_3$…③　$10=RI_1+10I_3$…④
1）$I_3=0$ であるので，③より $I_2=-0.5$ となる．また，①より $I_1=0.5$ となるので，④より $R=20$ と求まる．　**答**　20 Ω
2）$R=10$ を代入して，解く．　**答**　$\dfrac{2}{9}$A

9. キルヒホッフの第1法則より，$I_1=I_2+I_3$…①　第2法則より，$6.0=30\times10^3\times I_1+20\times10^3\times I_2$…②
1）スイッチSを閉じた直後はコンデンサーCの両端の電位差は0Vなので，R_2の両端の電位差も0Vである．したがって，R_2には電流が流れないので，$I_2=0$ A である．これを②に代入すると，$I_1=\dfrac{6.0}{30\times10^3}=0.20\times10^{-3}$ となる．また，①より，$I_1=I_3$ である．
答　$I_1=0.20\times10^{-3}$A，$I_2=0$A，$I_3=0.20\times10^{-3}$A.
2）充分に時間が経過すると，コンデンサーCを流れる電流は0となるので，$I_3=0$ A である．これを①に代入すると，$I_1=I_2$ となる．したがって，②より，$I_1=I_2=\dfrac{6.0}{50\times10^3}=0.12\times10^{-3}$ となる．　**答**　$I_1=0.12\times10^{-3}$ A，$I_2=0.12\times10^{-3}$ A，$I_3=0$ A.
3）コンデンサーCの両端の電位差は抵抗R_2の両端の電位差に等しい．すなわち，$20\times10^3\times0.12\times10^{-3}=2.4$ となる．よって，Cに蓄えられた電荷$=500\times10^{-6}\times2.4=1.2\times10^{-3}$.
答　1.2×10^{-3} C

10. 1）vBl［V］　2）$\dfrac{vBl}{R}$［A］　3）$\dfrac{vB^2l^2}{R}$［N］　4）$\dfrac{v_0B^2l^2}{R}=mg$ より，$v_0=\dfrac{mgR}{B^2l^2}$［m/s］
5）$\dfrac{m^2g^2R}{B^2l^2}$［J］

5　原子の世界

［基本問題］

1. $E=h\nu-W=\dfrac{hc}{\lambda}-W=\dfrac{6.6\times10^{-34}\times3.0\times10^8}{2.8\times10^{-7}}-5.0\times10^{-19}=7.1\times10^{-19}-5.0\times10^{-19}$
$=2.1\times10^{-19}$　　**答**　2.1×10^{-19} J

2. 光子1個のエネルギーは

$$E=h\nu=\frac{hc}{\lambda}=\frac{6.6\times10^{-34}\times3.0\times10^8}{5.8\times10^{-7}}=3.4\times10^{-19}$$

よって，$\dfrac{5.0}{3.4\times10^{-19}}=1.5\times10^{19}$　　**答**　1.5×10^{19} 個

3. 1) 青色の光は 3.8×10^{-7} m，赤色の光は 7.7×10^{-7} m にそれぞれ対応する．

2) $E=\dfrac{hc}{\lambda}\div(1.6\times10^{-19})=\dfrac{6.6\times10^{-34}\times3.0\times10^{8}}{3.8\times10^{-7}\times1.6\times10^{-19}}=3.3$

$E=\dfrac{hc}{\lambda}\div(1.6\times10^{-19})=\dfrac{6.6\times10^{-34}\times3.0\times10^{8}}{7.7\times10^{-7}\times1.6\times10^{-19}}=1.6$

答 1.6 ～ 3.3 eV

3) 上記 2)の計算結果より，青色の光の方が大きい．

4. 加速された電子の速度を v [m/s]とすると，電子の運動エネルギーは $\dfrac{1}{2}mv^2=eV$，これから，$v=\sqrt{\dfrac{2eV}{m}}$，したがって，物質波の波長は $\lambda=\dfrac{h}{mv}=\dfrac{h}{\sqrt{2meV}}$　**答** $\dfrac{h}{\sqrt{2meV}}$ [m]

5. 波長：$\lambda=\dfrac{h}{mv}=\dfrac{h}{\sqrt{2meV}}=\dfrac{6.6\times10^{-34}}{\sqrt{2\times9.1\times10^{-31}\times1.6\times10^{-19}\times1000}}=3.9\times10^{-11}$

この波長は水素原子の直径の約 0.35 倍の長さである．　**答** 3.9×10^{-11} m，0.35 倍

6. 式(5.6)から，$h\nu=-1.51\ \text{eV}-(-3.40\ \text{eV})=1.89\ \text{eV}=1.89\times1.60\times10^{-19}\ \text{J}=3.02\times10^{-19}\ \text{J}$

振動数：$\nu=\dfrac{3.02\times10^{-19}}{6.63\times10^{-34}}=4.56\times10^{14}$

波　長：$\lambda=\dfrac{c}{\nu}=\dfrac{3.00\times10^{8}}{4.56\times10^{14}}=6.58\times10^{-7}$　**答** 4.56×10^{14} Hz，6.58×10^{-7} m

7. 1) 陽子数は 92 個，中性子数は 235 − 92 = 143 より，143 個である．

2) α 崩壊で陽子数および中性子数が 2 個減少するので，α 崩壊後の原子核は $^{231}_{90}\text{Th}$ である．

[応用問題]

8. (1) $E=eV=1.6\times10^{-19}\times20000=3.2\times10^{-15}$ J

(2) $\lambda=\dfrac{c}{\nu}=\dfrac{3.0\times10^{8}}{4.8\times10^{18}}=6.25\times10^{-11}$ m

(3) $h\nu=eV$ から，$h=\dfrac{eV}{\nu}=\dfrac{3.2\times10^{-15}}{4.8\times10^{18}}=6.7\times10^{-34}$ J·s

9. (1) (a) $\dfrac{h}{\lambda_0}=\dfrac{h}{\lambda}\cos\theta+mv\cos\phi$

(b) $0=\dfrac{h}{\lambda}\sin\theta-mv\sin\phi$

(c) $\dfrac{hc}{\lambda_0}=\dfrac{hc}{\lambda}+\dfrac{1}{2}mv^2$

(2) ① $\dfrac{1}{\lambda_0^2}+\dfrac{1}{\lambda^2}-\dfrac{2}{\lambda_0\lambda}\cos\theta$

② $1-\cos\theta$

10. の解答例

① 長い

② $\frac{1}{\lambda}=1.1\times10^7\times\left(\frac{1}{2^2}-\frac{1}{3^2}\right)$，これから $\lambda=6.5\times10^{-7}\,\mathrm{m}$

③ $\frac{c}{\lambda}$

④ 光子

⑤ 1

⑥ $\frac{chR}{n^2}=\frac{3.0\times10^8\times6.6\times10^{-34}\times1.1\times10^7}{1^2}=2.2\times10^{-18}\,\mathrm{J}$

付章

1. ① 12.3g　② 23.0 nm　③ 34.5 s
2. ① 5.63　② 11.89　③ 1.21　④ 4.30　⑤ 26
3. 式(付 1)より，$\vec{A}\cdot\vec{B}=|\vec{A}|\cdot|\vec{A}|\cos\theta=5\times4\cos60°=10$
4. 図付 7(a)において，$x^2+y^2=r^2$ であるので，$\sin^2\theta+\cos^2\theta=\frac{y^2}{r^2}+\frac{x^2}{r^2}=1$ となる．また，$\frac{\sin\theta}{\cos\theta}=\left(\frac{y}{r}\right)\Big/\left(\frac{x}{r}\right)=\frac{y}{x}=\tan\theta$ となる．
5. ① $(\sqrt[4]{3})^3\times\sqrt[4]{27}\times\sqrt[4]{9}=\sqrt[4]{3^3\times3^3\times3^2}=\sqrt[4]{3^8}=3^{\frac{8}{4}}=9$

   ② $\sqrt[3]{a^2b}\times\sqrt{a^3b}\div\sqrt[6]{ab^{-1}}=a^{\frac{2}{3}+\frac{3}{2}-\frac{1}{6}}b^{\frac{1}{3}+\frac{1}{2}-\left(-\frac{1}{6}\right)}=a^{\frac{4+9-1}{6}}b^{\frac{2+3+1}{6}}=a^2b$

   ③ $\log_2 16\sqrt{2}+4\log_5\sqrt{5}=\log_2 2^{\frac{9}{2}}+\log_5 5^{\frac{4}{2}}=6.5$

   ④ $\log_9 27-\frac{1}{3}\log_5 2+\log_{125}250=\log_9(9\times3)-\frac{1}{3}\log_5 2+\log_{125}(125\times2)$

   $=\log_9\left(9\times9^{\frac{1}{2}}\right)-\frac{1}{3}\log_5 2+1+\frac{\log_5 2}{3\log_5 5}=1.5+1=2.5$
6. ① $y'=2x(3x^2-2x+1)+(x^2+3)(6x-2)=12x^3-6x^2+20x-6$

   ② $y'=\frac{e^x+e^{-x}}{2}$　③ $y'=\frac{e^x(e^x+5)-e^xe^x}{(e^x+5)^2}=\frac{5e^x}{(e^x+5)^2}$

   ④ $y'=\frac{1}{(2x^2-3)^4}\times4(2x^2-3)^3(4x)=\frac{16x}{2x^2-3}$
7. $f'(-2)=-24+a=-20$ より，$a=4$
8. ① $\int(x^2-3x+4)\,dx=\frac{1}{3}x^3-\frac{3}{2}x^2+4x+C$

   ② $u=x+2$，$v'=3x^2-2x+1$ とおく．$v=x^3-x^2+x$ となる．$\int uv'dx$

   $=uv-\int u'v\,dx=(x+2)(x^3-x^2+x)-\int(x^3-x^2+x)\,dx=\frac{3}{4}x^4+\frac{4}{3}x^3-\frac{3}{2}x^2+2x+C$

③ $u=\ln x$, $v'=x^2$ とおく． $u'=\dfrac{1}{x}$， $v=\dfrac{1}{3}x^3$ となる．

$$\int uv'\,dx=uv-\int u'v\,dx=\frac{1}{3}x^3\ln x-\int\frac{1}{3}x^2\,dx=\frac{1}{3}x^3\ln x-\frac{1}{9}x^3+C$$

9. ① $\displaystyle\int_{-2}^{-1}(x^2-4x-1)\,dx=\left[\frac{1}{3}x^3-2x^2-x\right]_{-2}^{-1}=7\frac{1}{3}$

② $\displaystyle\int_{-2}^{2}(-3x^2+x+3)\,dx=\left[-x^3+\frac{1}{2}x^2+3x\right]_{-2}^{2}=-4$

③ $\displaystyle\int_{-1}^{1}(4x^3+3x^2-2x-1)\,dx=\left[x^4+x^3-x^2-x\right]_{-1}^{1}=0$

索　引

な行

は行

ま行

や行

ら行

わ行

著　者

山田泰一（やまだ たいいち）
関東学院大学 理工学部　数物学系
教授
工学博士

伊藤悦朗（いとう えつろう）
早稲田大学 教育・総合科学学術院
教授
理学博士

北村美一郎（きたむら よしいちろう）
関東学院大学 理工学部　数物学系
准教授
博士（工学）

中嶋大（なかじま ひろし）
関東学院大学 理工学部　数物学系
准教授
博士（理学）

杉本徹（すぎもと とおる）
関東学院大学 工学部
元教授
理学博士

基礎物理 ── 第4版 ──

ISBN 978-4-8082-2088-4

2010年 4月 1日 初版発行
2016年 4月 1日 2版発行
2017年 4月 1日 3版発行
2023年 4月 1日 4版発行

著者代表 © 山 田 泰 一
発 行 者　鳥 飼 正 樹
印　刷
製　本　三美印刷株式会社

発行所 株式会社 東京教学社

郵便番号 112-0002
住　所 東京都文京区小石川 3-10-5
電　話 03（3868）2405
F A X 03（3868）0673
http://www.tokyokyogakusha.com